中国动物园协会 ◎ 组编

猩猩饲养管理指南

白亚丽　〔英〕林 伊◎主编

中国农业出版社
北 京

贡献者名单

主　编：

白亚丽　南京市红山森林动物园

林　伊　中国科学院上海马普学会计算生物学合作研究所客座教授

副主编：

Megan K. Fox　美国加利福尼亚州洛杉矶动植物园

Carol Sodaro　美国伊利诺伊州布鲁克菲尔德动物园

编　委：

Katie Anest　新西兰奥克兰动物园

Johnny Binder　美国得克萨斯州韦科卡梅隆动物园

Tammy Buhrmester　美国得克萨斯州休斯敦动物园

Terri Cox　美国得克萨斯州韦科卡梅隆动物园

Kelly Gallo　美国犹他州盐湖城动物园

Linda Jacobs　美国佛罗里达州迈阿密丛林岛动物园

Lynn Killam　美国得克萨斯州休斯敦动物园

Nancy P. Lung　美国动物园与水族馆协会

Anne E. Russon　加拿大安大略省多伦多约克大学

Deb Schmidt　美国密苏里州圣路易斯圣路易动物园

Angie Selzer　美国印第安纳州韦恩堡儿童动物园

Michelle Shaw　澳大利亚新南威尔士莫斯曼塔隆加动物园

李雪竹　美国萨塔拉门托动物园

李梅荣　南京市红山森林动物园

孙艳霞　南京市红山森林动物园

窦海静　南京市红山森林动物园
李俊娴　南京市红山森林动物园
刘媛媛　南京市红山森林动物园
闫　涛　南京市红山森林动物园
徐晓娟　南京市红山森林动物园
曹　杰　南京市红山森林动物园
程王琨　南京市红山森林动物园
崔媛媛　太原动物园

案例提供：

Meredith Bastian　美国华盛顿特区史密森国家动物园
Stacie Beckett　美国印第安纳波利斯动物园
Melanie Bond　美国佛罗里达州沃奇拉大猿保育中心
Laura Klutts　美国得克萨斯州韦科卡梅隆动物园
Ronda Pietsch　美国佛罗里达州沃奇拉大猿保育中心
Jeff Proudfoot　美国印第安纳波利斯动物园
Patti Ragan　美国佛罗里达州沃奇拉大猿保育中心
Brian Sheets　美国纽约罗切斯特塞内卡动物园
Jennifer Stahl　美国南卡罗来纳州格林维尔动物园
Erin Stromberg　美国华盛顿特区史密森国家动物园
Jason Williams　美国印第安纳波利斯动物园
孙艳霞　南京市红山森林动物园

插　图：

Gillean Denny 博士专门为本书设计了所有插图

审　稿：

付兆水　南京市红山森林动物园
张恩权　北京动物园

邓益锋　南京农业大学动物医学院

Dina Bredahl　美国科罗拉多州科罗拉多泉夏延山动物园

Francis Cabana　新加坡野生动物保护区

Nava Greenblatt　美国伊利诺伊州布鲁克菲尔德动物园

Mandy Hester　美国科罗拉多州科罗拉多泉夏延山动物园

Nigel Hicks　英国康沃尔猩猩医疗援助中心（OVAID）

Eleanor Knox　美国科罗拉多州科罗拉多泉夏延山动物园

Rita McManamon　美国佐治亚大学兽医学院

Alison Mott　美国加利福尼亚州萨克拉门托动物园

Christine Nelson　印度尼西亚西加里曼丹前国际动物救援组织成员

Felicity Oram　马来西亚沙巴大学和基纳巴坦干猩猩保育项目

Beth Petersen　美国威斯康星州麦迪逊亨利维拉斯动物园

Janine Steele　美国加利福尼亚州萨克拉门托动物园

Jess Thompson　美国威斯康星州麦迪逊亨利维拉斯动物园

Adrian Tordiffe　南非比勒陀利亚大学兽医科学学院旁学科系

Steve Unwin　英国切斯特动物园

序

xu

　　动物园经常是"极其"濒危物种的唯一拥有者，对保护物种做出了巨大的贡献。由于动物园工作者掌握很多关于动物生理学、食物、社会结构、环境丰容、兽医学和气候影响因素等信息，并能够运用现代技术来完善每个物种的生活条件，同时致力于最高标准的动物护理，因此现在许多动物园内的动物不但福利大幅提高，而且比野外同种动物活得更久。

　　猩猩在灵长类动物中体型仅次于大猩猩，是一种生长和繁殖都很慢的东南亚野生物种。在野外，雌性猩猩的产仔间隔通常是8年，每胎仅产1仔。因此，在其大约45岁的一生中最多能够生产并抚养4个后代，是所有哺乳动物中繁殖速度最慢的。正是由于猩猩繁殖缓慢，所以一旦其死亡率增加1%，就可能导致整个物种在30年内灭绝。不仅如此，栖息地的丧失以及人类的无序扩张也在加速猩猩的灭绝。猩猩的未来令人担忧。

　　我国动物园饲养猩猩的历史可以追溯到20世纪50年代，在多年的饲养过程中，动物园工作者通过研究和实际工作积累了大量的知识和经验，但始终没有形成一本系统阐述猩猩自然史和饲养管理全过程的实用工具书。此次由南京市红山森林动物园和美国的动物学家、动物园工作者合作编写的《猩猩饲养管理指南》正填补了这一空白。相信这本书将会大大提升中国动物园猩猩的饲养管理水平，促进猩猩移地保护工作的开展。

　　我国的动物园虽然与欧美等发达国家的动物园相比起步较晚，

但正在大踏步地前进。正在从单纯的野生动物展示机构，逐步向动物保护机构转变，通过种群管理工作进一步推进圈养繁殖科学化，保持饲养管理和兽医护理的最高标准，并逐步将动物园打造为连接保护与教育的平台。今后，中国动物园在猩猩的保护工作中将会发挥更加重要的作用。

中国动物园协会副会长

2022 年 12 月 22 日于北京

猩猩，又称红猩猩，是生活在苏门答腊岛和婆罗洲（加里曼丹岛）的大型类人猿，其基因有96.4%和人类相同。现代猩猩的祖先在几百万年前生活在喜马拉雅山脉的山麓，曾广泛分部在中国云南东部，后南移至东南亚各地，进入现在的印度尼西亚和马来西亚。2017年11月，第三种猩猩达班努里猩猩被科学界定名。据世界自然基金会估计，过去100年间野外猩猩的数量减少了91%。人类活动的无序扩张，使80%猩猩的栖息地因非法采伐而失去。野外猩猩如今正身处困境。

随着对野外猩猩的不断研究和分子生物学领域的不断探索，动物园对圈养猩猩的物种信息、保育研究和面向公众的保护教育也日趋深入。现代动物园在野生动物保育、公众自然保护及生态教育等方面的重要性越来越突显，猩猩这一神奇、聪慧、温和的物种在动物园中发挥的保护引领作用越来越受关注。编写一本全面系统阐述猩猩生物学特性、生活史、社群管理、生育管理、训练与丰容、营养、展区设计、医疗护理、保护教育等内容的动物园从业者指导用书迫切需要被提上议事日程。

在中国动物园协会的支持下，南京红山森林动物园专业技术人员和美国的动物学家、动物园工作者联合发起的《猩猩饲养管理指南》编写项目于2016年启动。编写之前，我们对中国动物园饲养猩猩的基础情况进行了详细调查，根据各地动物园在饲养管理过程中存在的问题和疑惑，针对性地查找国内外动物园的成功经验和案例，组织世界各地动物园和大学的专家，一起努力编写一本能够满足中国动物园特别需求以及应对现阶段挑战的参考书。希望本书对中国所有现在饲养猩猩的动物园以及未来考虑拥有该物种的动物园有所助益。

很多动物园在饲养猩猩初期，并不清楚所养的个体属于哪一种，存在猩猩的杂交个体和潜在杂交的可能。根据现阶段猩猩物种遗传管理要求，需要对猩猩进行遗传学管理。科学界应用新的染色体核型分析，形成染色体模型图，通过2号染色体的臂间倒位可以准确鉴定每一只猩猩个体的遗传信息，但并不能体现猩猩个体之间的亲缘关系到底有多密切。林伊博士（Dr Graham L. Banes）开创的一种基因鉴定方法：GRAPES 法，可以描述 DNA 的位置变化，从而通过遗传学亲缘关系为动物园里的猩猩选择最合适的配对。在"猩猩的进化与分类"部分，我们详细描述了三种猩猩的进化、历史分布，以及现状和分类鉴定，提出了在猩猩物种鉴定及圈养猩猩种群管理方面的建设性意见。

猩猩是现存体型最大的树栖动物，动物园里的猩猩需要参考野外猩猩的生活信息，才能在展区设计及日常饲养管理中最大限度地保证其健康，提高其福利，展示它们的自然行为。在"野生猩猩的生物学特性、保护现状及种群下降原因"部分，描述了它们的栖息地、食性、筑巢行为和行为生态学，并概述了野生猩猩一天中典型的生活情况。在"野生猩猩的生活史、发育及社交"部分，详尽讲述了猩猩的各个发育阶段，以及它们如何从婴儿期成长到幼年期、青少年期直到最后成年，涵盖雄性猩猩的"性二型态"（bimaturism），它们的社交行为、交配行为，以及繁殖育幼等内容。在"猩猩的智力"部分，概述了自然情况下猩猩的智力。基于对猩猩智力的广泛研究，提出圈养情况下猩猩的认知、社交、强智锻炼等福利需求的重要性。

通过对野生猩猩在生物学方面的全面认识，本书第五至十章指导动物园在猩猩引入和社群管理、生育管理、行为训练、丰容、营养、展区设计等方面予以梳理。我们收集了国内外动物园大量翔实的数据和案例，如猩猩引入时常见的误区和挑战，以及如何一步一步操作以实现成功引入；如何检测猩猩是否妊娠，以及如何做好准备以确保猩猩孕期的安全和成功分娩；如何根据分娩过程中可能出现的情况来使用临时人工育幼、保育箱，以及如何将年幼的猩猩交还给雌猩猩养育；如何开始一个训练项目，让猩猩不断地从与人和猩猩间的互动中学习；如何通过丰容工作丰富动物园猩猩的生活，以及如何关注猩猩的心理健康；如何把猩猩的食谱转变为新的日粮方案，以及如何在促进猩猩减肥的同时维持其健康；如何使用基准血清营养浓度来评估猩猩的营养健康状况。

野生动物在野外面临的威胁与挑战，归根结底是源于人类的消费和需求，如棕榈油这一生活日用品原料已成为野生猩猩生存最大的威胁。"猩猩的保护教育"部分，我们通过国内外动物园案例和目前动物园在公众教育中存在的问题，探讨如何将动物园公众教育和猩猩野外保育相结合，通过情感、认知、行动等不同层面的教育目标达成更大范围的行为改变。中国动物园面向每年14亿人的访客，在培养人们对猩猩的认知、尊重和支持方面可以大有作为。"猩猩的医疗护理"部分，提供了一套猩猩疾病诊断测试和药物治疗的完整指南，涵盖了心血管和慢性呼吸道疾病等主要健康问题；同时广泛探讨了各年龄段猩猩的照顾方法，包括妊娠的雌猩猩、新生儿和老年猩猩。

客观地说，目前还没有其他任何语言版本的猩猩饲养管理专业书籍比这本书更全面、更完整。希望这本书能对整体提升中国动物园猩猩的饲养管理水平，推动猩猩移地保护工作发挥作用。同时，本书也是一本专业的科普书籍，是动物爱好者深入了解猩猩这个神奇物种在野外及动物园生活的读物。希望本书能够为关注动物园野生动物保育和公众教育的所有人群，开启一扇了解人类近亲——红猩猩的窗户，以全面探索和认知该物种。

感谢中国动物园协会的大力支持，感谢所有参编人员的努力和无私付出，特别感谢来自美国和世界其他各地动物园的专家，为本书提供了大量的照片、视频资料及绘制插图，并利用自己宝贵的时间进行审核。感谢南京红山森林动物园沈志军园长和红山森林动物园的专业技术团队，在为期两年多的合作过程中，通过不断探索和实践，用行动证明中国动物园在野生动物保育技能提升和公众教育影响力发展上有着无限可能。感谢北京动物园张恩权老师、太原动物园崔媛媛老师、南京农业大学邓益锋老师在本书的编写工作中给予的全力支持。

爱它们多少，就给它们多少。动物园应以最高的动物福利标准和最佳的照顾实践，让野生动物在动物园里持续发展。只要动物园发挥好野生动物保育及公众教育核心职能，野生动物的未来就有希望。

编　者

2022 年 11 月

目录

MULU

序
前言

第一章 猩猩的进化与分类

本章绘制了猩猩的进化、历史分布以及目前的分类学命名图表；解释了20世纪90年代科学界如何开始认识到将猩猩分为两种——一种来自婆罗洲，另一种来自苏门答腊岛；以及在21世纪初，婆罗洲猩猩又进一步细分为三个不同的地域亚种；继而详细介绍了第三种猩猩，即于2017年11月首次在苏门答腊岛被记述的达班努里猩猩。从对猩猩分类学知识的阐述，引出动物园中的猩猩种群现状以及分类学对种群管理的意义。

一、猩猩在灵长类进化树中的地位

像人类一样，猩猩被归为灵长类动物。尽管没有一种单独的特征将灵长类动物从其他动物类群中区分出来，但大多数灵长类动物都有一些共同的特征：立体的视觉，拇指对生，大脑发达，牙齿相对少，与其他体型相似的哺乳动物相比有更缓慢的生活史。

所有现存灵长类动物，包括人类，都是由一个共同的祖先演化而来的，这一祖先位于我们进化树的根部（图1.1）。现代灵长类动物可以分为五个类群，按最早的分化时间（与人类亲缘关系最远）到最近的分化时间（与人类亲缘关系最近）排列如下：

● **原猴亚目** 包括狐猴、懒猴、夜猴和跗猴。最早出现在5 900万年前。它们的名字在拉丁语中是"在猴子之前"的意思，因为它们是最早进化的。原猴亚目见于非洲和亚洲，是马达加斯加唯一的灵长类动物。

● **新世界猴** 都是在美洲发现的。绝大多数新世界猴都有卷曲的尾巴，尾巴拥有抓握树枝和食物的功能。在4 300万年前，它们在原猴亚目以后成为第二个从进化树分离出去的类群。

● **旧世界猴** 2 900万年前分化出来。它们分布于非洲和亚洲。绝大多数旧世界猴的尾巴都是松软而不卷曲的，用以保持平衡。

● **小型类人猿** 有时被称作小猿，包括长臂猿和合趾猿。与猴不同的是，猿类无论是大型类人猿还是小型类人猿都没有尾巴。小型类人猿在2 000万年前分化出来。

● **大型类人猿** 和人类的亲缘关系最近，其98%的DNA和人类相同。猩猩是和人类亲缘关系最远的大型类人猿，在1 600万年前分化出去。在900万年前，大猩猩分化出来，紧随其后的是黑猩猩和倭黑猩猩，黑猩猩是人类最近的"亲戚"，在700万年前分化出来。人类也属于大型类人猿。

目前，已经公布了很多不同的关于分化时间的推测。我们不能肯定不同灵长类动物进化的准确时间，但是上面的估算是以灵长类动物遗传基因研究为基础的结果，是目前最可靠的。随着更多、更深入的基因研究，我们也许可以重新对它们的分化时间进行更加准确的估算。

大型类人猿
猩猩
1 600万年前

旧大陆猴
川金丝猴
2 900万年前

大型类人猿
大猩猩
900万年前

原猴亚目
懒猴
5 900万年前

大型类人猿
黑猩猩
700万年前

新世界猴
金狮狨
4 300万年前

小型类人猿
海南长臂猿
2 000万年前

图1.1 灵长类动物进化树。原猴亚目和人类来自相同的祖先，它们最先从进化树的根部分化出去，因此是所有灵长类动物中和人类亲缘关系最不密切的。黑猩猩和倭黑猩猩最后分化出来，它们是现存与人类亲缘关系最近的"亲戚"

二、现代猩猩的演化

化石和 DNA 证据表明，现代猩猩的祖先在几百万年前生活在喜马拉雅山脉的山麓。这些史前猩猩分散在现云南省的东部，后来南移至东南亚各地，进入现在的印度尼西亚和马来西亚地区（图 1.2，彩图 1）。

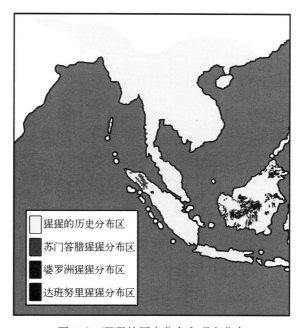

图 1.2　猩猩的历史分布和现在分布

最早的猩猩迁移到现在被称为苏门答腊岛的地区，在多巴火山南部。随着时间的推移，原始"南方"种群的个体进一步向岛上的北部迁移——到多巴火山的北部——在那里，大约 338 万年前它们最终发生了基因分离。虽然分化后它们偶尔会与南方祖先杂交，但由于大约 73 000 年前的多巴火山爆发，北方种群被彻底隔离，大约 20 000 年前由于人类的猎杀和栖息地的丧失而完全分离。

与此同时，原始南方种群的猩猩也迁入了现在被称为婆罗洲的地区。当时，婆罗洲和苏门答腊岛还不是岛屿，所以猩猩可以在这两个地区自由移动。然而，这两个地区之间是干燥的季节性栖息地，不适合猩猩长期生活。这使得它们的种群在大约 67.4 万年前开始逐渐分离。由于 12 500 年前的环境和气候变化，除了婆罗洲和苏门答腊岛，猩猩从亚洲大部分地区消失。后来，冰川融化导致海平面上升，使婆罗洲和苏门答腊岛形成了岛屿。

猩猩进化成了三个单独的种。在原始的南方苏门答腊猩猩中，只有为数不多的 800 只存活于现今苏门答腊岛上的东滩地区，东滩湖以南。这个"被遗忘的"种群直到 20 世纪 90 年代才被重新发现，并于 2017 年 11 月被确立为一个单独的物种——达班努里猩猩（*Pongo tapanuliensis*）。在苏门答腊岛北部进化而来的迁徙种群，目前约有 12 000 只生活在一个非常有限的范围内，被称为苏门答腊猩猩（*Pongo abelii*）。最后进化的种，发现于婆罗洲的大部分地区，数量至少有 80 000 只，被称为婆罗洲猩猩（*Pongo pygmaeus*）。

大约在 176 000 年前，婆罗洲猩猩分散在岛上，并被河流和山脉隔离，导致它们在婆罗洲的东部（*P. P. morio*）、中部（*P. P. wurmbii*）和西部（*P. P. pygmaeus*）分为了三个不同的亚种。在过去 82 000 年里，它们形成了明显的差别（图 1.3，彩图 2）。

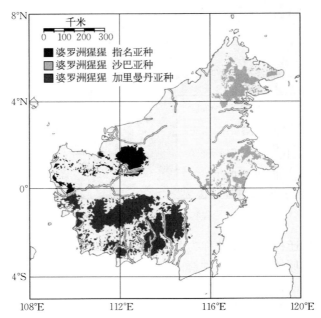

图 1.3　婆罗洲猩猩亚种的分布图。一些研究人员认为，考虑到地理距离，两个婆罗洲猩猩沙巴亚种的种群或许应该被再分为两个不同的亚种

三、猩猩的种间杂交

婆罗洲猩猩、苏门答腊猩猩和达班努里猩猩在自然环境中保持着基因、地理和繁殖上的完全隔离。它们不可能自然相遇，也没有机会交配和繁殖。

然而，在动物园里，婆罗洲猩猩和苏门答腊猩猩在过去一直生活在一起，它们可以异种交配并在几代中产生可繁殖的杂交后代。最近发现，苏门答腊猩猩和达班努里猩猩在历史上有过异地杂交，可以在多代后产生可繁殖的杂交后代。

因此，要理解为什么婆罗洲猩猩、苏门答腊猩猩和达班努里猩猩被认为是独立的物种可能会令人困惑。如果两个生物体不能杂交并产生可繁殖的后代，人们通常会将它们定义为独立的物种。然而，这个定义漏掉了一个重要的词：自然状态。这种杂交必须发生在自然种群中，如在野外。

当两个基因相似的物种生活在相同的地理范围时，大自然通常会有一个"保护措施"来防止它们在多代之间进行杂交繁殖。例如，马（*Equus caballus*）和驴（*E. africanus asinus*）生活在相同的地理范围，可以很容易地自然杂交，但它们的后代被称为"骡子"或"驴骡"，是没有繁育能力且不能繁殖下一代的。

即使在它们能够自然相遇和交配的情况下，物种进化会引发一种特殊机制，来阻止其生产有繁殖能力的后代：马有 64 条染色体，而驴有 62 条，也就是说它们的后代遗传了 63 条染色体，不能产生卵子或精子。

然而，当两个基因相似的生物体生活在距离遥远的地方时，就不需要进化机制的保护来阻止它们产生可存活的后代。由于地理或其他分界的限制，它们已经无法相遇和交配。婆罗洲猩猩和苏门答腊猩猩（或达班努里猩猩）不能自然杂交并产生可繁殖的后代，因为它们生活在完全独立的岛屿上，这些岛屿被爪哇海隔离，因此它们是独立的物种。苏门答腊猩猩和达班努里猩猩已经被多巴火山从基因上完全隔离了 2 万年，因此它们永远不可能在野外杂交，只能是独立的物种。然而，人为地将它们放在一起时，它们在基因上足够相似，可以繁殖，并且后代能生育，但这与自然进程相悖。

这就是绝对不应该让圈养的猩猩之间进行杂交的重要原因。婆罗洲猩猩和苏门答腊猩猩现在被认为是在几百万年前从一个共同的祖先进化而来，虽然它们都有 24 对（或 48 条）染色体，但这些染色体彼此看起来非常不同。特别是，2 号染色体的特征是臂间倒位，在这里，大量的 DNA 片段在物种之间倒置。这意味着 1/24 的婆罗洲猩猩的 DNA 与苏门答腊猩猩完全不同，反过来也一样（图 1.4）。由于达班努里猩猩最近才被描述，因此还不能确定其染色体的具体情况，但是考虑到其基因进化上的差异，很可能达班努里猩猩看起来和婆罗洲猩猩以及苏门答腊猩猩都不一样。

父母来自两个不同物种的后代被称为"杂交"猩猩。第一代杂交后代通常看起来很健康。然而，随着染色体变得越来越不相容，下一代和后代的健康状况和繁殖成功率可能会很差。事实上，一些婆罗洲猩猩和苏门答腊猩猩的杂交后代已经遭受了严重的健康问题——包括癌症和呼吸道疾病——这可能与杂交后代的违反自然规律形成的基因有关。由于这些担忧，自20世纪80年代以来，负责的西方动物园里就不再有意培育杂交猩猩。现在，在北美和欧洲经过认证的动物园中，各自的动物园协会禁止猩猩杂交。据了解，动物园里目前没有达班努里猩猩，但在历史上它们曾经在美国动物园里生活过，当时被误以为是苏门答腊猩猩而引进了美国。最近在美国动物园发现了一些婆

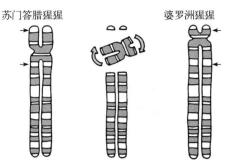

图1.4 2号染色体的臂间倒位意味着婆罗洲猩猩和苏门答腊猩猩的DNA是颠倒的。虽然它们可以在动物园里违反自然地杂交并产生可繁殖的后代，但这些染色体可能在以后变得不相容，并导致严重的危害健康的并发症

罗洲猩猩和苏门答腊猩猩的杂交后代，之前以为这些杂交后代是纯种苏门答腊猩猩。这可能是目前圈养繁殖计划的一个大问题，因为人们需要将这些猩猩重新归类为杂交猩猩，并提倡取消它们参与繁殖的计划。杂交猩猩的后代有严重健康问题的风险很大。

　　婆罗洲猩猩亚种的基因差异并不大，因此在动物园里进行杂交繁殖不会产生不良影响。然而，也有人担心亚种杂交可能会导致类似种间杂交的健康问题。目前，国际标准和惯例在动物园猩猩管理中只建议到物种水平，因此提倡各地动物园按照国际标准执行。

四、猩猩种间形态学差异

　　婆罗洲猩猩和苏门答腊猩猩之间存在一些形态学上的差异，可以将它们互相区分开来（表1.1，图1.5）。然而，如果不进行基因测试并仔细观察它们的DNA，就不可能确认是婆罗洲猩猩、苏门答腊猩猩还是达班努里猩猩。即使某只猩猩看起来很像某个物种，它也很有可能是个杂交个体。一些婆罗洲猩猩亚种看起来更像苏门答腊猩猩，因此仅通过对形态学上的区别进行描述难以取得一致的结果，无法确定猩猩属于哪个种。

　　在野外只观察到少量的达班努里猩猩，所以还不能在表1.1里添加它们的特征。然而，达班努里猩猩看上去更灰白一些，更像肉桂色。它们的头骨形态完全不同，食谱里含很多不同的水果以及昆虫。

表 1.1　婆罗洲猩猩和苏门答腊猩猩的形态学差异

特征	婆罗洲猩猩	苏门答腊猩猩
体型	体型较大，身高较高	体型较小，身高较矮
颊垫（雄性）	颊垫朝前弯曲，表面有稀疏的毛	颊垫较平，表面有白色或者黄色短毛
喉囊（雄性）	更大，更长，更下垂。"长叫"时声音又长又慢	成年雄性猩猩喉囊较明显，但没有婆罗洲猩猩那么明显。"长叫"的节奏更短，更快
毛发颜色	幼年猩猩毛发通常是浅橙色，但随着年龄的增长，颜色会迅速变暗，变成巧克力色或栗色。婆罗洲东部的部分猩猩几乎是黑色的	幼年时呈浅橙色，随着年龄的增长变成了肉桂色。与婆罗洲猩猩相比，它们的毛发颜色较浅。脸上和胡子上有黄色、灰色和白色毛发
毛发质地	硬而有光泽。在显微镜下观察较扁平，中间有一根粗的黑色素条带	质地干燥，浓密，无光泽。在显微镜下观察更细、更圆，中间有一根细而经常断裂的黑色素条带
毛发丰富度	与苏门答腊猩猩相比，头部和颈部的毛发较少。幼年婆罗洲猩猩的脸一般是光秃的。幼年猩猩头发通常非常稀疏	头发短并向头顶方向生长；经常很整洁就像梳理过。手臂、背部和胡须部毛发更长，尤其是成年猩猩
胡须	通常只有雄性有胡须，但有时老年的雌性也会出现，一般短而乱。由于下巴突出，胡须不太引人关注	一般雄性有胡须而且很发达；雌性有时也会出现。胡须较长且从上颌开始长，像"八"字胡

注：由于猩猩的形态特征变化较大，所以不应该将其作为物种外观鉴定的唯一标准。

图 1.5　不同雄性猩猩的面庞。A. 婆罗洲猩猩（供图：G L Banes）；B. 苏门答腊猩猩（供图：Aiwok）；C. 达班努里猩猩（供图：T Laman）

五、适合动物园饲养的猩猩种类

20 世纪 60 年代，美国动物园引进了少量的达班努里猩猩，但当时人们误以为它们是苏门答腊猩猩。在 2022 年 8 月进行了新的基因检测后，确定其中 1 只存活下来，并与苏门答腊猩猩进行了杂交，它在美国动物园现有的 4 个后代都被确定为杂交后代，不会参与进一步的种群繁殖。由于达班努里猩猩是所有大型类人猿中最濒危的物种，所以必须努力去保护它们的栖息地，确保它们在野外能生存。动物园里不应该饲养达班努里猩猩，如果要饲养就需要从仅存的野生种群中非法而不人道地捕获，这对该物种将是雪上加霜。

由于猩猩在世界各地的动物园中已经具有很好的代表性，所以动物园应该重点关注保持婆罗洲猩猩和苏门答腊猩猩的种群数量和基因多样性。在国际猩猩谱系簿里，记录着世界动物园和水族馆协会在全球动物园记录到的 622 只婆罗洲猩猩、310 只苏门答腊猩猩以及 125 只杂交个体和 51 只不确定物种情况的猩猩——虽然可能有更多猩猩饲养在动物园里，但在谱系簿上没有显示出来。

把婆罗洲猩猩和苏门答腊猩猩放在一个动物园里是没有好处的，建议一个动物园只饲养一种猩猩。这么做的理由是：第一，因婆罗洲猩猩和苏门答腊猩猩不能杂交，动物园需要两个独立的展区来饲养不同的物种，除非这些动物能实施避孕（见第十三章），或因为未到成熟年龄而无法繁殖。但这可能导致过高的饲养成本，额外的空间本可以为同一猩猩种群提供更大的生活空间和分群管理的机会（见第六章），或可以用作其他物种的调整空间。第二，因几种猩猩看上去都差不多，动物园的游客不可能知道也不太会关心展出的是哪种猩猩，只有专家才知道它们的区别，而且是只有在基因测试之后才知道。第三，动物园需要为繁殖和提高基因多样性而进行猩猩交换，因此为了便于转移和交换，相邻的动物园应该饲养相同的种群，这一点很重要。出于这个原因，一些国家现在逐步把重点放在一个物种上。例如，澳大利亚正在转向只饲养苏门答腊猩猩，澳大利亚的动物园已经将剩下的婆罗洲猩猩送往美国。这就保证澳大利亚的动物园能够为培育一个有活力的、可持续的苏门答腊猩猩种群而努力，避免婆罗洲猩猩与它们竞争有限的空间和资源。

不过，已存在的杂交猩猩在动物园仍然很有价值。虽然不应该培育杂交猩猩，但它们在教育和吸引公众关注猩猩及其野外栖息地方面发挥着重要作用。杂交猩猩在保护教育项目中同样可以扮演重要的角色（见第十二章），它们也可以被视为婆罗洲猩猩和苏门答腊猩猩珍贵的同伴，只要采取避孕或绝育措施防止它们繁殖即可（见第十一章）。

六、猩猩的物种鉴定

过去，猩猩的物种鉴定是通过观察它们的染色体并搜索2号染色体的臂间倒位来确定的（图1.4）。这种方法被称为"染色体核型分析"，结果产生了"染色体组型模式图"——染色体的感光影像。

2号染色体上有2个"婆罗洲猩猩"的拷贝被认为是婆罗洲猩猩；有2个"苏门答腊猩猩"的拷贝被认为是苏门答腊猩猩。

因为一半的DNA是从父母双方那里遗传而来，所以杂交猩猩应该有来自父母双方的各1个基因拷贝：1个婆罗洲猩猩基因拷贝，1个苏门答腊猩猩基因拷贝。

只要杂交猩猩的父母是"纯"婆罗洲猩猩和苏门答腊猩猩，而且父母本身不是杂交个体，这种鉴定方法就会非常有效（图1.6）。

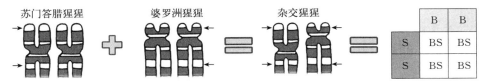

图1.6 "纯"婆罗洲猩猩和苏门答腊猩猩都有2个婆罗洲猩猩或苏门答腊猩猩2号染色体的拷贝。当它们进行杂交时，后代会随机遗传父母的两条染色体中的一条：图中列出了各种可能性，"B"代表婆罗洲猩猩染色体，"S"代表苏门答腊猩猩染色体（下同）。在每一种情况下，后代都会遗传1个婆罗洲猩猩和1个苏门答腊猩猩的染色体，并且可以被确凿地证明是杂交后代

可是，当父母中有一方是杂交个体时，这种鉴定方法就不起作用了。图1.7显示了杂交猩猩个体与苏门答腊猩猩的繁殖过程。当观察后代的染色体排列时，只有50%的概率判定后代猩猩是杂交猩猩，50%的概率判定后代猩猩是"纯"苏门答腊猩猩。

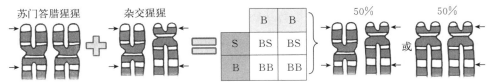

图1.7 当苏门答腊猩猩和杂交猩猩（苏门答腊猩猩/婆罗洲猩猩）交配时，通过染色体核型测试判断后代物种的准确率只有50%。当后代从父亲那里继承了1条苏门答腊猩猩染色体，从母亲那里继承了1条婆罗洲猩猩染色体，很明显后代是杂交后代。然而，有一半的情况下，后代会从父母双方各继承1条婆罗洲染色体，所以该鉴定方法不足以准确地从杂交亲本中确定杂交后代的物种。因此，用染色体核型测试来做生物体的物种鉴定已不再是一种先进的方法

在 20 世纪 80 年代，美国所有的猩猩都进行了染色体核型测试，来确定它们的物种，现在知道当时的一些结果是不正确的。因此，开发一种更新的鉴定方法变得很重要。为此，本书主编林伊博士从 2013 年到 2016 年，在中国科学院和马克斯·普朗克学会（简称"马普学会"）合作伙伴上海生命科学研究院计算生物学研究所工作期间，提出了一种新的分子检测方案，用于对猩猩进行基因检测，以确定它们的种间关系。该方案不再用观察 2 号染色体的形状和排列的方法，而是观察每个猩猩基因组中不同的"微卫星"位置，看它们是否遗传了来源于婆罗洲猩猩、苏门答腊猩猩或达班努里猩猩的特定基因。如果它们只有一个物种的变异型，即可以肯定它们是"纯"种；如果它们至少有一种来自不同物种的变异型，即可以判断它们一定是某种程度上的杂交种。

七、中国动物园猩猩种群管理计划

在中国动物园协会的支持下，笔者在 14 家动物园内收集了 40 只猩猩的 DNA 样本（图 1.8）。

图 1.8　在中国动物园协会的支持下，笔者和中国同仁一起开展工作

已经证实，除了几十年前从美国引进的 3 只杂交雄性猩猩个体，中国的大多数猩猩都是婆罗洲猩猩，在少数动物园有几只苏门答腊猩猩。很幸运中国有这么多纯种婆罗洲猩猩，因为如果中国的婆罗洲猩猩和苏门答腊猩猩比例相近，且数量都比较少，将很难维持每个物种的可持续繁殖种群。但经过动物园的精心管理，就可以确保婆罗洲猩猩在中国的健康和生存力，这表明动物园在保护猩猩这种极度濒危的物种中发挥了重要的作用。

用新的分子检测方案，可以很容易地确定猩猩的物种。但是，这项测试并不能显示猩猩之间的亲缘关系到底有多密切。这就意味着无法制定出一个亲缘关系最远或最佳基因组合的个体配对方案，而这对于维持和提高遗传多样性非常重要。

　　笔者团队正在和中国动物园协会、南京市红山森林动物园及上海动物园合作，用一种新的分子方法（"GRAPES"法），重新测试中国动物园中猩猩的DNA。GRAPES法可以用来描述成千上万个DNA位置的不同变化，然后这些基因可以用于确定猩猩之间的亲缘关系有多密切，这样就可以选择最合适的配对组合。这将有助于为中国动物园婆罗洲猩猩制订一个种群管理计划，确保它们在中国动物园的可持续发展，履行从业人员保护这些极度濒危物种的义务。

　　这个种群管理计划将是世界上第一个完全基于每个猩猩个体基因组数据的物种保护项目，该项目采用的检测方法也适用于其他物种。希望该项目帮助中国在提高动物管理标准方面达到全球领先水平。项目中的检测方案也被其他国家，如美国、日本、菲律宾、新加坡和泰国用于制订猩猩繁殖计划。

第二章 野生猩猩的生物学特性、保护现状及种群下降原因

野生猩猩的生物学特性与其他大多数灵长类动物非常不同。本章将介绍野生猩猩的生物学特性和自然史，概述它们当前的分布情况，并说明每个物种的保护现状。

一、野生猩猩的生物学特性

1. 栖息地

猩猩曾经生活在婆罗洲和苏门答腊岛的整个岛屿上。如今，它们的活动范围非常有限，仅生活在婆罗洲一些零星的区域以及苏门答腊岛的最北端（图2.1，彩图3）。

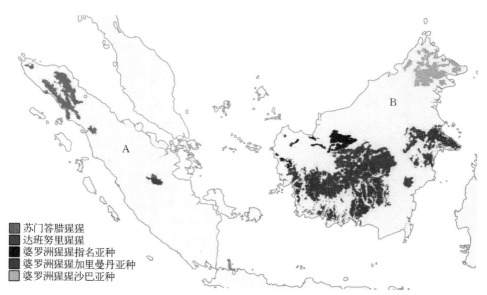

■ 苏门答腊猩猩
■ 达班努里猩猩
■ 婆罗洲猩猩指名亚种
■ 婆罗洲猩猩加里曼丹亚种
■ 婆罗洲猩猩沙巴亚种

图 2.1　苏门答腊岛（A）和婆罗洲（B）上猩猩的分布情况

猩猩是世界上最大的一类树栖哺乳动物。它们几乎只生活在树上，所以非

常依赖森林。野生猩猩主要分布在干旱的低地龙脑香林、排水不良的泥炭沼泽和淡水沼泽以及冲积平原的高大树冠之间；部分野生猩猩生活在沙地土壤的石楠林、石灰岩—喀斯特森林、水椰林（*Nypa fruticans*）和红树林中，它们的分布区域并无规律可循（图 2.2）。

图 2.2　一条河流穿过印度尼西亚婆罗洲中部贫瘠的泥炭沼泽森林，这里是野生猩猩的主要栖息地（A）。沙地的石楠林（B）和水椰林（C）由于缺乏大树冠，偶尔会看到猩猩栖息（供图：G L Banes）。猩猩在婆罗洲很少出现在海拔 500 米以上的区域，也很少出现在苏门答腊岛海拔 1 500 米以上的地方。虽然曾经观察到猩猩出现在西加里曼丹岛（印尼婆罗洲，海拔 800～1 000 米）的古隆帕隆国家公园（Gunung Palung National Park）山麓森林中，以及沙巴（马来西亚婆罗洲，海拔 800～1 300 米）的基纳巴卢山国家公园（Mount Kinabalu National Park）森林中，但这两个栖息地都没有充足的食物来维持大的猩猩种群，因此猩猩的数量通常会随着海拔上升而减少

2. 食性

猩猩主要以果实为食，它们的食物中 60% 以上都是果实。人们认为猩猩更喜欢柔软多汁的果实，如榴梿（*Durio* spp.）。猩猩对无花果（*Ficus* spp.）有特殊的偏好，这可能是由于无花果树上一年四季都会结大量的果实（图 2.3）。在苏门答腊岛，有寄生性的无花果树比婆罗洲的多，这确保了当地的猩猩全年都可获得更多的食物，而婆罗洲的无花果树分布没有那么广，且结果实也往往是季节性的。苏门答腊岛的果实基础总产量也比婆罗洲高，部分原因是苏门答腊岛的火山土壤比婆罗洲的土壤更加肥沃。因此，在相似的栖息环境中，苏门答腊岛的猩猩密度比婆罗洲高。在果实产量低的时期，婆罗洲猩猩为了生存常常把树皮和树叶作为"后备"食物。

虽然野生猩猩的食物主要是果实，但据了解，猩猩还会吃多种不同的植物和动物，此外也吃蜂蜜、菌类，偶尔吃土。在一项对婆罗洲 11 个猩猩种群和苏门答腊岛 4 个猩猩种群的研究中，研究人员发现有 1 693 种食物被猩猩所采食。除了有 453 属和 131 科的 1 666 种植物外，研究人员还发现猩猩会以 16 种无脊椎动物（主要有蚂蚁、白蚁和毛毛虫）和 4 种脊椎动物，包括柔毛犬鼠（*Lenothrix canus*）、懒猴（*Nycticebus coucang*）、长臂猿（*Hylobates* spp.）和鸟卵为食。也有报道一只面颊宽大的成年雄性猩猩（flanged male）吃了一只溪松鼠（*Rheithrosciurus macrotis*）的幼崽。自 1988 年以来，科学家们至少报道了 7 例苏门答腊成年雌性猩猩吃懒猴的事件，其中有 3 例观察到雌性猩猩主动捕捉并杀死猎物。但是，雌性猩猩杀死懒猴的方式并不像黑猩猩那样"追猎"，而是属于"偶遇捕获"，并没有预谋或计划。曾记录有 2 例苏门答腊雌性猩猩对无亲缘关系的猩猩幼崽的食婴行为，但这可能是由于严重的营养不良及环境压力所致。而圈养猩猩的营养状况与野生猩猩有很大区别，此部分内容将在第九章详细描述。

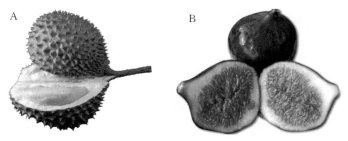

图 2.3 榴梿（A）和无花果（B，供图：E Salman）是野生猩猩最喜欢的食物

3. 筑巢

猩猩用树枝和树叶在树上搭建复杂的巢穴（图 2.4）。筑巢技能可能是以"文化"的方式传播（见第十章），因为某些特殊行为只在特定猩猩种群中才能观察到。特别值得一提的是，苏门答腊岛的一个野生猩猩种群中，雌性猩猩会用捆扎的树叶和树枝为其幼崽制作玩偶。其他一些猩猩会用筑巢材料制作复杂的类似于床垫的结构，还会制作枕头、毯子和屋顶。猩猩会选择什么类型的树栖息还没有研究清楚。但是，猩猩很少选择在果树上筑巢，这可能是为了避免被其他食果动物骚扰。

图 2.4　猩猩的巢（供图：M Bastian）

猩猩筑巢主要用于睡觉，所以通常会在傍晚建造。睡在高高的树冠层可能会降低其被捕食者（如云豹）发现的可能性；减少与地表接触散热造成的热损失；并且减少与蚊子等飞行类寄生虫的接触。少数情况下，猩猩会在白天筑巢，用以休息、玩耍和交配。猩猩会一直不断地移动来寻找食物，所以它们很少待在同一棵树上并重复使用同一个巢。猩猩也可能选择在不同的树上筑新巢，以避免与旧巢中的寄生虫或昆虫接触。

4. 行为时间分配

猩猩每天的大部分时间都在进食或休息。根据多项研究结果统计，典型的猩猩行为时间分配占比为采食 50.0%、休息 34.5%、移动 12.9% 和筑巢 1.3%，其余时间（1.3%）用于社交、交配和理毛。但是，在果实量并不充足的森林里，猩猩休息的时间可能比觅食和移动的时间多。

为了解释这种时间分配的差异性，人们提出了两种觅食策略的假设：一种是在果实利用率低的时候"坐等"，那时猩猩会控制它们的能量消耗；另一种是在果实利用率高的时候"搜寻"，即它们会为了寻找食物而不断移动。当果实充足时，猩猩获取的能量比消耗的多，可增加体重和维持脂肪储备。多项研究发现，在食物供应不足的时段，猩猩的尿液中有酮类和 C 肽，这表明猩猩在食物不足时会代谢脂肪。

二、野生猩猩保护现状

目前，婆罗洲猩猩、苏门答腊猩猩和达班努里猩猩都处于濒危状态。这意味着，如果不采取有力的保护措施，它们在野外即将面临灭绝的危险。

现存的大部分苏门答腊猩猩都生活在名为"勒塞尔生态系统"（Leuser Ecosystem）的低地森林中。勒塞尔生态系统是位于苏门答腊岛西北端、面积为 26 000 千米^2 的自然保护区。这里是苏门答腊猩猩、苏门答腊虎、苏门答腊象和苏门答腊犀牛在野外共存的唯一地区。根据最新的种群调查，不到 13 800 只苏门答腊猩猩聚集在一片总面积只有 16 775 千米^2 的森林里。

野外存活着不到 800 只的达班努里猩猩，它们是一个高度碎片化的种群，生活在苏门答腊岛多巴湖（Lake Toba）以南的巴塘托鲁（Batang Toru）地区。与一般生活在低海拔地区的其他猩猩不同，它们通常生活在海拔高于 1 500 米的地区。

现存于野外的婆罗洲猩猩的总数一直存在争议。最近的模型分析结果显示，2004 年婆罗洲猩猩的总数可能高达 104 700 只。然而，它们的种群数量下降的速率非常快，人们认为自 2004 年以后一大部分婆罗洲猩猩已被猎杀。最新的一项研究估计，仅有 57 350 只婆罗洲猩猩存活在 16 万千米^2 的森林里。

三、全面看待猩猩的种群数量

假设上文提出的数据是准确的，那么野外的苏门答腊猩猩约为 13 800 只，达班努里猩猩约为 800 只，婆罗洲猩猩约为 57 350 只。因此，野外猩猩的总数约为 71 950 只。国际猩猩谱系簿显示，动物园里的猩猩总数约为 1 099 只。因此，估计地球上只剩下不超过 73 049 只猩猩。

猩猩数量的持续下降将对它们周围的环境产生更广泛的影响。猩猩是关键物种和伞护物种，它们和整个雨林有着互惠互利的共生关系。数以百万的昆虫、数千种植物、数百种鸟类和小型哺乳动物都依赖猩猩（图 2.5）。猩猩对栖息地影响的程度非常大，它们的消失去会导致生态系统的严重失衡，甚至可能导致其他物种进一步灭绝。

猩猩在森林中的活动可以促进种子的扩散，它们可以在树冠层中打开缝隙，让阳光透过森林照射地面的树苗，这促进了森林中新生树苗的生长，否则森林发展会受到抑制。另外，大量的证据还支持一种假说，即猩猩消化和排泄出的种子在促进树木生长方面起着重要作用。在印度尼西亚的婆罗洲猩猩粪便样本研究中，发现其中有 94% 的种子是完整的；在苏门答腊猩猩粪便样本研究中，发现其中有 44% 的种子是完整的。在另一项研究中，研究人员收集了被猩猩咀嚼后吐出的种子以及被猩猩吃后通过粪便排出的种子，发现这两种种子都可以成功发芽，这为猩猩作为种子传播者提供了证据。

图 2.5　因猩猩的消失而处于危险状况下的其他物种。A. 长鼻猴（*Nasalis larvatus*）；B. 食蟹猕猴（*Macaca fascicularis*）；C. 马来鳄（*Tomistoma schlegelii*）；D. 栗红叶猴（*Presbytis rubicunda*）（供图：C J Sharp）；E. 冠斑犀鸟（*Anthracoceros albirostris*）（供图：G L Banes）；F. 蝴蝶

猩猩的活动距离很远，使种子在非常广泛的范围内进行传播成为可能。此外，猩猩可以处理其他食果动物没办法处理的大型果实（如榴莲类的果实 *Neesia* spp.，见第九章），很可能这些果树已经和猩猩形成了共生关系，来达到传播种子的目的。种子的传播在退化型生境的再生过程中特别关键，尤其是在泥炭沼泽森林发生火灾后，这种大火能烧死地下 1.1 米深的所有生物，其中也包括种子。在印度尼西亚婆罗洲西部的古隆帕隆国家公园，一项研究预测猩猩的灭绝将导致当地林木多样性减少 60%。

四、野生猩猩种群的主要威胁

世界自然保护联盟（IUCN）证实了野生猩猩种群所面临的几个主要威胁，其中包括栖息地遭人为开发、破坏和破碎化，自然和人为原因造成的森林火灾，因非法饲养和动物园动物贸易进行的捕猎。

1. 栖息地开发、破坏和破碎化

猩猩数量下降的主要原因是栖息地开发、破坏和破碎化。苏门答腊岛和印度尼西亚婆罗洲的低地森林在 1900—1985 年有半数遭到破坏；到 2004 年，估计超过九成的猩猩的原始栖息地已经遭到破坏（图 2.6）。从历史角度来看，猩猩栖息地遭破坏的原因是伐木、农业开发或都市化扩张（修路）。进入 21 世纪后，随着印度尼西亚经济衰退，遍及苏门答腊岛和婆罗洲的经济木材开发种植使非法砍伐问题更加恶化。位于印度尼西亚婆罗洲中心的丹戎普丁国家公园（Tanjung Puting National Park），仅在 2000 年就至少有 30 万米³ 白木（拉敏木，*Gonystylus* sp.），折合 75 000～100 000 棵树被非法砍伐。大多数木材被出口到亚洲其他国家加工成家具。

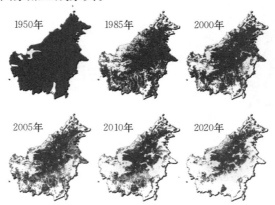

图 2.6　1950—2020 年婆罗洲遭破坏程度以及变化趋势（制图：H Ahlenius）

　　近年来，随着棕榈油作为植物油和生物燃料的全球化需求激增，更加速了猩猩栖息地的消失。油棕（*Elaeis guineensis*）其实来自西非，并非婆罗洲或苏门答腊岛本土树种，之所以被广泛种植是因为该树种在任何条件下都长势良好并且产油量高。从油棕的果核里可以高效而廉价地提取棕榈油，据印度尼西亚和马来西亚 2013 年报道，平均每公顷土地可生产 4.15 吨棕榈原油（图 2.7）。这些棕榈油在世界各国用于食物加工、化妆品生产以及作为燃料，尤其在西方国家，使用棕榈油的消费品无处不在。如第十一章所述，生产商经常用误导性的名字标注产品来向消费者隐瞒，如将"棕榈酸维生素 A（vitamin palmitate A）"直接标注为"植物油"。

图 2.7　油棕的果核（A）及种植园（B）。这些照片是 2010 年在苏门答腊岛北部原有的猩猩栖息地拍摄，该栖息地已经在油棕种植园开发时遭到破坏

　　油棕并非婆罗洲或苏门答腊岛本土物种，因此大片猩猩栖息地被完全破坏，为种植园让路。至 2010 年，估计有 65 000 千米² 的野生婆罗洲猩猩的栖息地变成了油棕种植园。同年，婆罗洲猩猩剩余栖息地中有 18％ 也变成了油棕种植园。

　　现今，印度尼西亚和马来西亚共占据了全世界棕榈油产量的 80％ 以上，与此同时，印度尼西亚保持着世界最高年度森林砍伐率的记录，并且还在生产更多的棕榈油去满足本国和国际需求。根据估算，2025 年棕榈原油的产量将达到 5 100 万吨，这意味着又有超过 6 万千米² 的猩猩栖息地将被破坏，变成油棕种植园。因此，开发油棕种植园而导致栖息地减少是目前野生猩猩面临的最大风险（图 2.8）。

　　应该鼓励消费者购买含可持续生产棕榈油的产品，提倡在不破坏猩猩栖息地基础上的合法种植。为此，棕榈油可持续发展圆桌会议（Roundtable on Sustainable Palm Oil，RSPO）主导为可持续生产的棕榈油颁发证明，同时澳大利亚、美国以及中国的多家动物园也举办了相应的公众教育活动。第十二章

图 2.8 泥炭沼泽森林中，野生苏门答腊猩猩的家园被焚烧，以使为油棕种植园腾让空间（A，供图：P Hilton）。很多油棕种植园非法占用受保护区域，但很少受到法律监管（B）。在婆罗洲的一个国家公园内，被推土机平整的土地上发现了猩猩的骨骼（C，图片来源：FNPF）

将详细讨论有关棕榈油保护教育的可行方法。

此外，猩猩栖息地也受采矿业的威胁，尤其是经常在临近泥炭沼泽森林的沙地或冲积土地上作业的矿区。在印度尼西亚婆罗洲中心的丹戎普丁国家公园，这里的土壤富含黄金和锆石，对采矿者有特别的吸引力（图 2.9）。虽然这些矿业都是合法的，但会蚕食国家公园，导致猩猩栖息地大面积减小。2001年，有 3 名非法金矿的采矿人员被驱逐，每个非法金矿都破坏了跟奥林匹克运动场面积一样大的森林。

图 2.9 印度尼西亚婆罗洲中心，丹戎普丁国家公园边界上的黄金和锆石采矿场（A）。黄
金是从沙质的冲积土层提取，而锆石则是从沙子里精细地过滤出来（B）。采矿者
用水银分离这些物质，因此采矿区域对人和野生动物的健康都有危害。来自金矿
和锆矿的污染，已经改变了黑水河（该区域一条主要水路）的颜色，在黑水河和
另一条河交汇处已经形成了鲜明的对比（C）（供图：G L Banes）

2. 森林火灾

森林火灾是导致猩猩种群数量下降的另一原因。很多火灾是垦荒的人为纵
火，尤其是为了开辟油棕种植
园。另一些火灾常常是来自非法
木材加工厂的意外起火。然而，
自然火灾仍是最具毁灭性的（图
2.10），可能持续发生在每年
6—9月的整个旱季。

近十年来，西太平洋厄尔尼
诺现象使旱季延长到10月，使
婆罗洲和苏门答腊岛发生的森林
火灾变得异常严重，附近小镇的

图 2.10 印度尼西亚燃烧的森林大火威胁着猩猩
栖息地（供图：P Hilton）

能见度低到人无法正常活动，迫使很多当地居民备有防毒面具以保护自己免受烟雾的伤害。森林火灾引起的低能见度曾导致一架商业飞机在婆罗洲失事：1997 年，印度尼西亚航空公司的一个航班失事，致飞机上 234 人遇难。在 2005 年，报道有高达 50 万例呼吸道感染病例源于森林火灾，导致印度尼西亚的 6 个省宣告进入紧急状态。根据估算，超过 8 000 千米² 的猩猩原生栖息地在 2015 年的森林大火中消失。另据估测，仅 1997—1998 年，有 1/3 的野生猩猩在森林大火中丧生。

3. 非法的宠物和动物园动物贸易

印度尼西亚从 1932 年开始，马来西亚则是从 1958 年开始立法保护猩猩。在这两个国家，狩猎、捕捉和出售猩猩都是违法的，虽然处罚很严厉，但在婆罗洲和苏门答腊岛，猩猩依然被作为宠物非法饲养，在某些地区狩猎猩猩一直很猖獗。预计狩猎导致野生猩猩数量每年减少 1 000 只。最近的研究表明，狩猎导致的猩猩数量下降比想象的严重得多。

猩猩在国际上也受到保护。婆罗洲猩猩、苏门答腊猩猩和达班努里猩猩均受到濒危野生动植物种国际贸易公约（CITES）保护。这意味着 CITES 签约国之间的所有商业交易被禁止，所有国际贸易受到严格管控。印度尼西亚、马来西亚和中国都是 CITES 签约国。

尽管如此，猩猩的国际贸易仍在持续发生。最近几年，仍然有人可以购买到野生猩猩幼崽作为宠物。动物园和野生动物园对猩猩幼崽也有相当大的需求，特别是一些亚洲国家。根据 2013 年《猎猿》（*Stolen Apes*）报道，联合国环境规划署（UNEP）推测，2005—2011 年至少有 109 只猩猩从野外捕获到国际市场上进行买卖。捕猎对猩猩种群的附带伤害很高：捕猎猩猩幼崽时，一般猩猩母亲会奋力反抗来保护它的后代，所以每一只幼崽被捕捉的背后，可能至少有一只雌性猩猩被杀害。因此，可以估测，这期间至少有 218 只猩猩从野外消失（图 2.11），表

图 2.11 印度尼西亚婆罗洲的救助中心从非法贸易者手中救下的猩猩。遗憾的是，自从 UNEP 报道以来，猩猩幼崽的非法贸易剧增。2018 年 10 月的数据显示，平均每年有 146 只猩猩被售出。据悉，每年非法贸易的猩猩幼崽价值相当于 7 000 万元人民币。在一些国家，猩猩幼崽开始在网络上买卖，严重违反了相关的法律和法规。亚洲动物园应强调圈养繁殖项目的重要性，以满足动物园对猩猩的需求。这些繁殖项目增加了圈养猩猩后代，并确保了圈养猩猩种群的可持续性

明相当大比例的野生猩猩已经濒临灭绝。

猩猩的未来令人担忧。如果没有积极的保护行动，婆罗洲猩猩、苏门答腊猩猩和达班努里猩猩都可能在不远的将来相继灭绝。动物园可能处于猩猩保护的最前沿，通过圈养繁殖，保持饲养管理和兽医护理的最高标准；通过保护教育，动员广大社会的力量，力所能及地去做积极的改变，野生猩猩的存续才有希望。

第三章 野生猩猩的发育阶段及社交

早期研究人员发现了多个猩猩亚种，每个亚种在形态学上都有许多不同。19世纪中期，Schlegel 在婆罗洲西部发现了 8 个不同的种，而 Selenka 在 1898 年描述了至少 10 种不同类型的猩猩：2 种在苏门答腊岛，其余 8 种在婆罗洲。这些早期的研究人员实际上是在描述不同性别和不同发育阶段的猩猩，他们以为有颊垫的雄性猩猩是不同的物种，而不是同一物种的成熟雄性。本章定义和描述了猩猩生活史的每个发育阶段，以及不同性别和年龄的猩猩如何在野外相互交流。

一、猩猩的发育阶段

对于猩猩在每个发育阶段的界定尚未被广泛认定，在不同文献中有多种表述和分歧。在本章中，笔者将一些已发表的关于猩猩发育阶段的资料与林伊博士（曾在丹戎普丁国家公园里，用超过 6 年的时间与野生猩猩一起生活，并对它们进行研究）在婆罗洲的观察结果相结合，将猩猩的发育阶段分为：幼年、亚成体、青少年、成年雌性、成年雄性（无颊垫雄性和有颊垫雄性）表 3.1。

表 3.1　猩猩从出生到成年的发育阶段

性别	阶段	年龄	体重（千克）	特征
雌性 雄性	幼年	0～4 岁	1.5～5	完全依靠母亲提供的食物、巢穴、交通和社会情感支撑，无法独立生存。接近 1 岁时，婴儿对母乳的依赖程度降低，经常吃固体食物，尽管母乳喂养可能会持续 8 年时间，在它们生命的前 2 个月里，婴儿 90% 的时间都保持与母亲腹部接触，1 岁时，这一比例下降到 25%。1～2 岁期间，婴儿通常在母亲的背上度过。2 岁后，婴儿有超过 50% 的时间在距离母亲 10 米以内的范围活动。在这个阶段，婴儿学习并掌握生存技能；在 18 个月前可以开始建造简陋的巢穴

（续）

性别	阶段	年龄	体重（千克）	特征
雌性 雄性	亚成体	4～8岁	5～20	如果母亲离开幼崽，通常幼崽会断奶，并能独立生存。生存的能力和社交技能使幼崽处于半独立状态，尽管大部分时间都是在靠近母亲的地方度过的，而且通常是在同一个窝里
雌性	青少年	9～15岁	20～30	雌性青少年猩猩通常比雄性更晚被驱离母亲生活区域。这一阶段的雌性青少年猩猩独立生活，度过青春期但尚未进入繁育期。在10岁或11岁时会出现月经初潮，每个月出现1次。没有明显的排卵期生殖器肿胀（性皮肿）。雌性青少年猩猩完全独立于母亲，尽管偶尔会和母亲或其他雌性一起迁移。雌性青少年猩猩在发情期与雄性交配
雄性	青少年	9～12岁	20～30	通常比雌性更早被驱离母亲生活区域。独立生活，度过青春期，尝试与青春期的雌性交配。可随母亲或其他小群迁移
雌性	成年（经产）	15岁以上	20～50	产后和后代一起。发情时与雄性交配；偶尔与其他雌性或不成熟的个体一起迁移
雄性	无颊垫	12～14岁	30～40	青春期后，能够繁育后代但缺乏第二性征。开始尝试长呼并与雌性交配。一些雄性能永远不会发育出颊垫
雄性	成年（有颊垫）	12岁以上	50～140	具有完全的第二性征，表现为面部有颊垫，并有喉囊。大量的肌肉和毛发生长，包括胡须。独特的类似麝香的气味。成年雄性的体型可能是雌性的2倍。通常是独立的，除非与善于接纳的雌性交往。从无颊垫到有颊垫的雄性成熟期可能需要3个月到10年

1. 幼年（0～4岁）

　　猩猩在出生后的前4年被认为是"幼儿期"通常无法离开母亲独立生存，完全依赖母亲提供食物、庇护、迁移和精神支持。雄性野生猩猩在抚养后代方面不发挥父亲的作用。

　　在一项关于圈养猩猩的研究中，科学家观察到猩猩出生后90%的时间是待在母亲的腹部。这个时间比例在5个月后下降到75%，在6个月后下降到

55％，在 1 岁时下降到 25％。婴儿待在母亲身上的时间与在野生猩猩的研究结果很接近。婴儿在出生后第 1 年吃母乳，然后开始吃固体食物，有时在出生几个月后就开始吃固体食物。

　　婴儿期的猩猩在出生后的第 2 年通常都是待在母亲的背上，但有个别野生猩猩喜欢用头顶着自己 1 岁大的孩子。猩猩 2 岁时开始学习在森林中独立生存所需要的关键技能。在婴儿时期，有些技能很少在实践中使用，如婴儿期猩猩虽然会建造简陋的巢穴，但它们至少在出生后的 12 个月里一直与母亲共用巢穴。4 岁时，猩猩与母亲的接触明显减少，且可能会离开更远。然而，婴儿期猩猩超过 50％的时间仍然在距离母亲 10 米以内的范围内活动（图 3.1）。

图 3.1　婴儿期猩猩最初有 90％的时间待在母亲的腹部（A）；这一比例在第 1 年结束时下降到 25％；在第 2 年，婴儿通常待在母亲的背上（B）（供图：G L Banes）

2. 亚成体（4～8 岁）

　　在 4～8 岁，猩猩被归为"亚成体"。它们通常在 5～7 岁断奶，之后便能独立生存。这个阶段的幼崽是半独立的，觅食、操作和移动技能不断提高，特别是能够为睡眠建立完备的巢穴。尽管如此，亚成体猩猩的大部分时间还是待在母亲身边，母亲有时会与幼崽分享食物，并继续分享巢穴。在印度尼西亚婆罗洲中部的一处研究地点，研究人员发现，猩猩在 6 岁之前与母亲在同一棵树上的时间超过 50％（图 3.2）。

　　猩猩断奶的时间比其他类人猿晚得多。黑猩猩断奶发生在 3 岁左右；大猩猩和倭黑猩猩的断奶发生在 3～5 岁。造成这一现象的原因尚不完全清楚，但一般被归为猩猩野外较漫长的生活史。未成年的黑猩猩与母亲待在一起的时间长达 8～10 年，比未成年的猩猩要长 2 年。如果猩猩的发育不比黑猩猩缓慢的话，那它们为什么断奶时间比黑猩猩晚，原因还不完全清楚。因此很有可能，雌性猩猩在子女独立生活前快速断奶，目的是为了后代被驱离不与自己产生食物竞争后能立即独立生活。其他灵长类动物断奶时间较早很可能是雌性猩猩对雄性猩猩杀婴行为的适应，猩猩中并没有观察到有这种行为。例如，雄性猩猩不像黑猩猩那样会有杀婴行为。

图 3.2 幼年猩猩慢慢从母亲身边独立出来。虽然它们有独立生存的能力，但一半以上的时间都与母亲生活在同一棵树上

3. 青少年（雄性 9～12 岁，雌性 9～15 岁）

8 岁之前，猩猩幼崽被母亲强行从巢穴中驱逐出去。雄性通常比雌性更早被驱逐出巢。这些"青少年"被母亲强制要求过独立生活，但它们可能偶尔会与母亲或其他群体一起迁移。和人类一样，后代对被迫独立有不同的适应性。林伊博士曾经观察过 2 只同龄的雄性猩猩，它们与母亲分开后的反应截然相反。其中一只雄性猩猩托马斯很快就离开了他的母亲图图（Tutut），之后很少见到它。相比之下，另一只雄性猩猩珀西坚决拒绝与母亲公主分开，当公主试图把珀西驱逐在外时，它大发脾气。有几次，公主试图在珀西吃东西或心不在焉时溜开。珀西一直到 10 岁时仍和公主共用一个窝。在另一个例子中，雌性猩猩塔塔为了照顾其刚出生的婴儿，不得不强行驱逐它处于青春期的儿子提加（图 3.3）。雌性猩猩无法同时照顾两个孩子，因为它们的需求太大，母亲无法独自应对。

雄性猩猩在青春期之后进入青春后期，可能尝试与青春期的雌性猩猩交配。尽管在人工饲养条件下雄性猩猩 5.5 岁时就可能有后代，但在野生环境下的同龄猩猩很难检测到精子开始发育。青春期的雌性猩猩也会进入青春后期，

图 3.3　公主愤怒地告诉珀西它必须独立，青春期的珀西最终离开了他的母亲（A，供图：G L Banes）。塔塔抱着刚出生的婴儿，不久就强行把它青春期的儿子提加从窝里赶了出来（B）

但没有生育能力，因此不会生育。在大猩猩和黑猩猩身上也可以观察到这种青春期的不孕现象，且会一直持续到雌性猩猩月经初潮——通常是进入青春期 1～5 年之后。由于猩猩没有性皮肿，在野外很难观察到其月经初潮。因此，月经初潮被认为发生在雌性猩猩变得敏感时，一般在 10 岁之前、第 1 次交配后至少 1 年。据统计，猩猩的月经周期平均持续 28 天。月经初潮在第六章有更详细的讨论。

4. 成年雌性（15 岁以上）

雌性猩猩在第一次分娩时被认为进入了"成年期"（图 3.4）。一般在 15 岁，但在圈养条件、有人工补充饲料供给以及再引入群体中会更早。妊娠期平均为 8 个月，雌性猩猩的可生育期约为 25 年。因此，雌性猩猩在一生中很难生产超过 4 个后代。

猩猩出生间隔平均为 8 年［（92.6±2.4）个月］。因此，在哺乳动物中，它们的出生间隔是最长的。苏门答腊猩猩的出生间隔通常比婆罗洲猩猩长，这也反映出苏门答腊猩猩生活史更缓慢。猩猩的生殖间隔大大超过其他类人猿，如黑猩猩的生殖间隔为 5.5 年［（66.6±1.3）个月］，大猩猩的生殖间隔为 3.8 年［（45.5±1.2）个月］。猩猩的生殖间隔时间长通常与后代的长期依赖和产后闭经有关；也可能是因哺乳造成营养流失，导致相关的能量失衡而使卵巢功能受到抑制。

图3.4 一只雌性猩猩的第一次分娩表明它进入了"成年期"。加拉（Gara）的乳头肿胀，表明它正在哺乳自己的婴儿（A）；拉尼（Rani）的新出生的孩子身上羊水未干（B）（供图：G L Banes）

所有非人类人猿进入绝经期（即雌性月经周期停止）的时间都存在争议和不确定性。据报道，在48岁以上的圈养猩猩中，偶尔会出现更年期。在其他圈养的大猿中也发现了这种现象，但野生猩猩的更年期还没有被报道。已有的数据还不足以判断猩猩是否存在更年期。

在猩猩妊娠期间可能会出现阴唇肿胀和会阴出现小块白色区域。这些特征通常在妊娠30天内比较明显，在分娩后24小时内消失。雌性猩猩妊娠时的乳头和腹部在整个妊娠期都会变大。在所有人工饲养的猩猩婴儿中，有1.2%是双胞胎，但在野生猩猩中只观察到有3例双胞胎。在印度尼西亚婆罗洲丹戎普丁国家公园，一只名叫图图（Tutut）的雌性猩猩生下了雷神（Thor）和宁静（Tranquillity），但宁静在出生后不久就死亡。在野外出生的双胞胎，几乎其中一只都会死亡。在人工饲养的环境中，由于动物园里的猩猩母亲被认为无法同时照顾2个婴儿，因此双胞胎通常是人工饲养的。

成年雌性猩猩对后代的保护欲很强，野生的雌性猩猩从来不会轻易放弃自己的孩子。从野外捕获幼小的猩猩时，必须首先杀死其母亲。另外，野生猩猩的婴儿死亡率非常低，部分原因是雄性猩猩没有杀婴行为。雌性猩猩性皮肿的缺失确保了排卵和受孕对雄性猩猩的隐蔽，再加上群体内存在混交，会有后代父系情况不清楚的现象。

5. 性成熟雄性（12～14 岁）

在野外，雄性猩猩通常在 12～14 岁达到性成熟。在这个时候，它们作为青少年时期的地位被一种新的分类所取代，即"无颊垫的雄性"。这些雄性有完全成熟的性腺，能够生育后代，在体型和面部形态上与成年雌性猩猩相似，但它们还没有发育出面颊的凸缘腮，成为"有颊垫的雄性"。

在 10～20 岁，大多数无颊垫的雄性会发育出大而不可逆转的第二性征，主要表现为颊垫和喉囊的形式，伴随肌肉发育和胡须生长（图 3.5）。因此，猩猩是唯一具有明显且不可逆转的雄性特征的灵长类物种，出现两个截然不同的雄性形态。虽然人们在山魈（*Mandrillus sphinx*）身上观察到两种雄性形态，即"肥壮"雄性有着比"非肥壮"同类更鲜艳的颜色，但随着社会地位的变化，颜色的鲜艳程度可能会发生变化。相比之下，猩猩第二性征的发育是一个不可逆转的过程，且一生只发生一次。

图 3.5　成年雌性猩猩（A，供图：M Block）在体型和面部形态上与无颊垫但性成熟的雄性猩猩（B，供图：Bpk Bain）相似。相比之下，在社会上占主导地位的有颊垫雄性则表现出完全的第二性征，表现为面部的颊垫和下垂的喉囊（C，供图：Bpk Bain）

一个无颊垫的雄性可能会在性成熟的时候长出颊垫，或者无限期地处于"被抑制"的发育停滞状态。因此，颊垫发育的时间是高度可变的，可能会占雄性生殖寿命的很大一部分时间。但是，没有确凿的证据表明所有无颊垫的雄性在它们的有生之年都会发育出这些"表征"：在一项对博物馆标本的研究中，一些年长的雄性猩猩骨骼没有任何面部颊垫的迹象。那些颊垫发育良好的个体被认为是在睾丸激素（如睾丸素）和生长激素［包括促黄体生成素（LH）和双氢睾酮（DHT）〕大量增加的刺激下发育形成。如果附近存在有颊垫的雄性猩猩，那么无颊垫猩猩的颊垫发育有时会被抑制，但也有猩猩在有颊垫雄性存在的情况下发育出完整的第二性征。因此，对引发猩猩第二性征发育的潜在生理机制还需要进一步研究。

野生婆罗洲雄性猩猩通常比苏门答腊猩猩体型大。在婆罗洲，成年雄性猩猩身高可达 97 厘米，平均体重 87 千克，手臂跨度可达 2 米。有颊垫的雄性体重可达 140 千克，并且被认为在它们的一生中体重会持续增长。相比之下，野生雌性猩猩体重约 37 千克，身高仅 78 厘米。因此，在所有哺乳动物中，除象海豹（*Mirounga* spp.）外，即是猩猩表现出最极端的雌雄性二型态。雄性猩猩的无限生长和这种极端的性二型态现象被认为是雄性间激烈竞争的结果。发育出精致的颊垫也被认为是适应雌性猩猩选择的一个因素。

二、猩猩的社交

1. 雌性之间的关系

雌性猩猩往往具有恋家性，这意味着它们会待在离出生地点很近的地方。它们的居住面积在 $0.4 \sim 8.5$ 千米^2。在一天之内，雌性的活动范围在 $0.1 \sim 1$ 千米。雌性猩猩可能会经常相遇，因为它们的家域范围有大量的重叠区域。虽然雌性主要与依赖它们生活的后代交流，但已经观察到它们会聚集在一颗大的果树上，组队迁移，也会在果实充裕的时候分享食物。

有证据表明，雌性猩猩更喜欢与近亲交流。在印度尼西亚婆罗洲中部的团男（Tuanan）研究中心，研究人员观察到：相比于没有亲属关系的雌性猩猩，雌性会花更多的时间与母系亲属联系。母亲们允许它们的后代和有血缘关系的雌性后代一起玩耍，但却会及时阻止自己的后代与没有血缘关系的个体交往。对于野生婆罗洲猩猩，母亲和祖母都允许它们的后代与对方的后代互动，但不愿意后代与其他不相关的猩猩玩耍。

雌性猩猩在自然环境中不表现统治等级。然而，在印度尼西亚婆罗洲中部丹戎普丁（Tanjung Putting）国家公园内圈养的再引入的雌性猩猩群体中，存在统治等级。有一只叫西斯维（Siswi）的雌性猩猩，在猩猩中占统治地位，这可能是靠蛮力实现的。"女王"最需要得到其他猩猩的服从，因此，西斯维不断受到其他雌性的侵害，结果导致其身体受伤且营养不良。这种雌性的统治阶层在真正的野生猩猩中不太可能出现，至少不会如此极端。这可能是因为在丹戎普丁国家公园食物供应充足，吸引来大量的雌性猩猩以非自然的方式聚集在一个范围小而且相互重叠的生活领域内所致。

2. 雄性之间的关系

雄性猩猩活动分散且范围相对广阔。据调查，有颊垫雄性的活动区域大小是雌性的 3～5 倍，范围为 0.4～8.5 千米²。在所有确定的家域领地范围内，一般只有一只有颊垫的成年雄性占主导地位，即使雄性的家域范围可能重叠，并包括其他"常驻"的、无颊垫的成年雄性。2008 年 8 月，在印度尼西亚婆罗洲中部的丹戎普丁国家公园有 3 只雄性猩猩，分别命名为天王星（Uranus）、库萨斯（Kusasi）和汤姆（Tom），它们的活动距离在 500 米以内，但明显存在严格的统治等级。库萨斯会回避占统治地位的汤姆，而天王星则服从于前两者。每只猩猩都呆在几乎看不到其他个体的地方。在其他野生种群中，这种统治等级可能不是单线的，而这 3 只猩猩之间的密切度可能跟国家公园的管理有关。在其他地方，因为雄性对彼此的地位或战斗力不了解，往往会保持更大的躲避距离。

有颊垫的雄性彼此之间极不宽容，见面时总要发生攻击，尤其是在有雌性或配偶存在的情况下。它们相遇时通常从持续的对视开始，然后是近距离接触，用力拉扯和撕咬，接着是地面上的战斗。曾有报道雄性猩猩因搏斗而死亡。有时有颊垫的雄性会从另一只雄性的脸上撕下部分颊垫。因此，有颊垫的雄性猩猩的典型特征是几乎都有颊垫残缺的情况，即经常缺少手指、眼睛、牙齿或嘴唇，颊垫和其他组织也可能会有撕裂，还会经常骨折（图 3.6）。尽管如此，由于雄性家域领地范围较大，所以有颊垫的雄性相遇的机会相对较少。处于从属地位的有颊垫的雄性猩猩，会为了从原来有主导地位雄性统治的区域中分离出来，而在其他没有有主导地位雄性的区域里建立自己的家域。

图 3.6　库萨斯（Kusasi）曾统治印度尼西亚婆罗洲中部丹戎普丁国家公园利基营地，在其统治期结束时被严重毁容（A）。它的结局不是被年轻的继任者汤姆（B）杀死，就是被驱逐进入森林

有颊垫的雄性通常能容忍没有颊垫的雄性，偶尔允许它们加入自己一起迁移。曾有一名研究人员观察到一只有颊垫的雄性猩猩，让一只无颊垫的雄性猩猩在 20 米的距离内跟着自己走了几天。然而，有颊垫的雄性也会对无颊垫的雄性有攻击性，可能经常驱逐它们，这种反应通常是由雌性的存在决定的。此外，有颊垫的雄性和无颊垫的雄性在配偶出现时发生攻击的频率比有颊垫雄性之间更高。有颊垫和无颊垫雄性之间的冲突次数估计为有颊垫雄性之间的 2 倍。然而，针对无颊垫雄性的真正暴力情况尚未有报道，而且无颊垫的雄性一般不会在与有颊垫的同类战斗中受到严重伤害。无颊垫的雄性通常彼此之间较为宽容，并且会以小群的形式一起迁移。

3. 雄性和雌性的关系及交配策略

亚成体雌性猩猩会对无颊垫的雄性表现出兴趣，而青少年和成年雌性几乎只对有颊垫的雄性表现出兴趣，它们一般更愿意与有颊垫的雄性进行交配。雄性和雌性之间的配偶关系可能会持续几天、几周甚至 1 个月。在早期的一项研究中，研究人员记录到猩猩 64％的交配行为发生在有配偶关系的群体中（$n=$52），约有 71％的交配过程会发生射精（$n=52$）。相比之下，无颊垫雄性在试图与雌性交配，或者试图固定住雌性完成交配动作时，很大程度上是强迫完成的，这是典型的无颊垫雄性的行为。

在人工饲养的环境中，研究人员观察到，无颊垫雄性个体在被雌性猩猩反抗交配时，会咬雌性猩猩的四肢；也观察到野生雌性猩猩在被无颊垫雄性猩猩试图强行交配时会逃向有颊垫的雄性身边，可能是为了寻求保护。雌性在被迫交配时经常发出叫声，而与有颊垫的雄性交配时相对沉默。在所有记录中，猩猩的交配通常是腹腹交配，而且几乎都是在树上。据统计，猩猩交配持续时间为 3～28 分钟，平均为 10.8 分钟（$n=52$）。

雄性猩猩的"长啸"也可能在交配中发挥作用。这些长啸包括一系列的嘟囔，然后是激烈地咆哮，慢慢地又变成一连串的嘟囔和叹息。长啸是最常听见的猩猩叫声，也是唯一能在几千米外听到的猩猩叫声。虽然无颊垫的雄性可能会尝试发声，但真正的长啸只有成年雄性才会发出，因为它们的喉囊在声音的产生过程中会起到作用。

库萨斯是印度尼西亚婆罗洲中部丹戎普丁国家公园利基营地里的一只雄性猩猩，这段录音是 Ralph Arbus 在 2006 年录制的它的一段"长啸"。

长啸的功能还没有完全被解读。然而，由于观察到处于从属地位的雄性会远离长啸的方向，人们认为雄性可能会通过这种叫声将对手从自己的家域驱逐，这种情况可以用来区分一只雄性和其他雄性的家域之间的间隔。在一项研究中报道，在有颊垫的雄性之间的冲突中，至少有一次发出"长啸"，这也佐证了长啸在建立等级制度中的作用。有人还观察到，处于主导地位的雄性会朝着处于从属地位的雄性发出长啸的方向移动，因此这种叫声可能在雄性保护配偶和领地中发挥作用。

另外，长时间的叫声被认为在求偶中发挥重要作用，因为雌性常常会向有声音优势的雄性叫声方向移动，并表现出兴趣。在丹戎普丁国家公园，成年雄性猩猩平均每天发出 3.6 次长啸，而且据了解，在没有雌性猩猩的情况下，成年雄性会通过增加长啸的次数来吸引雌性的注意。在苏门答腊岛的 Ketambe，研究发现当与配偶暂时分离时，有颊垫的雄性会发出更多的叫声。最近的一项研究表明，有颊垫的雄性可能会提前计划它们的迁移路线，并利用长啸来宣告它们的迁移方向。

猩猩通常有两种交配策略，一种是"坐着等待"，有颊垫的雄性会长时间呼叫，等待雌性靠近；另一种是"去寻找"，无颊垫的雄性会四处寻找雌性，通常会强迫交配。然而，在文献中，雌性的选择偏好在很大程度上被低估了。在西印度尼西亚婆罗洲古隆帕隆国家公园的一项具有里程碑意义的研究中，研究人员通过尿液分析测定了猩猩的排卵周期。他们发现，在接近排卵期的时候，雌性与有颊垫的雄性关系更密切，并且会与它们进行交配。相比之下，当妊娠风险较低时，雌性会与无颊垫的雄性接触，与从属雄性交配的意愿增加。由于雄性猩猩在抚养后代时不扮演父亲的角色，所以不清楚是哪一次交配导致了雌性受孕。尽管如此，研究结果仍明确显示了雌性猩猩的选择倾向。

总的来说，比起无颊垫的雄性，雌性更喜欢有颊垫的雄性猩猩。笔者在丹戎普丁国家公园利基营地（Camp Leakey）对雄性猩猩的颊垫进行了 8 年的研究，发现雄性猩猩库萨斯（Kusasi）在其统治时期比其他任何雄性猩猩生育的后代都多。在社群中处于从属地位的雄性只有在统治阶层不稳定的时期才能成功繁殖，如库萨斯统治时期的开始和结束阶段。因此，可以得出结论，颊部发育是一种进化上稳定的策略，在这一策略中，有颊垫的雄性对雌性更有吸引力，而且与无颊垫的雄性相比，后代更多。而在社群中处于从属地位的没有颊垫的雄性只能在统治阶层不稳定的时期等待时机。

目前，人们对猩猩的了解仍然很少。泥泞的泥炭沼泽森林和它们的树栖生活方式限制了人们对这些物种的研究，且这种限制也很难在短时间内突破。尽管如此，人们还是在慢慢地了解这些神秘的类人猿。随着时间的推移，猩猩的生活史和繁殖行为会得到更充分的了解。

猩猩的智力

猩猩曾被认为是所有猿类中最不聪明的，其原因可能是由于它们移动缓慢。而事实并非如此。20 世纪早期，猩猩被认为在猿类中是最有机械操作天分的。随后，人们发现猩猩和其他非洲猿类（黑猩猩、倭黑猩猩、大猩猩）的智力接近。很多研究者甚至认为猩猩是所有猿类中最聪明的。猩猩可以制作并使用工具，可以通过思考和运用洞察力解决问题，可以提前数小时甚至数天制订计划，并且可以创新。它们也是伪装大师，会通过模仿来学习，可以用哑语来表达请求，甚至可以形成它们自己的文化或学习基本的人类语言。而这些能力曾经被认为是人类独有的。猩猩和其他类人猿所具备的这种复杂心智和人类如此相似，因此对于这些极其聪明的动物，人们提供的照料方式需要能够匹配它们的智力。

本章将对野生猩猩的智力进行概述，并探讨这对于圈养猩猩护理工作的启示。将首先解释为什么研究人员认为猩猩具有智力，并介绍研究猩猩智力的方法；然后将举例介绍猩猩的不同智力类别；最后利用这些研究结果探讨在圈养猩猩的护理工作中，怎样通过增加智力方面的挑战来提升它们的幸福度。

本章涉及很多细节，以便想进行深入研究的读者对猩猩的复杂智力有全面的理解。而对于不想了解更多细节的读者，可通过文章中的图片以及扫描二维码观看视频来了解猩猩的智力。

一、猩猩智力的形成

猩猩进化出智力是生存所需。猩猩作为食物以水果为主的大型猿类，其天然居住环境并不盛产水果或其他可食植物，需要搜寻大片森林才能找到生存所必需的食物。

虽然猩猩体型较庞大，体重较重，但它们主要在树间穿行和休息，而树冠比较脆弱且不连续，并且时常由于树枝折断、树干倾倒或者新植株生长而发生变化。动物体型越大，在树上居住的风险就越高。对于猩猩，每天都面临复杂多变的智力挑战，需要计算在树林中穿行的安全路线以及寻找建巢的地点和材料。

当猩猩找到食物，可能还需要从整个植株上分离出能吃的部分。它们食谱中的很多植物都有不同的防捕食机制，如尖刺、硬壳、有毒化学物质；有的植物和蚂蚁有共生关系，当植物被啃食时，共生的蚂蚁会攻击捕食者。这些挑战都要求猩猩学会处理食物。

由于猩猩的社交生活涉及形成并维持不同的社会关系，它们进化出许多社交手段，包括用呼唤和手势进行交流，以及会伪装；它们具有复杂的社会学习技能，并且发展出小范围的文化传统。能够具备以上这些技能的生物个体，通常需要有很灵活的行为习惯，能够当场解决问题，且学习很快，对社交暗示很敏感，总之需要具有较高的智商。猩猩的大脑容量很大，结构也和人类大脑非常相似，这也表明它们具有智力。

二、猩猩智力的决定因素及分类

和人类一样，所有猩猩总体上有相似的智力水平，但是个体间的具体能力则有差异。差异很大程度上取决于它们生活中遇到的机遇和挑战。假如一个人生活在乡村，没有接受过正规教育，那他很有可能有比较好的体力智力，如擅长搭建和维修；而一个在城市中长大、来自富裕家庭的人则更有可能有机会上大学，那他很有可能有比较高的学术智力。这两个人的智力水平可能很接近，但是各自擅长的方面却不同。

猩猩的具体能力很大程度上取决于它们的居住环境。野生猩猩是在大范围空间内活动的专家，也擅长在原始森林中求生。与之相比，圈养猩猩则是使用工具的专家。住在印度尼西亚和马来西亚庇护所里的复健猩猩，很多曾经是孤儿或者失去了栖息地，这些猩猩通常比较擅长模仿和伪装。猩猩的智力水平大概等同于 3～3.5 岁的人类儿童。

猩猩的智力主要分为两类，一类是物理空间智力，或称"生态智力"；另一类是社会智力。对于不同类型的智力，下文将用野生、复健和圈养（动物园饲养）猩猩分别举例，来阐述它们之间的共性与差异。

三、猩猩的物理空间智力（生态智力）

猩猩经常通过解决物理空间的问题来展现它们的智力。猩猩能够分析事物的运作原理，并且知道怎样通过相应的行为来达到预期结果。以下将举例说明猩猩的物理空间智力（生态智力）。

1. 食物处理

猩猩的食物主要来源于植物（见第九章）。猩猩具有庞大的身躯，获取足够的食物以维持生存和繁殖所需，并保持身体健康是一项重要的任务，也是它们每天花费时间最多的任务。对野生猩猩社群的研究表明，社群中猩猩摄取的食物来自150～400种不同的植物，包括约200种不同的食物（如果实、树叶、树皮、花）。因此，每只猩猩必须学习大量且灵活的技术来获得它们的食物。由于猩猩食谱中的很多食物都具有形式各异的防食用机制，所以猩猩需要有相应的复杂而灵活的食物处理手段。而且有很多食物处理手段需要使用工具。

野生猩猩食物处理的例子：目前仅发现两个野生社群的猩猩食用尼西亚果（*Neesia*）。其中一个社群是位于印度尼西亚苏门答腊岛亚齐（Aceh）省斯瓦克（Suaq）阳桃产区（Balimbing site）的苏门答腊猩猩。另一个社群是位于印度尼西亚婆罗洲西加里曼丹（West Kalimantan）省帕龙山（Gunung Palung）国家公园的婆罗洲猩猩。尼西亚果含有极丰富的营养，但想要吃到却需要花费很大力气。尼西亚果的每个果实具有硕大的五瓣状木质蒴果（约22厘米×10厘米），里面可食用的种子被硬壳包裹。在果实成熟前，蒴果壳完全闭合，即便人类用刀砍也很难将其打开；当果实完全成熟后，蒴果沿着天然形成的缝隙裂开并播撒种子，但种子仍有硬毛保护。

观察发现，帕龙山国家公园的婆罗洲猩猩主要在尼西亚果刚刚开始自然开裂时用手掰开果实的一个瓣状壳，然后用手指采集尼西亚果种子。而斯瓦克阳桃产区的苏门答腊猩猩则能制造和使用多种工具，它们会找到一根短且直的树枝，撕掉树皮，用嘴含住这根树枝，然后将其插入尼西亚果两个瓣状壳之间的裂缝，并用力上下移动（图4.1），这样做能够将种子从茎上剥离下来，并且去除很多扎人的螯毛。随后它们会将种子推到果实的开口处，或用手将种子挖出，或直接将种子倒进嘴里。这些猩猩通常在爬上尼西亚果树之前就已经准备好了工具，有时候在爬到另一棵树上的时候还带着工具，这也显示出它们具有提前准备计划的能力。观察还发现，猩猩会一次性收集多个尼西亚果，把果实都搬运到一个舒适的地方，然后坐下来将这些果实逐个打开。

复健猩猩食物处理的例子：在印度尼西亚婆罗洲东加里曼丹（East Kalimantan）省的桑盖韦恩（Sungai Wain）森林保护区内居住的复健猩猩发展出了一套办法，来获取一种被当地人称为班当树（*Bandang*，*Borassodendron borneense*）的大型掌状叶棕树的棕榈芯。这种食物很难获得，和多数棕树一样，班当树的棕榈芯位于树干尖端，也就是棕树不断生长的部位，因此也是棕树具备最强防御机制的部位。通常一棵大型棕树的树冠具有50片以上的巨大叶片，其剃刀状边缘的树干可以延伸到地表以上15～20米。想要获得棕榈芯，猩猩需要爬到树冠中，拔下在树冠正中萌发的新生叶笋。如果用力得当，美味的棕榈芯会和叶笋一起拔出。由于每3～4个月才会有一片新叶萌发，因此班当树的棕榈芯是一种难得的美味小吃。

尼西亚果(*Neesia*)

图 4.1 一些居住于印度尼西亚苏门答腊岛斯瓦克阳桃产区的野生苏门答腊猩猩
学会了如何用小木棍作为工具来获取尼西亚果的种子

这些复健猩猩发展出了一种七步法来成功并且安全地获取班当树的棕榈芯（图 4.2）。这种方法实施起来艰难而且容易出错，对于一只年幼的猩猩，获取并吃到整个新鲜叶笋要花费 1 个多小时。七步法的步骤如下：

① 小心地爬上树：靠近树芯而避开剃刀状边缘的树干。

② 清洁新生叶笋周围：去除各种杂质并通过拉扯、踩踏等方式将已经成熟的叶片弯折。

③ 搭建一个工作椅：弯折叶柄使一片成熟叶片恰好平行位于叶笋旁边或者位于叶笋之上，这样就可以坐在这个叶片上拔叶笋。

④ 将叶笋分成小份然后逐一拔出：每根叶笋由大概 50 个小叶构成，萌发时呈合扇状，猩猩每次可以只拔出几个小叶。一般成年雄性猩猩可以 1 次将整根叶笋拔出，成年雌性猩猩需要 4～5 次，而年幼的猩猩则需要大概 10～15 次才能拔出整根叶笋。

⑤ 拔出一份小叶时避免将其折断：猩猩会将小叶尖端弯折形成双层叶片以使其更加坚固，然后用嘴叼住或者用手抓住折成双层的地方，再慢慢将这一份小叶拔出。

⑥ 知错就改：如果在拔出一份小叶时用力过猛而将小叶折断，猩猩会将折断的地方再次弯折以使其坚固；如果是因为这一份小叶因太多或太少而折断，它们会适当减少或添加小叶以形成适量的一份。

⑦ 把收集的小叶攒到一起吃：有些猩猩会接连拔出好几份小叶，存放在

一旁，之后再一起吃；有些猩猩则会在收集的过程中先吃掉一部分棕榈芯，余下的部分并不扔掉，而是存放在旁边的树干、树枝或者其他木材上，等以后再吃。

图 4.2　掌状叶棕树结构示意（A）。本涂（Bento）是一只少年雄性复健猩猩，它正坐在班当树的树冠中享用刚刚拔下的班当树叶中的棕榈芯，可以看到它握着的这一叶片的尖端被弯折过（B，供图：A E Russon）

圈养猩猩食物处理的例子：很多动物园都会给猩猩提供有挑战性的益智喂食器来作为行为丰容的一部分（见第八章），如把食物放在椰子或者菠萝里，让猩猩不那么容易吃到；把食物放在高处以鼓励猩猩攀爬并模仿树栖进食；把小颗粒的食物放在洞里或者其他饲喂器里，使猩猩必须制作工具才能获得食物。这些做法都让猩猩有机会面对类似于生活在自然环境中的挑战。

圈养猩猩也常常被作为非干预性认知行为研究的对象，这种研究使科学家们得以通过实证观察来测试它们的智力。有项研究在猩猩笼舍中放入一个透明长管，其中装有花生。开始时猩猩手边没有工具，它们无法获得花生，透明长管也无法移动。而猩猩很快就想出了吃到花生的办法。它们会在嘴里含一大口水，然后将水吐到长管里，如此反复直到将长管注满水，花生自然就浮到了长管顶端，这样它们就可以用手将花生掏出来吃掉。

有时候这种挑战的出现则纯属偶然。加拿大安大略（Ontario）省多伦多（Toronto）动物园里一只青少年雄性猩猩在展区内绕着一根木材转，这根木材里有一颗卡在缝隙里的花生。它多次尝试用手将花生取出，但是由于手指太粗而始终没有成功。结果它对准缝隙小便直到花生浮起来，然后捡起花生吃掉。这只猩猩从来没有接受过相关试验，但显然它当场就想出了这个办法。

2. 树栖活动穿行

作为世界上最大型的树栖哺乳动物，猩猩的体重使它们在空中的行进十分危险、复杂且极为耗损能量。这些挑战也需要相应的智力来应对。

研究者认为猩猩树栖活动穿行可能是对它们智力最大的挑战，其中最复杂的问题是树冠的不连续性。从一棵树穿行到另一棵树，猩猩需要越过其间的空隙，这时它们的体重就成了大问题，因为它们需要越过的地方恰好是树枝最细、最软的边缘部位。因此，猩猩体重越重，空中间隙越大，穿行时的难度和危险程度也就越高。

如果相邻两棵树之间的树冠彼此覆盖，猩猩就可以轻而易举地通过大根树枝从一棵树走到另一棵树。如果藤本植物在树与树之间相连，猩猩也可以利用树藤走过去或者荡过去。而树木和藤本植物并不总是这么完美相连的，这时就需要猩猩自己为行进搭桥。通常它们需要找各种植物来搭桥，然而每个空隙都各有不同，所以猩猩需要现场发挥找到新的解决方案。解决这些难题需要它们具有很高的智力。

野生猩猩树栖活动穿行的例子：最广泛使用的猩猩树栖穿行的技巧是"摇树"。有一个例子展示了一只成年雄性猩猩的摇树技巧（图 4.3）。它爬到树的高处，用右手悬挂在树上，通过把自身所在的树压弯来靠近目标树，然后伸出左手抓住目标树边缘的多叶树枝。猩猩通常会在第一棵树的树枝上来回摇摆以获得惯性，直到离目标树足够近并能抓住。它们会特意朝目标树摇摆，并且方向十分准确。

图 4.3　一只成年雄性猩猩的"摇树"技巧（供图：B N Foundation）

另外一个例子是一只青少年雄性猩猩，在垂直 45°角的地方抓住一根藤条，想要到达更高的目标树。它试了几次，每次都由于不够高而失败了。于是它找到附近另一棵树上位置较低的树枝，抓住这根树枝然后把自己拉到这棵树的树干处；与此同时，它并没有放手原本那根藤条，而是通过牵拉大大拉伸了藤条，使得藤条成为一个弹弓装置；随后这只猩猩抓住藤条把自己往上弹射到目标树上，由于此时具备足够的惯性，所以它成功抓住了目标树外缘的树枝。

复健猩猩树栖活动穿行的例子：绳降是猩猩通过绳子在近垂直表面处下降（或者爬升）的一种技巧。它们会将绳子固定在高处，然后将绳子绕过自己的身体，通过调节绳子的松紧来控制自身升降。尽管理论简单，但实际操作却很复杂。绳降在野生和复健猩猩中都有所使用。

人们在复健猩猩中观察到了最复杂的绳降技巧。有一个例子是一只 8 岁左右的青少年雌性猩猩利用绳降技巧从一根水平橡胶绳（离地约 3 米高，绑在两根高柱之间）下降到地面，再用同样的办法升到空中。它先坐在空中的水平橡胶电缆上，抓住另外一根 5～6 米长的橡胶电缆作为"绳索"，这根绳索的一端紧紧地系在一根高柱上，另一端游离。它将绳索的游离端搭在水平电缆上方，然后向下拉直到绳索的剩余部分形成一个垂在水平电缆下方的 U 形环，绳索的游离端则自然下垂到地面上。随后，它坐在（或站在）U 形环上，同时紧紧抓住绳索游离端，这样就能依靠绳索承受它自身的重量。然后它慢慢放松绳子，U 形环逐渐扩大，它就能慢慢降到地面上。

这只猩猩能用绳降的办法降到离地 0.5～1 米高的地方，工作人员每天把水果放在地上，它坐在绳索的 U 形环里就能够到这些水果。它会把水果捡起来，然后抓紧绳索游离端缩小 U 形环，把自己逐渐上拉回到水平电缆上。实际上它完全可以通过攀爬高柱或者其他绳子往返，并不是非得用绳降的办法。但是，选择性使用绳降技巧体现了它的高级认知能力。

另一个例子是猩猩在森林当中的水面穿行。水面穿行虽不同于树栖穿行，但是水体经常会影响猩猩的树栖穿行，而且水面也与森林树冠有很多相似之处。猩猩喜好的栖居地通常都有大面积的水体（如沼泽森林、沿水的低地森林），水体可以将森林树冠隔开，同时也可以提供类似树冠的浮力以支撑猩猩的身体重量。猩猩在森林中穿行时，有时可能必须越过水面。这时野生猩猩会用小木棍和树枝试探水深，然后涉水通过溪流和沼泽。

住在河心岛上的复健猩猩则有一套不同寻常的办法来越过水面，它们会尝试游泳。尽管猩猩并不会游泳，因为它们的肌肉太重，在水里会下沉。但是复健猩猩会时常特意走到水深的小池塘中，扑向水里并滑行 1～2 米，再抓住池塘另一边的植被。这个技巧和野生猩猩的摇树技巧极为相似。复健猩猩还被观察到用木棍和树枝搭建"桥梁"，这些桥梁可以保证它们在溪流和河水中安全穿行而不用担心被水弄湿（图 4.4）。

图 4.4 一只猩猩在深水中涉水前行（A）。它在水中向前滑行 1~2 米，然后伸出手臂抓对岸的植被来拉自己出水。另一只猩猩用木棍在溪流上搭过"桥梁"（B）（供图：A E Russon）

圈养猩猩树栖活动穿行的例子：人们观察到加拿大安大略省多伦多动物园的幼年和青少年猩猩在展区内玩"蒙眼"穿行的游戏。它们会故意用帽子或其他衣物盖住自己的眼睛，然后在由木桩、高柱、绳索组成的攀爬架中穿行。它们会经常选择复杂路线攀爬，虽蒙着眼睛但很少出错。

然麦（Ramai）当时是一只 12 岁左右的青少年雌性猩猩，它曾被看到在一群交错复杂的横杠、高柱、绳索之间蒙着眼睛攀爬了 15 秒之久，其间它需要穿过 3 个空中有间隔的结构。然麦经常和一只 5 岁的雌性猩猩伙伴瑟卡丽（Sekali）一起玩耍，它们玩蒙眼攀爬游戏的时候有一多半时间都会停下来试探摸索周围的环境。但它们并不是用手来试探周围环境的，当它们越过一根圆木和一个平台中的间隙时，或者来到攀爬结构的边缘时，又或者躲开障碍物时，它们会系统地摸索，让自己下一步的行动尽量不出错或者能纠正一些小的失误。这两只猩猩玩耍时偶尔会作弊，在半数的蒙眼攀爬游戏中，它们会在遇到一个有难度的间隔之前从眼罩下偷看。它们对有难度的挑战有预期，通过偷看可以获取新的视觉信息，然后毫无差错地完成挑战。

这个例子显示猩猩会用自己记住的心象图在展区内自行导航，这种行为通常称为"用心看"。它们的作弊行为实际体现了它们心象图的精确度，只有在一个阻碍物或者一个角落这种需要纠正细节的地方它们才会偷看，而且它们其实已经知道这个阻碍物或者角落即将出现。心象图已经很好地储存在它们的记忆里了。

3. 时空导航

猩猩需要对空间具有透彻的认识和理解才能有效地在庞大的居住范围内导

航（见第三章）。尤其关键的是它们需要知道重要资源的位置（如食物、水源、某些种类的树、其他猩猩），以及利用哪些路径可以最有效地到达这些位置。这就引出了一个重要的问题，即猩猩是怎么导航的？它们是有目的性地行进，有效地利用心象图穿行到食物资源所在地的吗？还是随机穿行在森林中找到什么吃什么呢？

野生猩猩时空导航的例子： 全球定位系统（GPS）的日常应用已经很普遍，人们也可以用GPS精确监控野生猩猩每天的行程，这些信息可以检测猩猩在森林里的行进规律。

有一个研究利用GPS记录猩猩一天当中每15分钟的位置所在，跟随这些记录点就能勾画出猩猩的实际行进路线。研究人员追踪了一片区域内所有猩猩在3年内的所有行进路线，并描绘了一张地图，以期找到它们穿行的规律来解释它们是如何决定采用哪些路径的。图4.5显示了猩猩偏好的区域，表明它们对森林的探索并非随机穿行（彩图4）。猩猩最常用的路径位于河边，这也通常是植被茂盛且多种果树生长的地方，因此表明它们了解重要资源的所在地。猩猩还会重复穿行曾经引导它们找到美味食物资源的路径。由此可见，猩猩建立了有效的穿行路径以到达重要资源的位置。

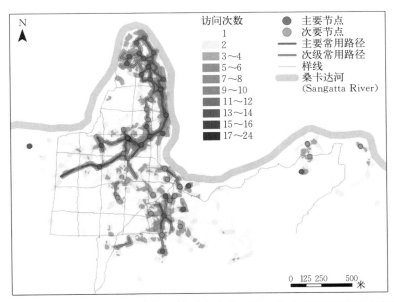

图4.5　在印度尼西亚婆罗洲东加里曼丹省库台（Kutai）国家公园连续3年追踪
　　　　这个区域内猩猩穿行规律的结果。线段颜色越深表示特定的路径或者路径
　　　　其中一部分使用次数越频繁，有些线路使用达24次之多。同一只猩猩会
　　　　重复使用同一路径，多只猩猩也会共用同一路径（供图：A Bebko）

复健猩猩时空导航的例子： 在印度尼西亚婆罗洲东加里曼丹省重新引入森林的一群复健猩猩，被发现有时会走到离放生地很远的地方。这些猩猩大多是青少年或无颊垫的成年猩猩，这个阶段的猩猩非常擅长长距离行进。人们常发现这群猩猩"打劫"当地居民的房屋和菜园，有时甚至会打劫距离它们放生地15～20千米的地方。当有人报告遭到猩猩打劫时，复健项目的工作人员会快速反应，派出一个小队抓住参与打劫的猩猩，处理它们身上的伤口，然后把它们带到最初的放生地重新放生。

尽管如此，有好几只雄性猩猩坚持反复来到同一处居民家中，它们每次的光顾都是有目的性的。显然，它们记得这些居民家的位置以及来到这里的路线，这表明猩猩对空间有很强的认识和理解，能够在庞大的范围内导航。

圈养猩猩时空导航的例子： 圈养猩猩没有野生猩猩那么大的活动空间，然而无论是在展区中，还是在电脑模拟任务中，它们都表现出对空间细节的深刻理解。例如，它们会利用地标定位隐藏目标，还会设计穿行路线以通过最短路径找到食物。在户外展区活动的猩猩能够记住物品的位置。

研究人员曾将不同的食物（如香蕉和猕猴桃）藏在猩猩展区中的不同位置，但每次在同一位置总是放置同一种食物，且只选择放一种食物。藏好后猩猩可以在展区中自由搜寻食物，结果证明，它们能够清楚地记住食物被隐藏的位置以及每次所藏食物种类。例如，如果它们首先找到香蕉，就会继续查看其他曾经藏过香蕉的位置，而不再去搜索曾经藏过猕猴桃的地方。还有很多其他例子也展示了圈养猩猩对它们居住空间在垂直和水平层面的理解和记忆，不管有没有食物作为动力，猩猩的表现都很好。

4. 制作和使用工具

通常把工具定义为一个个体自身以外的事物，可以是物体也可以是同类伙伴，这个个体通过操控这件事物来帮助其达成目的。长久以来，制作和使用工具被认为是具有智力的重要标志。直到20世纪60年代早期，人类还自诩为"工具使用者"以及"工具制作者"，当时人们认为人类是唯一具有足够智慧来制作和使用工具的物种。今天看来事实并非如此。

很多不同物种的动物也会制作和使用工具，单纯的制作或使用工具都并不一定需要智力。只有在制作和使用工具的过程中展现出来对因果关系的理解才能认定为具有智力。猩猩和其他猿类，还有多种其他动物，都和人类一样，能够通过智力使用工具。目前已有上百个例子表明猩猩可以制作并使用工具。

野生猩猩制作和使用工具的例子： 野生猩猩在很多情况下都会制作和使用工具，如处理食物、穿越树冠的间隙、促进社交等。前面提到的猩猩获取尼西亚果种子就是一个很好的用工具处理食物的例子。猩猩也会收集细小的嫩枝用作探棒，可以从树洞中挖昆虫、从蜂巢中取蜂蜜、从椰子中挖椰肉，也可以用来清洁耳朵和牙齿。它们还会用嚼烂的叶子或者收集的苔藓作为吸水海绵，收集饮用水。

人们见过野生猩猩制作帽子和雨伞来遮阳挡雨（图 4.6），搭建桥梁或撑竿跳从一棵树越到另一棵树，把小棍子做成钩子来钩取植物，摇晃身边植被或者扔东西以驱赶入侵者，还有采集一堆枝繁叶茂的树枝把自己盖起来以躲避不想见的参观者。摇树也是一个使用工具的例子，它们通过操控一棵树来达到穿越树冠巨大空隙的目的。

图 4.6　西斯维（Siswi）是印度尼西亚婆罗洲中加里曼丹省丹戎普丁（Tanjung Puting）国家公园利基（Leaky）营地里一只野外出生的猩猩，它用叶子给自己做了一把复杂的"雨伞"（供图：G L Banes）

复健猩猩制作和使用工具的例子：在印度尼西亚婆罗洲中加里曼丹省丹戎普丁国家公园利基营地里的复健猩猩自由生活在森林里，它们经常被看到使用工具穿越水面。它们经常拉着木头和藤蔓到河边，用作桥梁来过河。它们还用木头制作小木筏来漂流过河。

利基营地的复健猩猩还偷过人类的独木舟用来划船过河（图 4.7）。而偷独木舟需要解开非常复杂的绳结。有些猩猩会经常用独木舟过河，划独木舟的时候它们会抓住水中或河岸上的植物来提供推进力。目前还没有观察到有猩猩使用真的船桨，但是它们会用棍子、板子、杓来代替船桨划水。有一只雄性猩猩甚至在使用独木舟过河后将独木舟据为己有，用绳子拉着沿河走，这样它可以随时渡河，晚上它还会睡在独木舟里。

图 4.7　公主（Princess）是一只复健猩猩，四五岁的它从印度尼西亚婆罗洲中加里曼丹省丹戎普丁国家公园利基营地的人类那里偷了一条独木舟（A，供图：G L Shapiro）；30 多年后，Princess 已是成年猩猩，但偷船的习惯仍没改（B，供图：R Arbus）

利基营地的复健猩猩还有使用其他几十种工具的记录，其中大多数都是从人类那里偷来的工具。例如，用牙刷、牙膏还有一玻璃杯的水刷牙，或者用梳子梳头。还有一些更加复杂的事例包括制作钥匙用来开锁（图 4.8），用双把手的伐木工手锯锯一根长柱（图 4.9），还有用点燃的蚊香当"笔"在纸上"写字"并且"修笔"（图 4.10）。

扫描二维码，观看 2017 年英国电视台播出的复健猩猩使用手锯的视频。视频中有一个地方有误解：尽管这只猩猩是在野外出生，但大多数时间是被人类抚养，成长过程中也有很多时间处于圈养环境，所以它是复健而非完全野生的猩猩。目前没有在野生猩猩中发现用手锯的行为。

图 4.8　在位于婆罗洲的复健中心，人类会用一把木头"钥匙"插进图中所示的门上的孔（A，供图：A E Russon）。公主找了一根小木棍当作钥匙，将锁打开。有些复健猩猩极为擅长开锁以进入食物储藏室。几十年后，年长的公主"借"了一把螺丝刀来开锁（B，供图：G L Banes）

图 4.9　苏品娜（Supinah）是一只成年雌性复健猩猩，它找到了营地工作人员落下的一把手锯和一根长柱。它把手锯举过长柱，自己在地上坐好后开始用手锯锯长柱。它会间歇性地把手锯从锯开的沟里拿出来，用手指触摸检查，然后再接着锯（供图：A E Russon）

图 4.10 "公主"用一根点燃的蚊香当作"笔"来"写字"。公主经常观察到野外工作人员在记录本上写字，它偶尔也会偷本和笔在上面涂鸦。它显然明白蚊香和笔的不同之处，用蚊香写字的时候，它不像用笔那样连续地写写画画，而是在纸上点黑点。在用蚊香写不出字的时候，它"修笔"的办法是用嘴吹蚊香燃烧的部分。而它修圆珠笔的办法是按笔身的按钮，修铅笔的办法是咬笔头。因此，可以判断它知道这些工具有共同的用处（在纸上留下痕迹），同时使用上也有差异，需要区别对待。这个例子展示了猩猩对工具物理性能的深刻理解（供图：A E Russon）

圈养猩猩制作和使用工具的例子：圈养猩猩运用工具极为熟练，它们可以解开很复杂的物理结构。例如，它们会将一堆箱子叠起来当作"梯子"，然后爬上去用小棍子够食物（或者用来逃跑）；它们会制作探棒用来从洞里掏食物；它们会进行交易以获取物品或者服务（如利用代替货币的东西来交换食物或获得回报，就像人用钱购物一样）；它们还会制作石器工具用来切开捆在食物储存箱上的绳子，以便拿到里面的食物。

下面这个例子涉及 3 只未成年的圈养猩猩，年龄都在 5 岁左右，它们和其他一大群猩猩住在印度尼西亚东加里曼丹省的一处圈养机构。这 3 只猩猩分别是雌性猩猩塔斯雅（Tasya）、雄性猩猩霍曼（Horman）和玛沃投（Marwoto），其中霍曼是新来到圈养机构的。由于是初来乍到，所以霍曼不吃东西。兽医工作人员饶久丽（Rajuli）尝试给霍曼各种不同的食物，结果发现它只吃红毛丹。于是饶久丽把霍曼安顿到一个单间，给它很多红毛丹，希望能帮助它尽快恢复体力。其他原本和霍曼住在一个房间的猩猩看到霍曼有很多红毛丹，自己却没有，便伸长胳膊从笼子缝隙间尝试抓取霍曼的红毛丹，有的猩猩尝试用树枝把红毛丹拨到自己够得着的地方。

在这种情况下，塔斯雅找到一个用作丰容的空米袋，这种米袋是用宽塑料条编制而成。塔斯雅从米袋上拆下一条大约 0.75 米长的塑料条，然后从附近找到一片橙皮（形状近圆形，直径 6～8 厘米），用食指在橙皮中间戳了个洞，（用手）把塑料条穿过这个洞，并且（用嘴）拉出来；之后它用一只手（食指和中指）拉住塑料条的两端，另一只手拿住橙皮，轻轻地往后拉并把橙皮挪到正好位于塑料条中点的位置；然后它松开拿橙皮的手，但是另一只手仍然用食指和中指抓住塑料条，用这个"弹弓"装置朝霍曼的红毛丹弹射过去；几次尝试过后，弹弓的橙皮部分正好落在一个红毛丹后面；塔斯雅轻轻地把塑料条拉向自己，橙皮就像耙子一样把红毛丹铲到自己能够着的地方，就可以捡起吃掉红毛丹了。吃的时候它会拿着自己的弹弓装置不放，吃完以后再用弹弓够更多的红毛丹。

塔斯雅用这个办法忙了好一阵，在此期间其他猩猩看着它成功拿到红毛丹，还尝试从它手里偷几个来吃。玛沃投是这些观众之一，它拿了塔斯雅的弹弓试着自己用。玛沃投理解耙子的用处，工作人员曾经见过它用树枝够远处的东西，不过它的技巧还不够纯熟。用塔斯雅的弹弓时，玛沃投拉住塑料条，把橙皮朝红毛丹附近弹去，可惜它忘记抓住塑料条的两端，于是弹弓没有发挥其作用。而且就算橙皮勾到了一个红毛丹，拉扯塑料条时也会与橙皮分离。玛沃投又尝试了好几次，但是都以失败告终，它最终选择放弃。塔斯雅捡回橙皮弹弓后进行了简单修复，继续去获取更多的红毛丹。

扫描二维码，观看塔斯雅制作弹弓获取霍曼的红毛丹的视频。

另一个例子涉及加拿大安大略省多伦多动物园的一只年轻成年雌性猩猩瑟卡丽。该动物园冬季的气候通常很干燥，瑟卡丽为了取暖给自己做了个"桑拿"。它把一个用作丰容的大床单拿到展区里的水管处，打开水管将床单浸透；然后带着湿床单爬到一个平台上，坐在平台的边缘位置，那里恰好位于热风口的正上方；然后它把湿床单顶在自己头上，将自己全身连带热风口都盖住。这个情景看起来就像一个没搭好的帐篷，不过却是一个充满湿热空气的帐篷。瑟卡丽通过这么做使自己的皮肤明显比住在一起的其他猩猩好很多。瑟卡丽坚持做"桑拿"，截至2018年，和它住在一起的其他很多猩猩也开始学着给自己做"桑拿"。

5. 创新性

猩猩和其他许多动物都很擅于创新，它们时常发展出新的行为表现。实际上，对于生活在多变环境中的物种来说，创新性是不可或缺的，因为它们经常需要面对崭新的生存挑战，并且需要找到相应的全新的解决方案才能生存。创新率可以用作一个衡量物种灵活性和适应环境变化能力的重要指标。猩猩的创新率非常高，它们日常生活中经常需要解决新问题。由于森林环境瞬息万变，猩猩在野外生存必须随时能想出解决问题的方案。

野生猩猩创新性的例子：野生猩猩的创新性可能很大程度上表现在它们

的树栖穿行中，因为植物生长和消亡导致的植被变化可能时刻都在发生，并且没有规律可循。青少年雄性猩猩用拉扯藤条的方式越过难以逾越的树冠间隙是一个很好的在野外环境中现场想出解决方案的例子（见本章"2. 树栖活动穿行"）。

复健猩猩创新性的例子： 复健猩猩可能是格外具有创新性的群体。它们大多从婴儿时期即成为孤儿，成长过程中没有母亲可以传授它们生活技能，因此它们可能很擅长独立解决问题，并且解决方案更有可能是自我创新的（而非通过模仿所得）。前面提到的绳降就是一个创新解决问题的例子（见本章"2. 树栖活动穿行"）。

有一个例子是一只青少年雌性猩猩曾被观察到为了吃到小溪对岸的青草而做"蹦极跳"。它不想在地面行走或者涉水而行，因为那里经常有野猪和眼镜蛇出没，所以当它想收集新鲜的青草时，它会爬到一条在草地上方水平悬挂的橡胶缆绳上，然后利用自身重量上下弹跳（类似于荡秋千）。当缆绳开始上下波动时，它就移动自己的位置并施力来使缆绳在斜线方向上振荡，缆绳外摆时向下压，而缆绳回收时向上提。当缆绳向外荡足够远时，它就调整自己的位置，用脚抓住缆绳，倒吊在上面。然后每当缆绳荡到最远处，它就用手抓一把岸边的青草。等它获得足够多的青草后就会停止在缆绳上施力，并等得缆绳慢慢停止摇荡，然后就吊在缆绳上吃自己采集的青草。在 2006 年持续观察的几个月中，人们发现这只猩猩会周期性地用这个技巧采集青草；在 2012 年开展的观察中，发现它仍在使用这个方法。而目前尚未发现其他猩猩采用这个技巧，也没有相关报道表明在其他地方观察到类似行为，因此可以推断这只猩猩自己发明了这种方法。

另一个例子是一只青少年雌性猩猩思芙（Sif）反复尝试抓取漂在池塘里的一个椰子但始终够不到。于是它依靠头顶的两个支撑点（左脚抓住几根纤细的藤蔓，左手抓住一根粗壮的藤条）悬在半空中，将右手和右脚伸向水中，并抓住一根长树枝伸到水里。它试着用这根长树枝当作耙子来够椰子，但是失败了。随后，它把身体挪到离椰子更近一点的地方，（用右手）抓住一根稳定的藤条，用左脚抓住一条足以承受它自身重量的"绳子"（由 3～4 根藤条组成），用左手抓住头顶的植被，形成一个悬在池塘上方的稳定的"三角"结构（图 4.11）。当它可以从这个三角结构倒挂下来，并离椰子更近一些的时候，它再次尝试用长树枝将椰子拨过来。虽然结果是它仍然没有成功够到椰子，但是为了靠近椰子，它成功地为自己制作了一个稳定的树栖支撑结构。也许它之前也曾给自己创造过树栖支撑结构，但是应该每次都是临场发挥创造的结果，因为不同地点的植被结构均不相同，即使是同一地点的植被构成在不同的时间也很可能不一样。

图 4.11 思芙用一根长树枝当作耙子尝试够取一个浮在水面的椰子（A）。思芙给自己搭
建了一个"三角"结构，并挂在上面再次尝试用长树枝够椰子，但不幸又失败
了（B）（供图：A E Russon）

圈养猩猩创新性的例子：瑟卡丽的桑拿就是一个很好的圈养猩猩具备创新性的例子（见本章"4. 制作和使用工具"）。

四、猩猩的社交智力

猩猩其实并不是人们曾经以为的独居猿类。它们有自己独特的社会生活，包括家庭、亲戚、伴侣、朋友以及阶层结构，但它们的社会活动范围更加广泛而松散。猩猩的社会生活类似于人类乡村的生活，即以小家庭为单位住在一起，自己的亲戚可能也住在附近，当需要帮助时，人们通常会优先帮助自己的亲戚。猩猩的社会生活也以小家庭为单位（一只成年雌性和它的未成年后代），且一只成年雌性的活动范围通常与和它有血缘关系的成年雌性相互交叠，形成一个雌性"亲属团"。成年雌性不排斥彼此以及亲属团里的未成年后代，但是并不欢迎外来的未成年猩猩。在这种社会结构下，猩猩显示出很高的社交智力，它们可以进行社会学习（模仿），还可以相互交流（伪装、肢体语言或者手语），甚至形成稳定的文化传统。猩猩的社交智力和居住在更大族群中的非洲大型猿类不相上下。

1. 社会学习与模仿

很多物种都有社会学习的能力，即会从彼此身上学习，而非单纯地通过与环境交互来学习。通过模仿来学习，或通过观察来学习，需要很高的智力，因此也是社会学习的一个重要组成部分。曾经人类被认为是唯一能够通过模仿来学习的物种，以此将人类和其他动物区分开来。然而自 20 世纪 90 年代以来，已经有许多可信的报道显示包括猩猩在内的大型猿类具有通过模仿来学习的能力。这些报道充分展示了猩猩的智力。

野生猩猩社会学习与模仿的例子： 拉布（Labu，一只成年雌性猩猩）和它的孩子婴儿卢娜（Luna）以及女儿兰吉特（Langit，约 6 岁）被观察人员发现正在接近一棵硕大的无花果树。这棵树高约 30 米，比周围的其他树都要高，且树干极为粗壮，所以对猩猩来讲很难攀爬。拉布和它的孩子们在无花果树旁边的一棵小树上坐了一会儿，随后兰吉特开始哭喊。观察人员很诧异，不知道兰吉特情绪变化的原因，这时拉布正抱着无花果树的树干。人们推测拉布打算爬上这棵无花果树，但兰吉特不想离开小树，因为它还不具备爬大树的技巧和信心。拉布开始拉兰吉特的胳膊，而兰吉特一边扭动身体一边喊叫地发着脾气，但最终还是爬到了拉布的后背上。

拉布双臂环绕无花果树粗壮的树干，背着两个孩子开始爬树。它用牙齿紧紧咬住树皮来提供额外的支撑。当拉布爬到有足够多果子的枝条上时，兰吉特从它身上爬下来，母女们开始一起享用无花果。约半小时后，兰吉特爬回拉布的背上，这次它没有任何抱怨。接着拉布背着两个孩子从树上爬下来。在这之后的一段时间里，观察人员偶尔会看到兰吉特使用拉布之前用牙咬的技巧来辅助爬树。根据这个例子，有理由认为兰吉特通过模仿母亲的技巧学习了新的技能。

复健猩猩社会学习与模仿的例子： 在印度尼西亚婆罗洲中加里曼丹省丹戎普丁国家公园的利基营地上，复健猩猩被观察到会做一系列当地工作人员做的事情。例如，从一个燃料桶里将燃油虹吸到罐子里；锯木头；将钉子敲进木头里；用铅笔或钢笔在笔记本上"书写"；磨利斧刃和气枪飞镖；洗衣服；清扫门廊和门前小路；以及粉刷墙壁。

曾经发生过一次意外，年轻的雌性猩猩苏品娜差点酿成一场火灾。一天上午，趁着炉灶的火还没有完全熄灭，它溜进营地的室外"厨房"，此时是每天难得的厨房没有人看守的时刻。当苏品娜来到室外厨房后，它捡起一根还在燃烧的木棍，朝着木棍的顶端吹气，又小心翼翼地咬了一下。之后它找到盛煤油的金属罐，打开上面的圆形金属盖并拿出小塑料杯，用塑料杯盛出一些煤油，把木棍的燃烧端蘸入杯内的煤油中，然后取出仔细端详。蘸进煤油以后木棍的火就熄灭了，于是苏品娜把木棍再次伸进煤油后取出，又端详了一会儿，然后用另外一根还在燃烧的木棍来引燃这根被弄灭的木棍。随后苏品娜把之前盛在塑料杯里的煤油倒回罐子里，把杯子放在地上，再拎起罐子往杯子里重新倒入"新的"煤油，然后把罐子放下。它拿起最初的那根木棍并放入这杯"新的"煤油里，捡起圆形的金属盖，来回扇泡在杯子里面的木棍。扇动的时候，它把金属盖垂直拿在一只手上,在泡着木棍的杯子前来回扇。之后,它把木棍从杯子里取出,对着木棍(还是灭了)的顶端吹气(图4.12)。

苏品娜继续用类似的办法尝试了10~15分钟,试图生火。它找到另外6根木棍,其中有些正在燃烧。它把盛有煤油的塑料杯直接放在燃烧的灰烬上,将煤油浇到灰烬里(还在冒烟雾),然后用一根长木棍搅动灰烬。最后它把手里的长木棍扔到灰烬里,还突然扔掉了塑料杯,仿佛杯子很烫手,林子里的煤油大多被倒掉了,然后它就走开了。

图4.12　苏品娜尝试生火。它用杯子盛出煤油(A);将一根燃烧的木棍浸入煤油后在杯子上方扇风(B);对着木棍顶端吹气(C)　(供图:A E Russon)

苏品娜的这一系列举动很大程度上和厨师日常生活的操作步骤一致,而这些步骤不太可能是它自己发明的。首先,没有任何关于猿类自己学会如何生火的报道(但确实有关于它们尝试维持火继续燃烧的事例)。其次,苏品娜几乎没有机会可以独自学会这些步骤,因为猩猩们尤其是苏品娜是不被允许进入室外厨房的,以避免它们偷食物以及干扰厨师们工作。再次,没有人见过苏品娜成功地生火,但是它的操作步骤总体上是对的。最后,它不可能是人类主动教它如何生火的,因为人们日常的努力是防止它进入厨房,而非鼓励它进来,更何况像生火如此危险的事情,是不可能主动教它如何做的。

可以认定苏品娜是通过模仿学会了生火的步骤。它模仿厨师们使用工具的技巧(如用杯子从煤油罐中盛出煤油;用煤油蘸湿木棍;用金属盖当作扇子来用)。它经常非常认真地观察厨师们的工作,从远处或者隔壁的餐厅偷看。

复健猩猩还会互相模仿。一个例子是一只年轻的猩猩模仿其母亲从甘蔗里榨取果汁的特殊方法。通常人们会给猩猩们小段的甘蔗,它们先把外层的硬鞘咬掉,然后嚼里面的纤维就能吃到甜美的甘蔗汁。有一天,成年雌性猩猩公主从营地的食物储藏室里偷了一根大约 1 米长的甘蔗。它把甘蔗横向拿在手里，双手分别抓住甘蔗的两端，然后突然将两只手合拢到一起；甘蔗向上弯折成弓状并且在中部折断，折断的地方就有甘蔗汁流出。公主张开嘴接住滴下来的甘蔗汁。它年幼的儿子王子（Prince）当时就坐在附近拿着自己的一根短甘蔗。它学着母亲的样子，也拿住甘蔗的两端，将其弯折成弓状。但由于王子是用自己的脚抓住甘蔗的两端，而不是用手，因此它没有成功折断甘蔗。

圈养猩猩社会学习与模仿的例子：圈养猩猩的模仿力是被人熟知的。早在 18 世纪的欧洲绘画作品中就有猩猩模仿人类持杖直立行走，以及打开门锁的画面（图 4.13）。

图 4.13　关于猩猩模仿的早期观点（Buffon，1749—1788 年）

在现代，研究人员对猩猩的模仿能力进行了大量研究。在田纳西大学（University of Tennessee）查塔努加（Chattanooga）分校有一只叫作禅泰克（Chantek）的猩猩由人类抚养长大。在 1977—1986 年，人们教禅泰克用美式手语和他们交流。而禅泰克除学会手语外，还可以自发模仿，或者应要求模仿。例如，它用动物管理员的睫毛夹在镜子前模仿如何夹睫毛；像管理员一样把麦片放到炉灶上的锅里模仿"煮饭"。应要求模仿的时候，禅泰克会聚精会神地模仿人类展示的动作，有时它的模仿会有些出入或者不完整，可能是它对到底应该模仿动作的哪些细节存有疑问。

在模仿方面，禅泰克甚至有过反客为主的情况。在它 7 岁左右的时候，有一次它正在和饲养员玩模仿游戏，但是它突然停止了游戏，抢走了饲养员的口哨，并试图引诱饲养员追赶它拿回口哨。对于饲养员来说，关键是要把口哨拿回来，但在过程中不能被禅泰克抓住玩摔跤游戏。追了一会儿后，禅泰克停下来，爬到攀登架上看着饲养员，做出"跟我学"的手语表示要玩模仿游戏，然后拍了拍攀登架上的一根柱子，看饲养员没有反应，它又拍了拍柱子。这次饲养员模仿了它的动作，拍了拍同一根柱子，但始终保持跟禅泰克之间的距离。这个模仿但不被抓到的游戏进行了好一会儿，然后饲养员停下来，告诉禅泰克去捡它之前爬上攀登架时掉在地上的口哨。禅泰克捡起了口哨，然后做了一个长长的横扫动作，看起来像是要把口哨扔给饲养员，但其实是朝自己划了个弧线，把口哨扔回自己手里。饲养员伸出手去够口哨，结果被禅泰克一把抓住。在这个例子里，禅泰克以智取胜赢了饲养员。

2. 教学

如果猩猩具有社会学习能力，那么很可能猩猩母亲或者其他知识渊博的猩猩负责教尚在学习的猩猩。因为猩猩母亲会在协助幼子处理困难任务的同时帮助它们学习（如穿越树间宽缝隙、砸开硬壳水果），所以在一定意义上猩猩和其他很多动物一样会"教学"。但是简单的教学并不需要很高的智力。有些猩猩的教学显示出它们是特意为之，并展示出了高级认知能力。目前已有例子展示了猩猩教尚在学习的猩猩如何解决或者面对问题。

野生猩猩教学的例子：在印度尼西亚婆罗洲中加里曼丹省丹戎普丁国家公园利基营地上，一只野生成年雌性猩猩木澈（Moocher）和它的雄性婴儿 M3 出现在另外一只复健成年雌性猩猩恩雅珂（Unyuk）和它的雄性婴儿乌迪克（Udik）附近。木澈开始在一棵树上吃东西，M3 和乌迪克彼此接近然后开始玩耍。当木澈发现两个婴儿在一起玩耍，立刻冲向它们并且发出愤怒的吼叫声。它抓起自己的儿子 M3，把它从乌迪克身边拉走，完全不顾两个婴儿正玩得开心。

研究人员认为木澈这样做很可能是因为它一直不喜欢复健猩猩。木澈连续好几年都会来到利基营地的每日投喂处，这是营地工作人员给复健猩猩提供食物的地方。每次木澈遇到一只复健猩猩都会大声表达自己对它的不满。因此，如果木澈把 M3 从乌迪克身边拉走是故意给它上的一课，那么这个例子可以被认为是智力教学。

复健猩猩教学的例子：公主是印度尼西亚婆罗洲中加里曼丹省丹戎普丁国家公园利基营地上的一只成年雌性猩猩，它有一个雌性婴儿名叫佩塔（Peta）。

在佩塔大概 1 岁的时候，有一天佩塔从地上捡起个东西放到嘴里要吃，公主马上把它嘴里的东西拿出来并且毫不犹豫地扔掉。尽管有时候猩猩母亲确实会偷自己孩子的东西吃，但是这次事件却不是这种情况。公主并不打算吃佩塔的东西，它的目的显然是要佩塔不要吃那个东西。它是有目的地给佩塔上了一堂课，这种行为算是智力教学。

另外一个奇怪的教学例子是用石头喝水。一群 3～5 岁的猩猩孤儿一起住在一个小的"森林学校"，这是它们自由森林生活复健的早期步骤。用石头喝水在这个孤儿群里形成并传播开来。为了用石头喝水，猩猩会首先找到一块和手差不多大的石头，把石头浸到水塘里，然后马上把石头拿出来举过头顶。这时它们会张开嘴接住石头上滴下来的水。没有人知道这个行为形成的原因，但猩猩们显然通过互相学习学会了这个行为。图 4.14 还显示它们

图 4.14　优妮（4～5 岁，左），拿着一块刚刚在池塘里浸过水的石头，让艾瑞卡（约 2 岁，右）可以从上面喝水（供图：A E Russon）

在进行教学，猩猩优妮（Yuni）举着一块刚刚浸过池塘水的石头靠近艾瑞卡（Erika）的嘴边，让艾瑞卡可以从石头上喝水。优妮的行为显然是它想让艾瑞卡能够从石头上喝水。这样有目的的教学，大概可以被认为是智力教学。

圈养猩猩教学的例子：目前还没有关于圈养猩猩教学的报道。但在加拿大安大略省多伦多动物园曾发生过一件事情可以当作猩猩教学的例子。有一次，从树上砍下的树枝被放在猩猩展区里作为丰容，其中有些树枝还很粗大，好几只猩猩用这些粗大的树枝做成梯子，从展区里爬出。有一只成年雌性猩猩没有加入这支逃跑大军，反而留在展区里，冲着逃跑的猩猩发出愤怒的叫声，仿佛在训斥它们不守规矩。虽然逃跑的猩猩不一定从这只雌性猩猩的吼叫里学到什么，但是这种叫声被用作一种训斥的手段也可以算作是一种教育。

3. 伪装

伪装和社会学习以及教学一样，在动物界很常见，也不一定是智力的代表。有些常见的例子，如一些鸟类、兔子还有无脊椎动物会用"我受伤了"或者"我死了"的伪装来欺骗潜在的捕食者。如果一个个体有目的地在非正常条件下使用"真实"的行为来进行伪装，用来误导其他个体，这样的行为则需要

智力。这种"智力伪装"（也称作"故意"或"策略性"伪装）在灵长类动物中很常见，当然也包括猩猩。猩猩有很多智力伪装的例子。

野生猩猩伪装的例子： 早在 20 世纪 70 年代，就有报道关于野生猩猩用弯折的树枝做成屏风，把自己挡住不让打扰它们生活的人类看到。也有报道一只野生成年雄性猩猩（BC）欺骗另一只成年雄性猩猩（DO）以便对其进行攻击。一开始 BC 侵略性地追逐 DO 但是没能攻击到它，于是它更换了策略。BC 表现得好像自己并没有进一步攻击 DO 的意愿，它静静地躲起来，之后缓慢而安静地接近 DO，在 DO 没有防备的时候抓住了它。

复健猩猩伪装的例子： 复健猩猩有很多智力伪装的例子。例如，像大猩猩一样，它们被观察到在一个情绪不安的伴侣附近"假装吃东西"，以使伴侣放松并降低警惕。有时伪装者的目的是友好的，有时则是恶意的。

有一个智力伪装的例子是关于托比（Toby）。在马来西亚婆罗洲沙巴州西必洛复健中心里，托比是一只 8 岁雄性猩猩，它伪装自己受伤。研究人员观察到托比在一个容纳笼中，有时会紧紧地抓住自己的左臂，或在笼中地面上头朝前来回爬，并把两臂放在身体前方。但是它的动作看起来很不协调，并且整个过程中它都不用左臂承重。

研究人员认为托比可能病得很严重，于是叫来了驻地兽医。在兽医赶过来的 20 分钟时间里，托比的身体姿态没有变化。笼子里另外两只猩猩正常地荡来荡去，但托比似乎只能头朝前爬行。研究人员和兽医离开了 5 分钟去拿钥匙，以便打开笼子的门对托比进行检查。但当他们返回以后，惊讶地发现托比在笼子上方正常地荡来荡去，双臂的运动完全不受影响。当托比看到人们返回，马上下来用两只脚站在地上，再次抓住左臂，趴到地上开始在爬行。研究人员认为托比是为了吸引人们的注意力，或者希望得到食物，更或者希望从笼子里出来而伪装自己胳膊不舒服。可惜托比的伪装没有成功。

另一个例子是关于公主，在印度尼西亚婆罗洲中加里曼丹省丹戎普丁国家公园利基营地上，在一个下午，这只成年雌性猩猩和它 1 岁的婴儿正和一群参观者和志愿者一起坐在一间小屋的门廊上。公主一直都被人们所喜爱，这次也不例外。然后它走开，沿着小屋的墙和屋顶爬了上去。但不寻常的是，它只在屋顶的角落里待了几分钟就回到门廊，而通常它会直接走开。

公主回来后和人们一起待到下午 4 时左右，通常这时它会到码头张望；然后它继续和人们一起待到 6 时左右，这是它通常去筑巢睡觉的时间。最终，公主带着它的婴儿在门廊上睡着了。晚上 8 时晚餐铃响起时，公主和它的婴儿还在门廊上睡觉。

2 小时以后人们发现公主和婴儿都不见了，推测它们可能是回巢睡觉了。人们试着推开小屋的门但是发现门锁着，用手电筒照进屋里才发现门是从里面锁上的，公主和它的婴儿安静地坐在房间里的地面上。只有公主才有可能从里面锁门，于是人们找来一位有经验的饲养员，用印度尼西亚语叫公主把门打开。它马上照做了，然后带着婴儿淡定地从屋里走出来，留下屋子外面一群无比震惊的人。

人们发现屋内损失并不严重，也发现了公主进屋的地方：在小屋尽头一堵墙的顶端有个洞，这个洞靠近房顶，正好是当天早些时候公主在房顶短暂停留的地方，从那里下来后它就开始表现得极为友好。公主可能从房顶上看到了这个洞，但它知道如果有人类在场就没法进屋，所以它一直待到人类离开才溜进屋里。显然公主的行为是提前计划的，并用诡计欺骗了人类。它表现出非同寻常的友好，但同时显示出它正在等什么东西，只不过没人识破它的伪装，就连熟知它的人们也被骗了。

圈养猩猩伪装的例子：学习美式手语约 8 年的猩猩禅泰克，每周都会用自己的能力撒谎大概 3 次。多数情况下它会撒谎去厕所。它用手语表示"脏"，这代表它想要上厕所，但是到了厕所里它却开始在里面玩。禅泰克在模仿游戏中反客为主，引诱饲养员靠近并抓住他们摔跤，也是一个很好的智力伪装的例子。

4. 肢体表演

和其他类人猿一样，猩猩不能像人类一样"说话"。猩猩彼此可以通过声音或肢体语言进行交流。手势是特意用来与其他个体交流的一种动作，如猩猩会用一个祈求的手势来表示想要食物。手势在猩猩交流中的使用最能反映它们的智力。在自然栖息地居住的猩猩，最复杂的手势交流可能就是肢体表演，也就是通过肢体表演来表达想法。

野生猩猩肢体表演的例子：目前还没有野生猩猩表演哑剧的例子，不过有些伪装的例子则很接近于哑剧。一个例子是前面提到的一只成年雄性（BC）假装对另一只成年雄性（DO）没有威胁，以便接近并攻击后者。

复健猩猩肢体表演的例子：西西皮（Cecep）是一只 7～8 岁的未成年雄性猩猩，它顶着土靠近一名研究人员并递给对方一片叶子和一根叶柄。研究人员用叶子擦掉了它头上的土。西西皮又递给研究人员另外一根叶柄和一片叶子，而研究人员假装不知道它想要干什么，也没有做动作。西西皮盯着研究人员的眼睛，拿起一片叶子在自己的额头上抹，然后把叶子放到研究人员的笔记本里。之后它又折了一片已经枯萎的血桐叶子，在上面抹上土后蹭到自己的额头上。2 分钟后，西西皮头上顶着土来到研究人员身边，再次递给对方一片叶子。这次研究人员用叶子把土擦掉了。当研究人员对西西皮的行为没有反应的时候，它就想办法表演给对方看，表达它想让研究人员用叶子擦掉自己头上的土的意图（图 4.15）。

　　希提（Siti）是一只 9 岁左右的青少年雌性猩猩。在它被放生回归森林生活的 2 年左右以后，人们观察到它在打开一个野生椰子，食用里面的果肉。它先把叶子外面的纤维鞘掰掉，露出椰子上的三个眼。和人工养殖的椰子类似，野生椰子的眼也是比较容易穿透的，且每个眼的下面都有各自的果肉分区，彼此不相连。希提用手指捅开其中一个眼，然后从一个棕叶叶柄上灵巧地撕下一长条，大小正合适作为一个探针工具。它用这个探针工具掏出这个分区的果肉，然后吃掉。接下来希提没有继续打开另外两个眼，而是带着它的椰子来到了附近的一个技术人员身边，把椰子递给对方。技术人员猜到希提是想让他帮忙打开椰子，表示了拒绝。希提拿回椰子，从地上捡起一根很长的棕叶叶柄，用叶柄

图 4.15　西西皮是一只未成年雄性复健猩猩，额头上有些土。它通过肢体表演的方式向研究人员"解释"了自己的意图（供图：A E Russon）

来戳椰子上的眼。这样做虽然没效果，但希提显然知道什么样的工具有用。它漫不经心地戳那个已经打开的椰子眼（而非其他还没打开，里面有果肉的眼），然后扔下椰子和工具，做出一副受挫的样子，再把椰子递给技术人员，但技术人员还是没有反应。等了几分钟以后，希提再次捡起那根很长的棕叶叶柄，反复砍向技术人员手里拿着的椰子，就像人们用砍刀时的动作。

　　　　扫描二维码，观看希提（Siti）请技术人员帮它用砍刀开椰子的视频。

　　希提两次要求技术人员用砍刀帮自己打开椰子，可能是因为它经常看见人们用砍刀把椰子打开，但是技术人员两次都拒绝了它的请求。第一次拒绝后，希提假装自己没有能力打开椰子；第二次拒绝后，希提通过演示告诉技术人员自己的意图，而且还演示了需要使用的工具（一根长棍状物体）、目标（椰子）以及动作（用长棍状物体砍椰子）。希提不能用真的砍刀（显然没有人会允许它用砍刀），所以就找了一个替代品（棕叶叶柄）来代替。它因为对砍椰子这个动作理解足够深入而可以"演示"出来。由于这个例子中一系列环境的复杂性和希提请求的特殊性，所以人们认为它的肢体表演是现场想出来的，但也有

可能它已经对表演中的每个单独元素都很熟悉了。

圈养猩猩肢体表演的例子： 在圈养环境出生的猩猩禅泰克会用手语，也会用类似肢体表演的方式来和饲养员交流。有一次它表演了饲养员准备配方奶的过程，它找到准备配方奶所需要的三样东西中的两样并递给饲养员，然后盯着第三样东西所在的位置。尽管它没有表演一个完整的手语语言，但是它的行动体现了手语的基本元素，也就是通过表演表达自己的意图："帮我准备配方奶!"

在禅泰克 2 岁左右的时候，它开始通过手语撒谎说有"猫"。因为它怕猫，所以饲养员就教它怎么用手语表示猫。一天下午，它用手语表示有"猫"，然后很紧张地带着饲养员到它住的拖车的每一个窗口向外张望。可是没有看到有猫，饲养员感觉禅泰克是用假装害怕来跟他们玩耍或者是来转移他们的注意力。几天后，当禅泰克不想配合训练课程的时候，又如出一辙地跟另一个饲养员演了这出戏。到了 3 岁左右的时候，禅泰克已经开始经常性玩这个"我害怕"的游戏。例如，在它通过反复尝试也不能吸引饲养员注意力的时候，就会一边向门口跑一边弄出噪声，然后往回看做出害怕的样子。饲养员通常会马上跑到门口看发生了什么，可是当饲养员到了门口，禅泰克就会用手语表示自己想跟他们玩。

5. 语言

20 世纪人们对大型类人猿是否能学会人类语言很感兴趣，有很多长期的研究项目致力于教圈养环境中的类人猿人类语言，然后追踪它们的学习进展。类人猿无法说话，因此这些研究项目大多使用手语教学。研究的总体结果是这些大型类人猿无法达到成年人类的语言水平，但是它们足够聪明可以学会人类语言的基础结构，能够达到 2～3 岁儿童的语言水平。它们理解并能够运用语言符号，甚至会自己发明新的"语言"。

经过语言训练的类人猿好像只对"讨论"当下的时间和地点感兴趣，偶尔也会提及过去发生的事情或者表达对未来的期待，或者演示在较远空间中的事物。它们会谈论周围的环境、自己以及自己的感觉，会运用陈述性或者评估性的语句，会使用符号，可以进行简单的对话，理解涉及物品位置关系（如在里面或在下面）的动作请求，会运用一些语法结构，可以用一些基本特征描述它们的经历，并且会用语言来说谎。但以上这些语言表达在类人猿中出现的频率还是低于人类儿童，并且需要饲养员给予极大的耐心和支持，通过反复重复才能够获得成功。总体上看，各种大型类人猿中都有能够掌握人类语言基础结构的个体，但是都无法完全发展到人类语言水平。例如，它们缺乏复杂的社会情感词汇、特殊疑问句的用法（如什么、哪里、谁等），以及复杂的语法结构。不同的类人猿在语言成就上的差异微乎其微。

圈养猩猩语言的例子： 显然，人们只能在圈养类人猿中找到语言成就的例子。对于圈养猩猩，这些例子主要来源于 Miles 和禅泰克的长期手语项目。她的项目从禅泰克大约 1 岁的时候就开始了，持续了约 8 年。禅泰克学的是为聋哑人设计的美式手语，并且和人类儿童一样，它的学习环境是完全沉浸在人类文化环境中的；它每天体验人类的生活，和饲养员讨论的也是人类的世界。

经过一段时间，禅泰克掌握的词汇量包括大概 150 个，其中大多数是表示动作或者物品的词汇。它自己也发明了一些手势，如"幻灯片玩具"（它用手指摆成 V 形并盖住眼睛，来形容拿着自己的幻灯片玩具的样子）、"气球"（它把自己的食指和拇指捏在一起，放在唇边，像是拿着一个气球在吹）、"缺根手指的戴夫"（戴夫是一位缺少一根手指的人类朋友，它把自己一根手指的中间指节弯折，用来表示朋友被切掉的手指）。禅泰克可以理解语音语言，会把一个手势分解，还可以在被要求"比划好一点"的时候用手语表达更清楚。它的智力语言成就包括把手势综合成小的短语或者语句，谈论并非发生在当下的事情，以及说谎。相对于标准儿童智力测试水平，禅泰克表现出的智力水平达到了 2～3 岁的儿童（图 4.16）。

图 4.16　1～8 岁期间，禅泰克跟着研究者 Miles 学会了美式手语。禅泰克在"得来速"买吃的，显示它理解了钱的用途和交易的概念（A）；禅泰克用手语表示"香蕉"（B）和"分享"（C）；在手语班结束学习多年后，禅泰克还记得如何用手语表示"桃子"（D）；禅泰克用绳子串起比较珍贵的玉石做成项链（E）（供图：H L Miles）

在禅泰克从研究项目中"退役"以后，搬到了美国佐治亚州（Georgia）亚特兰大（Atlanta）动物园，并在那里生活直到 2017 年去世，享年 39 岁。当 Miles 在 2013 年去动物园看望它时，它还记得之前学的手语，用手语表示了好几个它最喜欢的东西。

五、猩猩的文化

形成并且传承文化需要很高的智力。人们一直以来都相信这是人类所独有的能力。但是对于动物物种的研究却引发了对这一观点的质疑。早在 20 世纪 50 年代，日本研究人员就找到证据表明文化在猕猴群体中以传统的形态存在，这里的传统是指在一个群体中通过相互学习和模仿所具有的共同行为，而这种行为在其他群体中不存在。此后，陆续有证据显示在很多不同的其他物种群体中也有这样的文化传统存在，包括多种猴子和所有的大型类人猿。

但一直存在争议，因为这些传承是否可以被称作文化关键取决于文化的定义。如果语言是文化必不可少的组成部分，就像人类文化一样，那么可以认为只有人类才具有文化。但如今语言已经被广泛认可为并非构成文化的必要前提，由此可以判断动物包括猩猩在内也会形成文化。人们现在已经了解到，社会性对于猩猩的生活是非常重要的，它们强大的社会性足以支持文化传统的形成。

野生猩猩的文化：在印度尼西亚苏门答腊岛斯瓦克阳桃产区的野生猩猩用工具获取尼西亚果种子的行为，属于早期被人们观察到并被定义为猩猩的传统之一的行为。这种行为被认定为文化是因为很多住在斯瓦克阳桃产区的猩猩都使用这个方法，但是其他住在印度尼西亚婆罗洲西加里曼丹省帕龙山的猩猩群也吃尼西亚果种子，却没有这种行为。这种行为是苏门答腊岛上的猩猩群所独有的。此后，人们又发现了很多其他猩猩的文化传统。

复健猩猩的文化：一个例子是在印度尼西亚婆罗洲中加里曼丹省丹戎普丁国家公园利基营地的复健猩猩会以一种特别的方式食用人类的洗澡香皂。很多动物都吃香皂，所以吃香皂这件事并没什么特别的，不同寻常的是它们都用一种共同的但很奇特的方式吃。它们每次都会拿一块香皂，蘸湿以后摩擦出泡沫，然后吃掉香皂泡沫。摩擦出泡沫的时候，它们将打湿的香皂放在一只前臂的背部，用另一只手轻轻地抓住这只胳膊和放在上面的香皂，然后将香皂在前臂的毛上来回摩擦。当打出厚厚的一层泡沫以后，它们就将泡沫从胳膊上舔掉，好像在吃泡沫奶油一样。

尽管其他地区的猩猩也吃香皂，但是只有利基营地的猩猩用这种方法，最好的解释是它们通过社会学习互相学会了这种方法，从而在这个猩猩社群里形成了文化传统（图4.17）。

另一个例子是在婆罗洲一条大河的森林岛屿上进行复健的好几只曾经被圈养的幼年和青少年猩猩被看到在捕鱼吃。观察记录中发现它们捕获的鱼主要是受伤的鲇鱼，这些鲇鱼或因旱季水位下降被困在了小浅塘里，或被人类的渔线、渔网挂住。这些猩猩会用多种方式捕鱼，包括直接从水里捞它们看见的鱼；

图4.17　在印度尼西亚婆罗洲中加里曼丹省丹戎普丁国家公园利基营地的一只猩猩正在吃香皂。它吃香皂的方法是利基营地的猩猩们所独有的，这个行为很可能是社会学习的结果，因此也在这个社群内形成了文化传统

在水中摸索然后抓住摸到的鱼；或者用棍子到处戳好把鱼从藏身处吓出来，然后抓住它们。当猩猩捕获鱼，通常会直接咬掉鱼头后面的肉开始吃。捕鱼在其他森林生活的猩猩群中从未出现过。由于捕鱼在临近的两个岛屿上的猩猩群中都有出现，所以推测这一行为是通过社会传播使得两个社群中的多只猩猩都会这样做。尽管这一行为可能不属于文化传统，但是已经在朝着那个方向发展。野生猩猩不吃鱼，鱼也不应该是它们食谱的一部分（见第九章）。

圈养猩猩的文化：对圈养猩猩文化的研究主要关注它们是怎样形成文化传统的。其中一个研究测试了技能是否可以在整个猩猩群体中通过社会的模式进行链式传播：第一只猩猩学会了一个技能，然后第二只从第一只那里学，第三只从第二只那里学，如此类推，直到整个社群都学会这个技能。在一个有5只个体的圈养猩猩群里，研究人员首先训练其中的优势雄性猩猩用一种特别的方式获取食物；然后让这只猩猩在第二只猩猩面前用同样的方法获取食物，第二只猩猩也学会了；然后第二只在第三只面前演示，第三只学会了；如此进行下去直到整个群体都学会了这种获取食物的技巧。类似这样的研究可以帮助人们理解猩猩文化是怎样形成的。

六、对圈养猩猩饲养管理的启示

对猩猩来讲，圈养生活与野外生活完全不同。尽管圈养环境移除了很多野外生活不得不面对的压力和困难，但是也使得猩猩们无事可做，无处可去；只剩下有限的社会刺激以及几乎没有选择和新意的生活。由于猩猩具有很高的智力，圈养环境能够提供的通常是有限的智力刺激。展区对它们来讲没有挑战，一成不变的设计也很快变得无趣。简单的活动不能提供足够的挑战，而复杂的活动也在被它们熟悉以后丧失了挑战性，益智喂食器就是一个很好的例子（一个全新的喂食器是很好的智力刺激，但是当猩猩知道怎么从中获取食物以后就慢慢丧失了对喂食器的兴趣，甚至不再使用）。

因此，在照顾圈养猩猩时很重要的一点是要考虑它们的智力，这会影响它们的生活质量以及决定什么样的设施可以支持它们的幸福生活。猩猩的智力高是因为这是它们在野外生活所必需的，它们需要时刻面对心理、体力和社会的多重挑战。即使最好的圈养环境和它们所适应的林间生活环境相比，也还是太小、太简单、太缺乏变化。因此在动物园里，猩猩很容易觉得无趣甚至抑郁。为它们提供精神心理上的刺激对圈养猩猩的幸福生活是至关重要的。依据猩猩在野外会遇到的智力挑战，以及它们所达到的智力水平，提供有效的精神心理刺激的关键是保持互动性、复杂性、多样性、可变性、选择性以及创新性。第八章详细介绍了一些新奇有趣的丰容概念，可以用来帮助提高猩猩的生活质量。

猩猩和人类的交流在提供高质量的圈养管理中非常必要。圈养猩猩完全依赖于人类，因此一个优秀的交流系统可以让猩猩表达它们的需求，同时饲养员也可以向猩猩表达他们的意图。例如，对于猩猩来讲，如果它能够告诉饲养员喜欢哪些食物，或者哪里不舒服，就可以很好地协助和促进饲养员的操作；对于饲养员来讲，如果能够跟猩猩解释兽医并不会伤害它，就可以减轻所有人和猩猩的压力。第七章关于正强化训练提供了一些建议，对建立交流相关的项目有所帮助。

猩猩对食物异常热爱，因此食物提供了很多加强精神心理刺激并促进幸福生活的途径。野生猩猩通常从很多不同种的植物上以及植物的不同部位获取食物，所以在圈养猩猩的食谱中提供多样性，如经常变换食谱、让猩猩自己选择食物、偶尔提供新奇的食物，都可以提高它们的兴趣，提供精神心理刺激，并有可能促进它们的健康。提供一些需要经过复杂处理才能吃到的食物（如需要去除硬壳或者需要探测食物里面的空腔）都可以激发猩猩的智力挑战，而它们很擅长迎接这些挑战。第九章涉及猩猩食物推荐。

也可以通过改变猩猩居住空间中的物理结构来提供它们更好的精神心理刺激。消防水带和其他攀爬设施的设置，以及藏食物和小零食的地方都可以时常变更。可以增加不同的物理结构种类和复杂性，也可以尝试新鲜的设备和设计。在有些机构，甚至有可能让猩猩自己选择它们想在哪些空间活动。例如，在美国华盛顿哥伦比亚特区（Washington D. C.）史密森尼（Smithsonian）国家动物园，有一个创新性的高空"O 线"，猩猩可以在楼宇和展区之间自由穿行。在安装了"O 线"的地方，猩猩们会经常在上面走动（图 4.18）。在进行展区设计时考虑猩猩智力的重要性，将会在第十章讨论。

图 4.18　在美国华盛顿哥伦比亚特区史密森尼国家动物园里猩猩在用高空"O 线"穿行（供图：史密森尼国家动物园）

考虑到猩猩独特的社会生活，给圈养猩猩提供合适的伴侣对它们的幸福生活至关重要。通过考虑野生猩猩的社会偏好，如雌性可以容忍它们的雌性亲属，但不能容忍其他非亲属的雌性，可以帮助选择合适的伙伴。尽管有时候不太可能改变一个圈养群体的成员，也不推荐改变群体成员，但是有些办法可以让猩猩自己选择它们在一天当中的某些时候希望和哪个伙伴待在一起。第五章介绍了引入和群体管理的相关动态。

对圈养猩猩和其他大型类人猿的认知研究进行了数十年，这些研究提供了新奇并且能够刺激猩猩精神心理的活动，这对促进它们的生活质量和提高福利具有重要作用。在对访客开放的圈养机构，这类研究还提供了宝贵的机会让大众可以看到猩猩到底有多聪明。开展这类研究可以从根本上为提高圈养猩猩的管理质量做出贡献，并且在保护教育中发挥重大作用（见第十一章）。

和圈养猩猩朝夕相处的工作人员会对本章中的很多例子感同身受。猩猩会以同样、相似或者不同的方式来表现它们的智力，希望通过本章描述可以提高人们在饲养管理中对猩猩智力的关注。理解猩猩智力的复杂性可以更好地丰富它们的生活，从根本上提高它们的生活质量。

第五章　猩猩的引入和社群管理

有时候，有必要将一只猩猩引见给另一只猩猩或者更多其他猩猩。计划和筹备是保证一次安全且成功的引入必不可少的工作。本章概述了引入不同年龄及性别的猩猩的一般事项，以及如何管理一个通过引入建立的新群体。

一、猩猩社群融合的注意事项

通常，野生猩猩被认为接近于独居生活（见第三章）。但是，在动物园里，它们可以非常善于社交和互动。是否可以引入新的个体取决于它们的性别、年龄以及个性。但是，仍然有一些黄金法则需要考虑，如图 5.1（彩图 5）所示。

● 群体里应该只圈养一只有颊垫的雄性。有颊垫的雄性完全无法忍受彼此。如果它们被引入，会对彼此造成严重伤害甚至可能导致死亡。理想状态下，为了避免压力，有颊垫的雄性不应该被安置在另一只有颊垫的雄性隔壁，至少应该设置视觉屏障。

● 有颊垫的雄性可以和无颊垫的雄性饲养在一起。但是，那个无颊垫的雄性必须足够年轻，保证在不久的将来不会发育成熟并长出颊垫。在野外，雄性猩猩会在 12～20 岁发育成为有颊垫的雄性，但是它们在动物园中往往成熟更早，这点必须要考虑。

● 理论上，一只有颊垫的雄性可以与多只雌性一同饲养。但是，这将取决于它们的个性，因为雌性之间可能会彼此不喜欢，尤其是在没有亲缘关系的个体之间，有可能导致严重的争斗。并且，有颊垫的雄性可能会尝试和所有的雌性交配，所以在必要的情况下一定要使用避孕措施。

● 雌性可以和无颊垫的雄性一同饲养。由于雄性在 5.5 岁就会达到性成熟（这远早于它们开始发育颊垫），所以和它们生活在一起的母亲和其他雌性都应该避孕，防止意外妊娠。

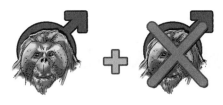

群体中永远只能饲养一只有颊垫的成年（面颊饱满）雄性个体。有颊垫的雄性个体完全无法容忍另外一只有颊垫猩猩的存在，它们可能会打斗至死或者造成反复的严重损伤

有颊垫的雄性猩猩对无颊垫的猩猩一般比较宽容，但如果无颊垫的猩猩开始长颊垫，就必须迅速将它们分开

理论上一只有颊垫的雄性猩猩可以和数只成年雌性猩猩养在一起，但要做好生育控制。并不是所有的雌性猩猩都愿意和其他雄性猩猩一起生活，应该考虑每一只个体的性格

雄性猩猩在 5.5 岁就有生育能力。这时它的母亲和其他雌性就应该采取避孕措施。不建议为了避免妊娠而将儿子和母亲分开饲养

图 5.1　猩猩社群管理注意事项

　　一般来说，猩猩通常是比较包容的。但是，由于个体具有不同的个性，所以没有办法强迫猩猩互相喜欢，致使引入有时不能按计划开展。但通过与上一个饲养机构沟通以了解猩猩的社群经历，会对引入很有帮助。如果一只雌性猩

猩从来没有容忍过和其他雌性住在一起，那么它的这种习性也不太可能在引入后发生改变。同样的道理，如果一只猩猩曾生活在一个多元化的社群，那么将它介绍给其他猩猩的努力会更有可能成功。如果一次引入不成功，那么在决定是否进行下一次引入之前，应该认真梳理失败的原因。

二、引入计划

充分的准备和计划将有助于进行顺利的引入。对猩猩来讲第一印象很重要。任何新个体在引入之前，要研究它的生活史，然后再把它引见给其他个体。书面的引入计划必不可少，且应包括每一步的详细信息以及如果动物不能合群的应对措施。所有情况都需要考虑并有所准备。

1. 对引入猩猩的照顾

任何引入的猩猩个体抵达时都应当首先接受检疫。一旦动物检疫结束，它们应当被转移到猩猩展区中的一个隔离区域。

引入的猩猩个体需要时间去适应新环境。应该评估它们的行为，以确定它们是否适应新环境以及准备好开始引入的初级阶段。引入的猩猩对现有猩猩是否表现出兴趣，它们对保育员或其他动物是否表现出攻击性，它们是否对着其他的猩猩大叫，以及它们是否自我封闭、表现出恐惧或者对声音和刺激做出消极反应，所有这些迹象都将表明引入的猩猩对于新家的态度。

新引入的猩猩需要时间来适应新的工作流程。它们可能要面对和之前生活的地方截然不同的工作流程，包括：

- 在一天的不同时间转移。
- 日粮和食物组成的差异。
- 食物的加工方式不同，提供方式不同。
- 在一天的不同时间喂食。
- 展区开放和关闭的时长不同。
- 不同的保育员。
- 与游客的接近程度和互动性不同。

因此，当开始和新猩猩个体工作时，它们可能无所适从，可能需要时间去适应新的时间表和工作程序。新猩猩可能会感到焦虑，在它们看来，本应是一个"正常"的日子，结果却被转移到了一个全新的环境中。应该向它们之前的保育员了解以前的日常程序，耐心地、慢慢地让它们适应新的日常程序。与此同时，尽量保持对新猩猩的操作流程与其原来所在机构一致。确保它们能得到其习惯的所有的时间、关心和关注。但如果对新猩猩给予明显多于现有猩猩个体的时间和关注，那么现有的猩猩很容易产生嫉妒。

2. 执行引入工作的区域

随着时间的推移，如果设备足够灵活，在将引入的猩猩介绍给其他猩猩之前，应允许新来的猩猩探索展区的所有不同区域。这可能需要将现有的猩猩暂时转移到其他地方，以便新来的猩猩可以熟悉内舍和展区的每个空间。不能在一个完全陌生的环境里将新来的猩猩引见给现有猩猩个体，必须有足够的时间让新来的猩猩去认识并适应新环境。这对那些展区中存在对被引入个体来说全新的隔障形式的情况尤为重要。如果新来的猩猩从未见过类似水隔离、干壕沟、玻璃窗、木平台或者栖架之类的设施，那在引入之前，必须让它们有机会去熟悉这些设施。否则，引入可能会不安全。

应该在最大的可用空间中引入，让新个体有机会安全地离开其他猩猩。要避免存在猩猩无处可逃的地方、死角或者存在会被抓住的地方。部分展区的门只能稍微打开，让猩猩虽能看到和触碰到彼此，但无法通过。这些措施在引入的早期阶段是非常有用的，但要注意，即使是最大的猩猩也能挤过最小的门。

3. 引入工作的执行者

需要预先确定在引入过程中有哪些员工参与其中，他们的角色分别是什么，并将这些信息列入引入计划。最好为每个人明确角色。由于猩猩对不同的人有不同的反应，所以需要注意只让不会引起猩猩反感的员工参与。如果猩猩受惊吓，或者对在场的任何员工表现出攻击行为，那么引入可能不会成功。

工作人员应做好准备并在引入过程中表现自然。猩猩可以察觉到任何异常的行为，如果它们觉得工作人员紧张，那么它们也会感到紧张。应选择那些果断、自信，并且能够快速做出反应的员工执行引入工作。

4. 引入所需的设备

必要的设备须在引入过程中集中放置，并且易于取用。应为猩猩提供大量的垫料，如干草、纸屑、木屑和木丝。这些可以通过增加觅食机会来分散猩猩彼此之间的注意力，增加猩猩个体间的互动，垫料也会将跌落造成的损伤概率降到最低。

在引入过程中，也应尽量提供丰富的食物。这可以帮助分散猩猩的注意力，使它们彼此接近（如一起进食），并给它们提供进出引见空间的动力。

一旦反生严重的攻击，应迅速将猩猩隔开。如果有需要，口哨、铃铛或空气喇叭之类的"噪声制造器"可能会有帮助。可以启用水管、二氧化碳灭火器，以及在引入现场随时待命的全副武装的兽医，也可以采取保定措施以避免情况恶化。

三、猩猩引入的步骤

开始引入猩猩之前，应利用任何的"预引入"机会。为新来的猩猩提供毛毯、干草和带有其他猩猩气味的丰容物，并在清扫工作之前让它们有机会进入彼此的区域，让它们互相闻对方的气味。慢慢地，推进视觉接触。在引入步骤推进之前，所有猩猩应该有机会通过听觉、嗅觉、视觉来了解对方的信息和进行互动。新来的猩猩和原有的猩猩应该能够看到彼此，并熟悉彼此的声音和气味，同时让新来的猩猩熟悉工作人员、游客和展区。如果笼舍不便于视觉接触，可以在相邻的墙上安装镜子。

听觉、嗅觉和视觉接触是所有引入的第一阶段，第二阶段是进行触觉接触，第三阶段是完全接触。

1. 有限接触

有限的触觉接触是猩猩引入的第二阶段。猩猩应该能够通过坚硬的隔网或只能部分打开的门互相接触。展区中应设置具有这种功能的设施（见第十章）。同时，必须对它们进行密切的观察，因为即使是有限的接触，也可能造成严重的伤害。例如，一只猩猩可以轻而易举地通过笼网孔洞拉出并折断另一只猩猩的手指。

猩猩对有限触觉接触的反应可以帮助判断其在被完全引入时的反应。应该及时强化每一个积极的行为，以鼓励和促进顺利的引入。注意不能推进得太快，因为猩猩可以在有限触觉接触时表现出积极的行为，但在完全接触阶段，它们会对彼此表现出很强的攻击性；也不应该推进得太慢，因为有限接触的时间过长，猩猩会很快变得沮丧。需要根据每只猩猩的个性来决定什么时候继续推进引入的进程。

2. 完全接触

完全接触是引入进程的第三阶段。此时，猩猩将被允许在没有任何障碍阻隔的情况下待在同一个空间。必须让新来的猩猩有足够的时间来适应新的社群状况，而这一适应时期也应有所差异。应全程密切监控和关注它们的互动方式。

四、判断引入进展是否顺利的依据

引入计划应该概述判断引入是否顺利的依据。引入时的攻击行为并不少见，如扯毛发、拍打、抓手腕、把手指放在对方的嘴里、咬、追逐、检查生殖器、摔跤和强迫交配都很常见。这些行为不一定是中止引入的理由，而应该允许猩猩有时间和机会去解决分歧，并学会和谐相处。但这些行为可能会迅速升级，需要根据猩猩的个性来决定何时中止引入。应该避免不必要的分隔，因为频繁的分隔和随后的再引入可能是增加个体之间攻击性的一个因素。

有些行为是绝对不允许的，如咬后颈部和后腰是严重攻击性的典型标志。如果对新来的猩猩造成了很深的伤口、骨折或者造成了其他严重的伤害，应该立即进行干预，并将它们分开。

五、判断是否中止引入的依据

引入的时长应该取决于所有被引入猩猩的行为。如果它们在一起很放松，看起来很舒适，那就尽可能让它们在工作人员的看护下待在一起。在整个引入过程中，工作人员的监控和评估至关重要，需要根据工作人员的判断来决定何时继续和何时停止引入。

一些猩猩喜欢在完全接触后一直待在一起，也有一些无法适应和新引入的猩猩在晚上待在一起，而更愿意在自己的空间睡觉。猩猩的行为会表达出它们各自的喜好。然而，在引入的最初阶段，不应该在没有工作人员看护的情况下让刚见面的猩猩待在一起，它们的行为可能会迅速发生改变。在彼此的陪伴下显得很自在的猩猩，可能因为要分享自己的空间给别人而很快变得有攻击性，或感到沮丧。

六、评估建立长期社群的可行性

一旦一只猩猩被引见给另一个个体或群体后，应继续定期监测新的社群。它们的和睦度和舒适度可能会随着时间而改变，如当无颊垫的雄性发育出颊垫、雌性进入发情期或发情期结束，或者雌性妊娠等情况。

一个详细的引入计划对于有效的种群管理是很重要的，应具有可调整性，以适应猩猩不断变化的需求。在野外，猩猩大部分是独居的（见第三章），因此有些猩猩可能不希望在动物园里群居。有一些猩猩喜欢社交，能很好地融入群体，喜欢有同伴。随着时间的推移，应不断地评估引入的猩猩在群体中生活的积极行为和反应是否超过独自生活的潜在消极行为。理想情况下，如果展区足够灵活，能让猩猩有机会来决定它们是否想和群体一起生活，或希望有一部分甚至全部时间独处。

喜欢群居生活的猩猩可以一起玩耍、摔跤、进食、理毛、休息、交配。它们也可能完全不互动，这都是完全正常的，因为一些猩猩喜欢成为别人的同伴，却不花太多时间亲密接触。

不快乐的猩猩可能会表现出消极的行为如打架，这可能会引发或造成伤害，或者以其他方式欺负其他个体或被欺负。如果猩猩拒绝合作，对加入一个群体犹豫不决，试图逃离其他猩猩，表现出疏远或异常的行为，这可能表明它们不想加入这个群体。此时，应该考虑将它们移走或调整群体结构或合群时间。

七、失败和成功引入的案例

下面的案例来自国外动物园在猩猩引入实操方面的报道。南京红山森林动物园为提高猩猩的福利于近些年做了多项猩猩引入的尝试，也有成功的案例。

1. 将幼年猩猩和代理母亲引见给成年雄性

一只成年雌性猩猩和它代养的 2 岁猩猩在室内饲养区域被引见给一只成年雄性。这两只成年个体曾一起生活过，在几次引入尝试的过程中相互咬伤，大多数伤口是雄性对雌性造成的。雌性强烈抵抗雄性试图强迫交配。引见后它们被定期观察到互相分享食物，雄性对幼年猩猩没有攻击性，还观察到雄性邀请它们一起玩耍。但 8 周后，雌性开始将幼年猩猩摆在或者举在它和雄性之间，用来阻挡雄性猩猩靠近自己，引入被迫终止。这次引入没有成功。

2. 将 2 只幼年猩猩引见给代理母亲，再引见给 3 只雌性猩猩

一只 18 月龄的雌性猩猩和一只 15 月龄的雄性猩猩一起被人工育幼，随后一起在一个小内展厅被引见给一只 28 岁的代理母亲。之所以选择这只雌性，是因为它曾经当过代理母亲。这只雌性没有主动接近两只幼年猩猩，但两只幼年猩猩都显得很害怕，并远离它。整个过程没有观察到雌性猩猩的攻击行为，表现得像代理母亲。引入的第一阶段即 1 周后，这个引入被评估为是成功的。

引入的第二阶段安排在 6 个月之后，在一个更大的内展厅中进行。在 2 周的时间里，代理母亲和 2 只幼年猩猩被分别引见给 3 只不同的成年雌性。它们先被引见给一只 17 岁的雌性，在第二阶段另外两只 20 岁和 21 岁的雌性被加入进来。在第三阶段，所有的猩猩都完全接触。在接下来的几周里一切正常，但最终 20 岁的雌性开始挑战代理母亲的统治地位。由于这只 20 岁的雌性生性好斗，工作人员决定将它从该社群中转出。除此之外，引入还是成功的。

3. 将 3 只幼年猩猩引入一个成年混合群

一只 13 月龄的雄性幼年猩猩和一对 18 月龄的双胞胎雌性幼年猩猩被一起

人工育幼。断奶后，它们就被重新引入自己出生的群体。幼年猩猩们先被引见给 13 月龄雄性幼年猩猩的 24 岁的母亲；接下来引入的是双胞胎雌性幼年猩猩们的 16 岁的母亲。这些引入都是在非展示区的室内区域进行。最终，2 只母亲和 3 只幼年猩猩都被引见给一只 24 岁的雄性，它是所有 3 只幼年猩猩的父亲，这个引入在一个外展区进行。成年雌性猩猩之间在接近幼年猩猩时发生了轻微的攻击，但在其他时间引入进行得相当顺利。年长的雌性会粗暴地和幼年猩猩玩耍，而年轻的雌性则温柔一些，会等待幼年猩猩们靠近。3 只幼年猩猩都喜欢这只年轻的雌性。成年雄性也被观察到和幼年猩猩们玩耍。引入进行了 11～15 周，非常成功。

4. 亚成体雄性引见给亚成体雌性

一只 7 岁大的猩猩在非展览区被引见给另一只同龄猩猩。为期 1 周的听觉接触后，接下来是通过部分打开的门进行 5 天的视觉和触觉接触。最后是全面接触，引入顺利进行。这次引入只用了 12 天，非常成功。

5. 将亚成体雄性引见给成年雌性

一只 7 岁的雄性被引见给一只 19 岁的雌性。两只猩猩首先进行了 3～4 周的听觉和视觉接触。然后是 3 周的触觉接触。虽然引入是成功的，但也受了些伤。雌性会生气，特别是在控制食物时，而且有几次导致雄性的手和脚受伤。工作人员很少观察到它们发生交配行为。7～10 周时，在白天无人照看的情况下，它们被留在一起，这个引入被认为是成功的。由于雌性猩猩对食物占有欲很强，所以它们晚上被分开。一旦雄性的体型变大，它们就会在一起过夜。

6. 将亚成体雄性引见给成年夫妇

一只没有亲缘关系的 4 岁雄性在室内展厅被引见给了一只 25 岁的雌性。雌性看起来很好奇，但并没有主动与雄性接触。2 天后，它们在一起过夜。3 天后，一只 25 岁的雄性被引入。虽然没有观察到任何攻击性行为，但年轻的雄性猩猩仍然与成年雌性猩猩靠得很近。2 天后，3 只猩猩被完全合在了一起。也就是说，本次引入在短短 1 天内就成功地将亚成体雄性引见给雌性，2 天就成功地将亚成体雄性引见给了成年雄性。

7. 将准成年雄性引见给 2 只青年雄性

一只 16 岁的未发育颊垫的雄性被引见给 2 只 11～12 岁的未发育颊垫的雄性。16 岁的雄性在展区到处追逐那两只年轻的雄性，但是并没有观察到有严重的伤害。几只猩猩在几天内就安顿下来，形成了一个稳定的群体，每天可以混养在一起几个小时。为了减轻压力，将年轻的雄性在晚上与年长的雄性分开。所有的引入都是在室内展厅进行，在不到1周的时间里就取得了很大的成功。

8. 将成年雄性引见给成年雌性

一只16岁雄性被引见给一只31岁雌性。它们被允许进行听觉、视觉和触觉接触。引入首先在一个非展示区的笼子里进行，然后转移到外展区。这只雌性在过去就表现出不愿与雄性相处。引入后虽然没有造成严重伤害，但还是有许多咬伤。工作人员认为，这只雌性具有很强的主导性，并持续与雄性发生冲突。这个引入并不成功。

9. 将成年雄性引见给成年雌性

一只22岁的雄性被引见给一只38岁的雌性。在第一阶段，雄性通过听觉与雌性接触，这一阶段持续了8天。第二阶段是26天的视觉接触。第三阶段是通过一道网门进行42天的触觉接触。虽然没有发生严重伤害，但是雌性的手和脚都受到了咬伤。4～6周后，两只猩猩就能和睦相处了，但是它们通常在晚上分开。引入在一个大型室内展区和三个非展区进行，在4～6周后取得了成功。

10. 将成年雌性引入混合群

先将一只29岁的雌性引见给一只25岁的雄性猩猩。这只雄性之所以作为接受引入的第一个个体，是因为它的性格温和。接下来，一只25岁的雌性和它的4岁的宝宝被引入。29岁的雌性取代了这只25岁的雌性成为首领雌性。它们被成功整合到一起，并在6周后持续养在了一起。

11. 将亚成体雄性引见给成年雌性

一只5岁的亚成体雄性红毛猩猩乐乐引见给一只19岁的成年雌性个体小律，两者之间没有血缘关系，引入目的是提高双方的福利。

第一阶段，进行了约1个月时间的视觉接触，也就是双方仅能看到彼此。

第二阶段，进行了约1个月时间的视觉、听觉、嗅觉接触。

第三阶段，进行了约2周的限制性接触，也就是将引入双方之间的闸门调节成控制大小状态，尺寸选择只允许乐乐通过，小律无法通过。

第四阶段，进行了约3周的完全接触，但是晚上分开过夜。

第五阶段，完全接触，晚上在同一空间过夜。

经过以上五个阶段，此次引入被认为是成功的，并且在引入过程中，进展一直很顺利，期间会发生一些小的不愉快，但均在可控范围内。引入成功后，乐乐的行为明显发生了改变，在这之前会有一些缺乏安全感、无聊等行为，之后这些行为基本消失。随之表现出一些明显的学习行为和小律之间的交流互动。而之前缺乏运动的小律，因为乐乐的引入，也增加了活动量，这有助于饲养员为小律设定的减肥计划。

猩猩的引入一般有较高的成功率。在制订引入计划之前，确保了解每只猩猩过去的情况，并做好准备引入的时间可能比预期的要长。只要有耐心，从容不迫，并密切关注猩猩的行为和反应，引入就有望成功。

猩猩之间的差异通常可以通过时间和耐心来解决。然而，并不是所有的引入都能成功。如果猩猩不能适应，就不要继续引入。这时需要回顾已经做的工作，修改现有的计划。注意没有任何两只猩猩是相同的，所有猩猩都有不同的个性，并且会对不同的猩猩、员工、环境和场景做出不同的反应。应灵活应对，多次尝试，并且要适时中止引入。

第六章 猩猩的生育管理

应该对动物园里猩猩的繁殖进行严格管理，因为每一只出生的猩猩都是至关重要的。猩猩的妊娠期是所有灵长类动物中最长的，和人类一样，妊娠期大约持续 9 个月。猩猩的出生间隔是所有非人灵长类物种中最长的，因为它们每 6～9 年繁殖一次。本章详细介绍了如何计划一次安全和成功的妊娠，概述了如果出现挑战该如何应对。猩猩的繁殖计划是动物园管理的一项关键工作。

一、妊娠和生产计划

在野外，猩猩要到十几岁才会繁殖（见第三章）。然而，在圈养环境中，猩猩可以更早成熟，在更年轻的时候就会妊娠。动物园中的雌性猩猩早至 7 岁就开始生育，此时它们在心理上还未发育成熟或准备好抚养孩子。有记录显示猩猩最早生育年龄是五岁零三个月。现在大多数动物园都会等雌性猩猩至少到十几岁再开始繁殖。

虽然有限的证据表明非常年长的猩猩可能经历更年期，但猩猩的更年期是否存在仍不清楚。在管理猩猩时，要假设所有 5.5 岁以上的雌性都能孕育后代。

1. 妊娠的检查和监测

月经初潮标志着性成熟的开始，然而由于经血很难被观察到，所以很难被鉴别。超过 5.5 岁的雌性猩猩如果和雄性饲养在一起，并处在潜在的繁殖环境中，那么应当为雌性猩猩建立月经周期记录表。

Hemastix® 尿血检测剂是检测月经的最可靠的方法。只需要将检测棒浸入尿液中，看雌性是否有月经。用食物奖励的方法训练猩猩往纸杯或干净的托盘里排尿，可以使尿液收集变得非常容易。或者，可以从干净的地板上收集尿液，确保尿液不受粪便污染，因为粪便中自然存在的血液会导致假阳性结果。猩猩的月经周期通常是每月 1～4 天。雌性猩猩应该在 2 次月经之间排卵，这可以通过观察它的行为来判断。尽管猩猩的发情行为难以察觉，但雌性可能在这个时期变得活跃，能观察到雌性猩猩的手淫或和同伴的性行为。

　　一旦观察到猩猩交配，它就有可能会妊娠。每天都要注意观察它的生殖器部位是否有阴唇肿胀。有时，在妊娠几天或几周后，外阴的两侧就会出现小肿块。这些小肿块在整个妊娠期间会肿胀得非常大，可能会下垂，颜色呈粉红色到白色。有时，猩猩肿胀的阴唇看起来充满液体，但不同的个体呈现不同的外观（图6.1，彩图6）。直到母猩猩分娩后，肿胀才会消失。

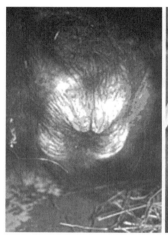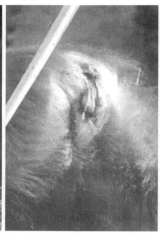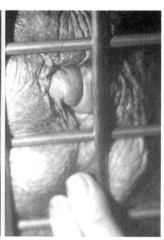

图 6.1　猩猩肿胀的阴唇

　　猩猩妊娠有时可以用人类验孕试纸来确认。但用非处方的人类妊娠试剂盒对猩猩妊娠的检测结果各不相同。长时间的阴唇肿胀是妊娠的最好证明。

2. 孕期保健与检测

　　孕期，雌性猩猩肿胀的阴唇可能会持续增大，腹部也会越来越宽，乳房会变得越来越丰满。在妊娠9个月的末期，可能会看到乳头溢乳。据了解，一些雌性会吸吮自己的乳汁，这是正常现象。

　　第九章中关于猩猩饮食的详细说明同样适用于孕期，该章中关于增加饮食的建议也应该被考虑。一些妊娠的雌性猩猩有便秘倾向，因此在它们的饮食中加入足够的纤维、充足的淡水，以及加强锻炼是预防这一问题的关键。一些雌性猩猩被额外提供了富含纤维素的水果，如西梅、梨能够帮助解决便秘问题。有时为了提供额外的营养，会给猩猩服用人类女性的产前维生素。而提供新鲜的带有树叶的嫩枝、大量的绿叶蔬菜和灵长类动物食用饼干或豆腐是重要的操作方法（见第九章）。防止猩猩过肥是妊娠期间调整饮食中最重要的内容。体重增长在意料之中，但不应该太多。

　　如果有条件，应该使用超声波检查来最终确认猩猩妊娠及评估胎儿。人类通常是在 18~20 周进行超声波检查，猩猩也可以在这个时间段进行（图 6.2）。

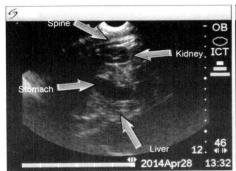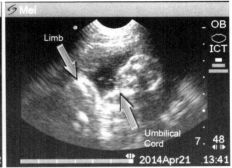

图 6.2　美国得克萨斯州韦科市的卡梅隆动物园内一只雌性猩猩梅（Mei）的超声波图像。2014 年 4 月，梅在清醒状态下进行了超声波检查，这得益于它的母性训练计划。左图指出了胎儿的脊柱、胃、肾脏、肝脏，右图则指出了肢体和脐带（箭头所示）

二、制订母性训练计划

一旦通过阴唇肿胀或是妊娠试纸确定猩猩妊娠，应该开始执行母性训练计划。这个训练计划将需要保育员与妊娠的雌性猩猩有一个良好的关系，同时训练如何对猩猩进行适当的孕期护理。通过这个训练，保育员可以无须麻醉或将婴儿与母亲分离而对婴儿进行近距离的检查。即便是在最坏的情况下，这样的训练也可能会使转移婴儿变得更容易。

应当对每一只妊娠的雌性猩猩执行母性训练计划。即使妊娠的雌性猩猩本身是由母亲抚养长大，训练计划也能加强它的母性技巧。人工育幼长大的雌性猩猩可能没有机会在生产前观察到任何母性照料行为，可能不知道如何正确地照顾它的婴儿。因此，母性训练计划能增加成功育幼的概率。

一个母性训练计划应利用第七章所述的技术，对孕期管理至关重要的期望行为进行正强化。母性训练应该从简单地和雌性猩猩之间的合作行为开始，以鼓励它信任饲养员。大部分猩猩都会用物品交换食物。如果可以建造一个小门或在展区开一个小口，可以训练雌性猩猩在分娩后出现问题时或发生紧急状况时用它的婴儿跟饲养员交换食物。应该训练雌性猩猩来到笼网前，让它的手举过头顶，使它远离饲养员，然后把它的肚子贴在笼网上，这将使饲养员能够触摸它的腹部或让婴儿隔着笼网吸到它的乳头。教雌性猩猩理解不同身体部位的名字将有助于它展示身体各部位。

隔离训练是很重要的。确保妊娠的雌性猩猩在白天能够进入与其他猩猩个体相隔离的空间，这对即将分娩的它很有帮助。在自然界中，除了那些还在抚养孩子的母亲，猩猩一般独自在树上的巢中分娩。雄性和其他成年雌性不会出现在分娩现场，因此隔离训练将有助于在需要时保护雌性猩猩的隐私和独处。此外，如果存在问题，有必要进行干预，那么教雌性猩猩理解远离其他猩猩并允许它们之间的门关闭是非常重要的。这可以确保在紧急情况下，能够将雌性猩猩和它的婴儿与其他猩猩个体隔开。

三、分娩过程

随着猩猩孕程推进，要确保它处于舒适的状态。在准备室内和室外场地时，可以参照猩猩的自然生活史。野生猩猩在分娩前用树叶和树枝筑巢，所以应给它提供充足的干草、稻草、自然的树枝和毛毯，以模拟自然筑巢行为。妊娠的猩猩如果感觉舒服，就有可能更积极地参与训练，并将安全感和对环境的信任传递给婴儿。

应该在婴儿出生前准备好所有必要的设备。同时，做好准备以便应对必要的兽医治疗，或是因为母亲未能妥善照顾婴儿而决定是否需要人工育幼。准备好添加了 Omega－3 脂肪酸的人类婴儿配方奶粉，以及婴儿奶瓶、毛毯、体重秤、温度计、保温箱和被褥。

当一只雌性猩猩快要分娩时，可能会出现坐立不安，摆出异常的姿势，昏昏欲睡或者食欲减退。它可能在宫缩期间明显紧张，有时出现分娩前出血。一般的分娩可能只持续几个小时，不同猩猩个体分娩时长有所不同。应准备好一个安静、安全的环境，提供大量的干草垫料，同时有它最信任的保育员在场。如果它不愿意让保育员靠得太近，可以用摄像头远程监控。

 扫描二维码，观看来自美国得克萨斯州韦科市的卡梅隆动物园内一只雌性猩猩梅（Mei）分娩的视频，2017 年 1 月 12 日它产下了儿子拉扎克（Razak）。当婴儿落地，它立即表现出对婴儿的兴趣，把婴儿抱起来并进行清理。

四、决定何时干预

大部分猩猩母亲能够正常地产子，并在照顾孩子时表现出完美的本能。在雌性猩猩生产后，一般会有吸吮婴儿的面部、头部，通过理毛彻底清洁婴儿的行为。分娩后，婴儿可能会哭或者尖叫，这可能会惊吓到初产的雌性猩猩，但它们也会尝试安抚、轻拍婴儿，或将婴儿放到乳头旁边。如果猩猩母亲看起来很专心，给它一些时间来适应婴儿；如果它对婴儿似乎没有经验或表现粗暴，也尽量不要干涉。持续观察猩猩母亲和婴儿，直到确认哺乳成功且保持正常的哺乳频次。如果没有成功哺乳，可以看到婴儿的头向后倒，皮肤皱褶，哭声过大或过小，这种情况需要密切关注。应该根据猩猩母亲和婴儿的行为以及它们的身体状况来制订一个合理的计划，以确定是否需要干预或移出婴儿。

扫描左侧二维码，观看美国印第安纳州福特华恩儿童动物园内一只 19 岁的雌性猩猩塔拉（Tara）给它 12 天大的女儿阿斯马拉（Asmara）哺乳的视频。

扫描右侧二维码，观看美国内布拉斯加州奥马哈市的亨利多里动物园和水族馆的初产雌性猩猩西比洛（Sepilok）给它的女儿索里亚纳（Surianna）哺乳的视频。

有时，试图吃奶的婴儿，或者成功吮奶的婴儿，会导致母亲的乳头非常疼痛，然后雌性猩猩会阻止婴儿吸吮。如果有类似的情况发生，应该让兽医决定是否需要用止痛剂来缓解它的不适。

母亲对婴儿的多种行为可以作为决定是否进行干预的充足理由。这些行为包括缺乏足够的哺乳、具有攻击性或弃养。在这些情况下，一名被雌性猩猩信赖的保育员该尝试通过行为训练来帮助进一步评估它的行为和状况。保育员应制订一项计划，在可行的情况下尽快将婴儿送回母亲身边，并视最初婴儿被移走的原因而决定下一步行动。应尽量帮助雌性猩猩克服正在经历的所有问题，然后再决定是否移走婴儿。

如果婴儿死亡或是死胎，在雌性猩猩准备交出尸体之前，不要将婴儿从母亲身边移走。它需要时间去消化失去婴儿带来的悲伤。

五、暂时的人工育幼

理想情况下，人工育幼的时间应该尽量减少，以便母亲在必要的时候能够康复，或者让养母做好准备并接受训练以接收一个新的孩子。即使在最好的条件下，人工喂养的婴儿也永远不会像自己母亲抚养的猩猩那样健康。因此，应努力帮助母亲解决问题，同时不危害婴儿的健康。请注意，如果婴儿将在几个小时甚至几天内被重新介绍给母亲，那么临时的医疗干预、补液或损伤治疗并不影响将婴儿还给母亲的计划，也不能成为人工育幼的理由。

由于野生猩猩的婴儿需要长时间地依附于它们的母亲，特别是猩猩幼崽需要断断续续地待在母亲身上 3～4 年，所以动物园需要组织人力资源，为人工育幼的婴儿提供 24 小时的照顾。人工育幼猩猩需要组织大量认真负责的工作人员和准备 24 小时的工作计划。所有保育员都必须戴口罩，频繁地洗手。手套应该一直佩戴，除非在妨碍操作时才可以暂时脱下。人工育幼的猩猩个体应该由动物园中对它最熟悉的员工负责照顾。为婴儿护理和抚育制定明确的标准来模拟猩猩母性行为对人工育幼的成功至关重要。

大多数时间，保育员应为猩猩婴儿提供全身体接触。应该鼓励婴儿用抓紧的动作，而不是一直被抱着，一件蓬松的人造"毛发"背心可以帮助婴儿抓住保育员，直到婴儿发育出更灵活的行为能力（图 6.3）。当保育员需要休息时，猩猩婴儿可以被短暂地放在保温箱里。否则，婴儿与保育员应该一直保持接触的状态。在保温箱中，婴儿应该被放置在一个填充的猩猩玩偶上，以继续它们的依附行为。如果一只猩猩在生命的最初几年里没有进行持续的身体接触，那么它长大后的心理健康可能会出现问题。

图 6.3　在美国威斯康星州麦迪逊市的亨利·维拉斯动物园里，一只名叫奶酪（Keju）的猩猩婴儿暂时在人工饲养的环境中长大，它抱着一件蓬乱的合成"毛发"背心，而保育员则在训练它隔着笼网喝奶（A）。保育员 Beth Petersen 展示背心（B）。奶酪后来被引见给了美国佐治亚州亚特兰大动物园的一位养母猩猩

让婴儿靠近其他猩猩也是至关重要的，这对确保它们成功地回到母亲身边或在未来被引见给养母很关键。婴儿应该花大部分时间在猩猩生活的区域，沉浸在它最终会加入的猩猩社群的日常生活中。即使是在睡觉的时候，婴儿也应该接近其他猩猩，以便让养母或其他社群成员适应婴儿持续在场。因为将婴儿再引入给母亲是最重要的目标，所以在有保育员看护的情况下，母亲应该经常通过笼网接触和闻到婴儿。应尽可能鼓励猩猩之间的视觉和嗅觉的接触。

当一只猩猩婴儿被人工喂养时，在没有自己母亲的情况下，婴儿会与保育员形成紧密的联系。为了避免这种情况，保育员绝不应该像人类婴儿被抱着或喂食一样给猩猩婴儿喂奶。保育员可以模仿猩猩母亲的行为包括和婴儿一起躺在干草窝和吊床上，梳理婴儿的脸和手，偶尔模仿成年雌性猩猩可能会表现出的更有力的行为，如摇摆或轻轻拉扯婴儿的四肢。所有这些行为都应该在母亲或潜在养母的视线里完成。婴儿对保育员发起的行为应该总是以某种方式重新指向另一只猩猩，如通过频繁地将婴儿转向母亲或养母以鼓励它们视觉接触。应注意不要过度刺激婴儿，也不应该过度保护，因为猩猩妈妈可能粗鲁地对待它们的婴儿。保育员不应让婴儿吸吮或在人的手指上磨牙，因为这可能会导致保育员受伤。可以鼓励婴儿在无生命物体上咬或者磨牙。

人工育幼的猩猩不应该穿尿布。如果尿布不经常更换，接触粪便和尿液的婴儿会出现皮疹、脱毛和尿灼伤。猩猩可能会在近距离的引入互动中抓住尿布。此外，不穿尿布也可以提高公众对猩猩的感性认识。如果要展出猩猩婴儿，应该禁止使用尿布。动物园的游客会用一种拟人化的方式解读尿布，会使猩猩婴儿作为宠物的刻板印象继续存在下去。保育员应保持警惕，尽快清理污染区域，而不是被换尿布的过程所累。在晚上，保育员可以在婴儿的生殖器区域和他们自己之间使用一块干净、柔软的布，以避免整个晚上都被弄湿。

除了用奶瓶喂养的配方奶外，婴儿与母亲或养母之间的食物共享在人工育幼阶段应该是必需的。所有喂养灵长类动物的饼干和产品都可以与雌性猩猩分享。它们对食物分享的容忍程度是未来对婴儿利他行为水平的一个很好的指标。这将有助于判断母亲或养母是否可能在婴儿引入后照顾它们。

六、将婴儿再引入给一只雌性猩猩

将婴儿重新引入给它们的母亲应该是人工育幼的最终目标，如果无法实现，婴儿应该被引入给一位养母。现在有很多动物园已经证明了这种方法的可行性。即使成年雌性从未生育过，它也可能是潜在的一位不错的养母。如果雌性是由自己的母亲抚养长大，曾接触过兄弟姐妹，在引入过程中对婴儿表现出适当的兴趣，并且具有社群能力，它就足以胜任成为一名养母。成功的养母年龄为8~40岁，甚至更大。

1. 制订一个再引入计划

在完全引入前，对婴儿的最终训练目标是具备体能、社群能力以及心理能力。母亲或养母的训练目标是对婴儿感兴趣，并在训练过程中保持合作，在保育员提出要求时来到笼网旁，以便保育员可以接近婴儿。

应该在完全引入之前鼓励婴儿和其他猩猩之间的安全接触。可以通过使用猩猩间可以互动的丰容物品来实现。可以在笼网上放置柔软的橡胶管、短的竹子或其他树枝以及卷筒纸，用于猩猩社群成员与婴儿积极接触。

如果婴儿能够很快被再引入给它的母亲，那么当婴儿吸吮乳头的时候，母亲会再次泌乳。如果婴儿的母亲不能哺乳，或者婴儿将被引入给一位没有泌乳的养母，婴儿应该从小接受通过隔着笼网接受奶瓶喂食的训练。这样雌性猩猩会允许在重新引入婴儿后隔笼用奶瓶喂养婴儿。可以通过训练雌性养母不去触碰奶瓶，将婴儿奶瓶从网孔中伸出，并在距离奶瓶较远的地方使用另外一只挤压瓶（塑料洗瓶）给雌性猩猩喂果汁。如果雌性猩猩试图干扰奶瓶，则停喂果汁。

不应当鼓励婴儿依赖保育员的行为。在婴儿对保育员的依赖和保持婴儿的独立行为之间保持微妙的平衡是一个重要的目标。一只自信而灵活的幼年猩猩更容易融入猩猩的社群。

决定何时将婴儿完全重新引见给它们的母亲，或将它们引见给养母，是很复杂的工作，应该事先制订计划。引入过程中涉及多个因素，需要评估婴儿的认知能力，以及雌性猩猩表现出的兴趣和抚养婴儿的意愿，并判断何时进行引入工作。

2. 获得成功的引入或再引入

应通过判定过去的积极互动和尽可能重复发生积极互动的条件来制订婴儿和雌性猩猩之间全面接触的引入计划，以达到最佳的成功合群。例如，如果它们最放松和温和的互动发生在下午，则应考虑在下午进行引入。在完全引入之前，应该添加大量的垫料或厚垫层。当婴儿和养母相处融洽时，尽量减少现场观察的工作人员数量。应该为最好和最坏的情况做好准备。

理想的操作方式是在第一次引入操作时，为婴儿提供进入雌性猩猩空间的选择。这让婴儿拥有了控制的能力，这对于婴儿从人类保育员到母亲或养母的心理转变是至关重要的。这项操作可以通过将婴儿放在一个单独的房间里来实现，这个房间通过一扇部分打开的门与雌性猩猩的房间相连。门应只能打开到足够让婴儿进入雌性猩猩的空间，而雌性猩猩无法通过。

当婴儿选择通过母亲或养母房间的门，或被拉过去，可能母亲和婴儿都会有一段兴奋的时期。理想情况下，应该马上能观察到良好的母性行为。观察到的积极行为可能包括雌性猩猩抱着婴儿、梳理毛发、检查肛门生殖器以及表现高度的注意力和兴趣。不良行为可能包括雌性猩猩粗暴对待婴儿或把婴儿推到地板上，咬婴儿，以及缺乏对婴儿的兴趣和关注。保育员必须保持警惕，确保婴儿享有良好的福利。在引入之前，应该对将要进行引入操作的笼舍进行设施检查，确保在引入的房间里没有任何坚硬的东西，如大的、重的桶或者任何其他可能伤害婴儿的东西。提供垫料将有助于为婴儿在受到粗暴对待时提供缓冲。在引入过程中，保育员应保持冷静，为猩猩们营造和谐的氛围。在保育员附近藏一些雌性猩猩喜欢的食物，当需要将婴儿与雌性猩猩分开时，可以用食物将婴儿置换出来。尝试让雌性猩猩冷静下来，以改善它的行为。

必须在做引入之前给婴儿喂食，以防止母亲或养母在第一次与婴儿见面后的几个小时内不把婴儿带到隔网前接受饲养员的喂食。在这个过程中，雌性猩猩必须与它信赖的保育员待在一起，以最大限度地增加它的安全感，并降低它不把婴儿带到笼网旁边的可能性。在引入后，保育员应该按照引入前的饲喂时间表给婴儿喂奶。

3. 引入或再引入的后期监测

社群管理在引入之后并没有结束（见第五章）。一旦婴儿与雌性猩猩完全接触后，需要对它们保持关注，特别是计划以后把这两只猩猩和其他猩猩合并到一个更大的群体中时，这种持续关注尤为重要。除监测进展外，由值得信赖的保育员对处于压力状态的婴儿进行安慰也至关重要。必须注意不要分散或转移婴儿对雌性猩猩的注意力，但熟悉的保育员在旁边对引入很有帮助。

4. 成功的养母案例研究

威斯康星州麦迪逊市亨利·维拉斯动物园的执行园长 Ronda Schwetz 提供了以下关于猩猩养母方面的研究案例。

奶酪（Keju）是一只雌性婆罗洲猩猩，2015 年 4 月 9 日出生于美国威斯康星州麦迪逊市的亨利·维拉斯动物园。奶酪出生后，它的妈妈卡万（Kawan）表现出很好的母亲本能和行为，但是很快它变得昏昏欲睡，表现出身体不舒服，因此只能把卡万和奶酪分开。动物园的工作人员日夜轮班照顾奶酪，而卡万则在休养。为了模仿猩猩的毛，工作人员每个人都穿了一件特制的橙色背心。奶酪总是紧紧抓住背心，就像抓住卡万一样。只有在很少的情况下，工作人员需要暂时把奶酪轻轻地放在保温箱内一个填充的猩猩玩具上面。工作人员在奶酪父母的非展览区附近的走廊里对它进行了人工育幼。这意味着卡万和奶酪的父亲酋长（Datu）可以随时看到奶酪。

当卡万表现好一些的时候，工作人员把奶酪介绍给了卡万。不幸的是，尽管卡万对奶酪很感兴趣，但当奶酪大声叫或迅速走向它时，它却不知道该怎么办。因此，卡万不能很好地照顾奶酪。虽然工作人员能确保卡万和奶酪在一起度过一天中的大部分时间，但卡万从未试图去抱起奶酪，只是偶尔触碰一下它。这种缺乏兴趣的情况持续了 6 个多月（图 6.4）。

图 6.4　虽然父母都会对自己的孩子表现出极大的兴趣，但卡万并没有试图去抱
　　　　起奶酪（A），也无法好好照顾它。奶酪被介绍给它的父亲酋长（B）（供
　　　　图：E Petersen）

　　最后，工作人员决定把奶酪送到佐治亚州亚特兰大动物园，并介绍给一位养母。这是一个非常困难的决定。"Keiu"在印度尼西亚语中的意思就是"奶酪"，之所以选择这个名字，是因为威斯康星州被认为是乳制品州，麦迪逊市以生产威斯康星奶酪而闻名。

　　把奶酪引见给一位养母是一件正确的事情，这是提供给它的最高标准的动物护理，避免了轻率地将奶酪人工饲养到青春期。但是，如果没有猩猩母亲来抚养奶酪，可能会对它产生一些心理影响，影响它的发育。在亚特兰大动物园，奶酪的养母会给它一个成长的机会，同时可以学习自然的猩猩行为，在这里它们相处得很好。希望奶酪的故事能帮助动物园做出将婴儿送到其他机构的艰难决定。这样做的意义远远大于所失去的。

　　在动物园里，对猩猩生育进行全面的计划和准备是猩猩管理的一个重要方面。制订一个全面的生育管理计划将有助于指导机构做出最佳实践管理的决策。每一个在动物园出生的猩猩都是野生猩猩的大使。当动物园的游客看到一只带着孩子的猩猩时，有助于他们将野生动物和自然界与自己身边的日常生活建立联系。

第七章　猩猩的行为训练

第七章　猩猩的行为训练

　　猩猩在与人互动的过程中都在不断地学习。规范的训练就是设法教猩猩以人们想要的方式做动作或作出反应。正如第五章所述，猩猩相当聪明。给予猩猩一定的耐心和理解，它们能被训练胜任很多事情，极大地提高饲养管理水平，促进猩猩健康并提高它们的福利。

　　本章所讲的是何谓正强化训练，以及如何将正强化训练成功运用于猩猩。概述如何开展一项训练项目、"训练游戏"怎么玩，以及细述其他动物园已经训练成功的猩猩的各种行为。本章内容包括视频二维码，用手机扫描可以观看对应的训练视频，这些视频来自美国印第安纳州韦恩堡儿童动物园。

一、正强化训练的概念

　　正强化是指在猩猩完成期望行为后为它们提供强化物（通常是食物）。正强化使猩猩更愿意再次表达该行为。例如，如果触碰一只猩猩的头，随即给它一个食物作为奖励，通过不断去正强化这种行为，以后猩猩可能更愿意人们去触碰它的头，尤其是当它想获得一个奖励的时候。

　　也有其他策略可用于猩猩训练。包括从猩猩身边拿走东西以应对消极行为（负惩罚）；做一些猩猩不喜欢的事情以激起更多的正面反应（负强化）。但是，这些策略不是必要的，应该通过给猩猩喜欢的东西来教它们表达正确的行为，然后奖励它们的努力。这有助于饲养员与猩猩建立良好的关系，在动物园环境下更易于对它们进行管理。

二、正强化训练的作用

　　正强化训练能帮助饲养员与猩猩之间建立信任关系。与猩猩建立良好关系，在很多方面对照顾好猩猩是有帮助的，甚至可以节约管理的时间。以下是一些适用于动物园的正强化训练案例：

　　● **日常饲养管理：**能够帮助人们把猩猩从脏的笼舍转移到干净的笼舍，从而为打扫笼舍节省时间。实现猩猩单独饲喂，避免彼此间为食物争斗，有助于猩猩的日常管理和体重控制。

● **兽医诊疗**：训练猩猩能自愿接受采血、注射，以及展示身体的一部分以便接受检查。这样既减少了猩猩的应激和工作人员的数量，也可以减少类似麻醉等程序的应用，使猩猩可以在完全清醒的状态下执行操作。如果猩猩乐于参与，所有工作人员在兽医诊疗过程中会更加安全。如果猩猩愿意配合，则有可能不断改善对它们的医疗护理，从而延长它们的寿命。

● **教育项目**：通过观看训练项目，游客就知道猩猩有多聪明。人们也就可以理解猩猩和饲养员之间积极关系的好处，从而由衷赞赏它们的智商。

● **配合科学研究**：训练猩猩能自愿配合科学研究。之前用于认知行为研究的一系列益智玩具和工具，包括平板电脑，能安全地用于训练。

● **认知功能**：如果饲养员将训练加入饲养流程，会减少猩猩的压力，增加猩猩的满足感。积极认知并获得回报能减少猩猩的类似踱步、过度修饰等刻板行为。

三、关键术语和工具

启动训练项目的时候，学习和理解下列关键术语会很有帮助。有些术语在第一次看到时也许无法理解，但随着对本书其他章节的阅读，会对这些术语理解得更加透彻。

行为：这是让猩猩去完成的期望行为，也是想要的最终结果。这可以像接触球形目标一样简单，也可以像伸出手臂自愿接受采血一样复杂。

标准：要成功地表达预期的行为，必须看具体的条件。例如，如果该行为要求猩猩的手接触绳网（围网），标准行为可能是：①手指必须抓住网；②手掌必须面对训练员；③手掌必须平贴在网上。

桥：训练员肯定猩猩完成期望动作的一句话、一个声音或一个手势。无论何时猩猩达到标准，都要给桥，指示它们已经朝着期望行为更进了一步。当期望行为全部完成时给桥，告诉猩猩它们做得很好，很快会得到强化（如得到一个奖励）。称之为桥是因为这个信号可以在猩猩完成动作和获得奖励的短暂间隔间建立联系。

强化物：一种奖励。增加猩猩再次符合标准和/或表达行为的可能性。通常是一种猩猩喜好的食物外加语言的称赞，如"很好！"或者"很棒！"。

塑行：刚开始训练一种行为的时候，猩猩并不知道要做什么，反而会做出杂乱无章的动作，慢慢地达到标准，最终达成预期的行为。例如，训练一只猩猩去触碰它的头，开始也许它们把手臂举向空中，但通过给桥和强化这个最初的行为，可以让猩猩认识到它们正处于不断进步的过程中，并将沿着正确的途径最终完成期望行为。称之为塑行是因为人们将细微的杂乱无章的动作塑造成最终的期望行为。

训练回合：预设的时段或预设重复的次数。猩猩无法学会或没有进步，可能需要对训练计划进行调整，但在一个训练回合中，标准要始终如一。一个训练回合结束后，训练员评估猩猩的表现，并决定下一个训练回合是否加大行为难度或维持现有行为标准。

语言信号：命令猩猩完成特定行为的一个单词或口令。通常只说该行为，如"走""鼻子""耳朵"等。

视觉信号：形象化命令猩猩完成一个特定动作的一种手势或姿势。可能简单地亮出一个注射针管，让猩猩侧过肩膀接受注射，或者举起手，让猩猩展示它自己的手。

定点标记：标记人们希望猩猩去的地方或待在那里的物体。可以是展区内的一根简单原木，也可以是固定在笼网上的一个夹子。

目标物：训练员控制的鼓励猩猩去触碰的可移动的物体。可以是木棒上的一个球，一支激光笔，甚至是训练员的手。目标物也可以固定在笼子上。

下列工具可以用于训练项目：①响片。一种发出声音的物体。响片是一种小型的手持发声器，可以用它作为桥，提示猩猩顺利地完成某种行为。响片之后应伴随强化，通常是一种猩猩喜欢的食物。②哨子。可以发挥与响片同样的作用，同时可以解放训练员的双手，使训练员能够用手与猩猩互动。③激光笔。可作为目标物使用，其优点是能比手或其他实体伸到展区更远的地方。

四、训练第一个行为：触碰球

建立训练员与猩猩之间的信任是成功训练的必要条件。可能要花很长时间在日常照料过程中建立猩猩对训练员的信任。这种信任始于每天与猩猩一对一的相处，如用手喂它们食物，温柔地和它们说话，表现出你是它们的朋友。当一只猩猩信任训练员的时候，它会想取悦并谋求训练员的认可，这时如果有可口的食物作为奖励，它们会格外的积极。

教授一个简单的任务，如触碰球，是一个非常好的起始行为训练。用响片作桥来训练这个行为有五个简单步骤：

1. 引入桥

用响片发出一个声音，然后给猩猩一小块它爱吃的食物。如此重复多次。一旦猩猩听到响片的声音就表现出期待食物，说明已经成功引入桥，此时可以转入第二步。

2. 给猩猩展示球

如果猩猩不害怕，它可能会伸出手指触碰那个球。当它摸那个球时，训练员立即用桥发出一个声音，然后给猩猩一小块食物。务必每次把球放在猩猩手指附近，保证猩猩手指足以碰到，但又不能从训练员手里抢走球。当训练员每次拿起球猩猩都来触碰时，即可转入第三步。

3. 移动球

慢慢上下移动球。每次猩猩触碰球，训练员就用桥发出一个声音并给它一小块食物作为奖励。然后把球移远一点，看猩猩是否会一直触碰那个球。如果它没有触碰球，表明球被移动得太快。此时把球移回最初位置，让猩猩能够触碰到。当猩猩更有信心触碰到球的时候，把球移得越来越远，直到它理解了训练员的意图并且动作做得很稳定以后，则可以转入第四步。

4. 给训练员的新行为增加信号

选一个词作为某个行为的信号。训练员大声地说信号词去命令猩猩完成某个行为，如当训练员递出球的时候说"碰"。确保每次猩猩碰到球时都要给响片（或者其他桥），然后给猩猩一个食物奖励。这样几次以后，猩猩会把这个词和触碰球的动作联系起来。

5. 调整训练员的行为

猩猩可以稳定地做碰球这个行为以后，训练员可以开始优化这个行为。训练目标（训练员定的该行为的标准）是猩猩总是很温和地触碰球并且不会有攻击性。同时希望当训练员递出球的时候，猩猩能够快速做出反应。如果猩猩温和又快速地触碰球，就给一个声音作为桥；如果它很长时间才做出反应，就拍拍那个球，或者把球从训练员身边拿开，不给桥或不给食物奖励。当猩猩做到预期的行为，才给予表扬和食物奖励。这就是正强化！

如果猩猩在一个训练回合中没有理解饲养员的意图，此时应保持耐心，因为每一只猩猩都是独特的，会用不同方法学习。在训练过程中猩猩可能会受到自身或周围环境因素的影响，如猩猩所待的地方不舒服，身边有其他猩猩让它倍感焦虑，环境太热或者太冷，感觉累等。因此，在尝试训练之前，训练员需要确保猩猩处于学习状态。

在转换到复杂的行为训练之前，最好先训练非常简单的动作。例如，训练一只猩猩向训练员展示身体的一部分。按照上述细节去训练，但不是用球，而是用手指向猩猩的手、脚、肩膀等。经过一段时间以后，如果训练员的手指只是稍微移到猩猩身体某个部分的旁边，猩猩就懂得朝手指移动自己身体的那个部分，这时候手指已成为目标物。每当训练猩猩理解一种新的行为，它就能更好地理解训练程序，学习新行为也会更加容易。

可以尝试用激光笔作为目标棒训练猩猩，能达成优秀的行为。相比于一般的目标棒，激光笔能投射到更远的地方，促使猩猩移动得更远去触碰目标。这有助于猩猩运动和减重。如果激光笔训练用于面向游客的展区，游客可能反过来用他们自己的激光笔照射猩猩，因此建议激光笔训练只用于非展区。

五、训练游戏

学习基础正强化训练最轻松的办法是和同事一起做训练游戏（图 7.1）。例如，一个人当"猩猩"，另一个人当训练员。先把猩猩扮演者请到房间外听不见室内说话的地方，剩下的人决定要训练"猩猩"做什么。一旦决定了要训练的行为，即可要求"猩猩"回到房间。训练员开始给桥，强化"猩猩"完成期望行为。回到房间以后，猩猩扮演者要像猩猩一样做出各种各样不可预测的行为。如果猩猩扮演者站着不动，则训练员要塑造一些动作以达到预期的行为会相当困难。

图 7.1　2017 年 1 月来自美国加利福尼亚沙克拉蒙托动物园的 Janine
　　　　Steele 和洛杉矶动物园的 Megan Fox 与南京红山森林动物园的
　　　　员工在玩训练游戏

步骤 1：决定行为并开始训练

例如，训练员想让"猩猩"举起他的右手放在头上，而扮演猩猩的人不知道这个任务，他进入房间后必须把自己当作猩猩，行为举止像只猩猩。然后训练员开始强化他正确的行为，通常是提供猩猩爱吃的食物。

●"猩猩"进入房间，开始随意做一些动作。

- "猩猩"动左手——忽视。
- "猩猩"动右脚——忽视。
- "猩猩"稍微动一下右臂——给桥（响片，称赞）并强化（奖励）。
- "猩猩"又动了一下左臂——忽视。
- "猩猩"又动了一下右臂——给桥并强化。
- "猩猩"直直地举起右臂——给桥并强化。
- "猩猩"右臂径直伸向右侧——忽视。
- "猩猩"再次举起右臂——给桥并强化。
- "猩猩"举起右臂并且肘部弯曲到头上方——给桥并强化。
- "猩猩"右臂举向头顶并将手靠近头——给桥并强化。
- "猩猩"把右手放在头顶——给桥然后给一个大的奖励。

步骤 2：语言和视觉信号配合用于行为训练

可以用语言和视觉信号配合训练猩猩完成行为动作。这有助于"猩猩"精确理解训练员所要训练的行为。

在训练"猩猩"触摸他的头的例子中，假设语言信号是说"摸头"，而视觉信号是把训练员的左手放在自己的头上（镜像行为指令）：

- 说语言信号（"摸头"），与此同时给视觉信号（用左手碰一下头）。
- "猩猩"举起右臂——给桥并强化。
- 说语言信号（"摸头"），与此同时给视觉信号（用左手碰一下头）。
- "猩猩"举右臂到头上方——给桥并强化。
- 说语言信号（"摸头"），与此同时给视觉信号（用左手碰一下头）。
- "猩猩"举起右臂伸向身体其他地方——忽视。
- 说语言信号（"摸头"），与此同时给视觉信号（用左手碰一下头）。
- "猩猩"把右臂举过头顶并将手放在头上——给桥并重重地奖励（给大量同样的食物或者给更好的食物）。

步骤 3：熟能生巧

- 重复以上步骤，确保"猩猩"理解了行为和对应的信号。这可能要多次尝试，要求训练员要集中精力并且保持耐心。

六、训练其他有用行为的方法

对于早期开展的行为训练，串笼（使猩猩从一个区域移动到另一个区域）与和谐取食（2 只以上猩猩在一起吃食，没有出现攻击或者从地位较低的猩猩那里抢食的现象）都是好的行为训练项目。通过和同事一起玩训练游戏去训练这些行为，可以帮助理解猩猩会如何做出反应。这样有助于减轻训练猩猩时的挫败感。

1. 串笼训练

步骤 1：让猩猩靠近你
- 叫猩猩靠近你（如大声说"过来"）。说出它的名字效果更好。它们能识别名字并且理解训练员只是在喊它。
  - 猩猩靠过来——给桥并强化。
  - 往边上走几米然后让猩猩靠近你（如大声说"过来"）。
  - 猩猩靠过来——给桥并强化。
  - 重复上述步骤并确定猩猩理解了该行为。

步骤 2：增加猩猩需要靠近你的距离
- 稍微增加猩猩和训练员之间的距离。
- 叫猩猩靠近你（如大声说"过来"）。
- 猩猩靠过来——给桥并强化。
- 再增加距离然后让猩猩靠近训练员（如大声说"过来"）。
- 如果猩猩没有反应——等几秒然后再叫它。
- 猩猩靠过来——给桥并强化。
- 再次增加距离然后让猩猩靠近训练员（如大声说"过来"）。
- 如果猩猩没有反应——等几秒然后再叫它。
- 猩猩仍然没有反应。
- 稍微靠近它一点然后让猩猩靠近训练员（如大声说"过来"）。
- 猩猩靠过来——给桥并大大地强化。
- 小幅增加距离并重复上述步骤。

步骤 3：猩猩从一个区域到另一个区域成功串笼
- 站在希望猩猩串笼的房间前面，叫它靠近（如大声说"过来"）。
- 猩猩走到移门和圈舍之间（但没有靠近训练员）——给桥并强化。
- 再次叫猩猩靠近训练员（如大声说"过来"）。
- 猩猩坐在移门后——给桥并强化。
- 叫猩猩靠近训练员（如大声说"过来"）。
- 猩猩一直坐在移门后——忽视。
- 等待片刻。
- 叫猩猩靠近训练员（如大声说"过来"）。
- 猩猩朝新圈舍移动一小段距离，但手还抓着串门——给桥并强化。
- 叫猩猩靠近训练员（如大声说"过来"）。
- 猩猩不动——等待片刻再叫它。

● 猩猩移动一小段距离更加靠近训练员——给桥并大大地强化。

● 直到猩猩完全转移到目标笼舍并靠近训练员——给桥并用更多更好的食物大大地强化。

● 关闭串笼训练，然后进行多个渐进的步骤。

2. 和谐取食训练

和谐取食训练需要 2 个训练员和 2 只猩猩，这里描述为训练员 1（T1）、训练员 2（T2）和猩猩 1（OU1）、猩猩 2（OU2），其中 OU2 是强势猩猩，它会抢 OU1 的食物。

步骤 1：给每一只猩猩分别喂食

● OU2 离开 T2 靠近 OU1——T1 停止给 OU1 喂食且不理 OU2。

● T2 叫 OU2 回来。

● OU2 回到 T2 身边——2 个训练员再次给猩猩喂食。

● OU2 离开 T2 靠近 OU1。

● T1 停止给 OU1 喂食且不理 OU2。

● OU2 没有被叫就回到 T2 身边——2 个训练员再次给猩猩喂食。

● 继续上述步骤，直到 OU2 不再离开 T2 去打扰 OU1。

步骤 2：缩减训练员之间的距离

● T1 和 T2 靠近一些，继续给猩猩喂食。

● 重复步骤 1，直到猩猩都在吃食，而没有去打扰另一只。

步骤 3：持续缩减距离直到 2 只猩猩挨在一起

● T1 和 T2 靠近一些，继续给猩猩喂食。

● 重复步骤 1，直到猩猩都在吃食，而没有去打扰另一只。

不经训练马上让猩猩挨在一起和谐地取食是不太可能的。然而，和谐取食训练可以让这一切成为可能，即让强势的猩猩明白，只有其他猩猩吃到东西，它才有东西吃。

3. 定位训练

当内笼舍或展区有不止一只猩猩的时候，让每一只猩猩待在指定的位置（定位）对训练大有裨益。给多只猩猩喂食的时候，训练每一只猩猩待在不同的位置（不同定位上），可以阻止它们去抢其他猩猩的食物。如果更多强势猩猩被训练待在指定的位置上，能让弱势猩猩感觉更加舒适。

很多东西可用于定位标记。可以用笼舍里现成的地标，如一根木桩或吊床；也可以在笼网特定的位置安放一个彩色的夹子作为定位标记。基本的设想是每只猩猩都有自己的定位，只有待在定位上才被强化。如果猩猩离开自己的位置去打扰其他猩猩或者到处乱逛，那么它将被忽视。

扫描二维码，观看美国印第安纳州福特韦恩堡儿童动物园幼年猩猩定位训练的视频。

步骤 1：选择一个定位点

● 选择一个希望猩猩待的位置（如笼网上一个红色的夹子）。

● 训练员站在该定位旁边并大声说"定位"，告诉猩猩到定位的位置来。

● 猩猩不朝红夹子这边来——忽视。

● 训练员站在该定位旁边并大声说"定位"，告诉猩猩到定位的位置来。

● 猩猩走向定位——给桥并强化。

● 训练员站在该定位旁边并大声说"定位"，告诉猩猩到定位的位置来。

● 猩猩来到定位位置——给桥并大大地奖励。

步骤 2：在远处训练猩猩靠近定位

● 训练员大声说"定位"，告诉猩猩到定位的位置来。

● 无论训练员在其他地方做任何事（打扫卫生等）都这样喊。

● 猩猩没有朝红夹子移动——忽视。

● 训练员大声说"定位"，告诉猩猩到定位的位置来。

● 无论训练员在其他地方做任何事（打扫卫生等）都这样喊。

● 猩猩走向定位——给桥并强化。

● 训练员大声说"定位"，告诉猩猩到定位的位置来。

● 无论训练员在其他地方做任何事（打扫卫生等）都这样喊。

● 猩猩来到定位位置——给桥并大大地奖励。

步骤 3：重复并强化

● 等待片刻。

● 训练员再次大声说"定位"，告诉猩猩到定位的位置来。

● 猩猩走到夹子的位置——给桥并大大地奖励。

● 持续重复上述步骤，直到猩猩能随叫随到。

七、成功训练的步骤

训练可能是一个困难的过程，但按步骤进行就能取得最大的成功。

1. 投入时间

要在训练计划上投入时间才能取得成功。每天应至少花几分钟时间正式训练，强化已经训练成功的行为。时间长一些的训练回合可以每周进行2～3次，主要集中精力训练新行为。与猩猩的每一次互动，严格意义上来说都是一次训练，所以要保持自身行为与训练一致。注意，即使夜间收笼操作也应奖励听从指令回笼的猩猩。

2. 设定目标并且要有耐心

训练之前，应该写下想要和猩猩一起达成的目标。这些目标可能简单到一只猩猩允许另一只猩猩吃食、而不抢食；也可能复杂到让猩猩伸出手臂并配合静脉采血。每一只猩猩都要有仅属于自己的一系列期望行为目标。就像人一样，每个人都有自己的强项和弱项。

正如训练计划应有一系列希望达成的目标，每个训练项目也应有一系列希望猩猩完成的子目标。为了使每个训练项目获得成功，之前要有训练计划，明确训练过程中要用到什么，以及训练结束希望看到什么行为。猩猩每次保持注意力的时间长度也应予以考虑，如果猩猩难以集中精力，则应只做一些简单的行为然后迅速结束训练。如果猩猩没有做好接受训练的准备，施加压力太大可能给猩猩带来挫败感，这将得不偿失。很多时候，短时间专注的训练效果更好。

3. 兽医和营养师参与其中

猩猩为了得到奖励会乐意做一些事情，所以正强化训练能卓有成效。训练猩猩的时候要充分地利用常规的饲料种类，而不要提供独特的食物，但有时独特的食物能给猩猩带来惊喜。例如，为了让猩猩自愿接受打针或采血，只提供绿叶蔬菜无法达到训练目的，这有必要和营养师商量，在饲料配方中添加猩猩平时吃不到的食物用于训练。但要确保不要给猩猩提供有毒或不利于健康的食物。

也要和兽医商量训练内容以及训练的先后顺序。例如，一只猩猩可能有糖尿病，则训练它进行血糖监测和手指扎针就比简单的剪指甲要高度优先。如果一些行为需要兽医来完成，就让他们作为积极的参与者加入训练项目。如果兽医预先没有参与训练而突然出现，猩猩会认为情况反常，导致害怕从而降低配合的程度。

八、处理非期望行为的方法

猩猩有时会做非期望行为。在许多情况下，这些行为能通过训练矫正。阻止非期望行为最轻松的方法就是简单忽视。例如，一只猩猩朝饲养员吐口水，可以通过不做出反应并走开的办法降低猩猩吐口水的发生率。但有些行为处理起来非常困难。例如，猩猩敲玻璃吸引人的注意，而游客的尖叫和反应又无意地强化了这种行为，进而鼓励猩猩反复敲。

以下是处理非期望行为的方法指南：

● **改变动机**：如果猩猩训练前喂了很多食物，那么训练的时候对食物奖励就不会有反应。这种情况下，可能要减少猩猩日常饲料量，或者训练过程中喂部分饲料作为奖励。如果用普通饲料作为强化物，猩猩可能不是很渴望训练，因为这类饲料它每天都能吃到。相反，应只在训练过程中提供新奇的或猩猩认为更可贵的（特别美味的）食物。

● **训练暂停**（罚时出局）：如果猩猩一直做非期望行为，训练员应不做出反应保持 2～3 秒，告知猩猩刚刚完成的行为反应不正确。保持不与猩猩互动，直到该行为停止。中途训练员也许需要离开片刻再回来，但回来以后应尝试训练一些简单的动作，让训练回到正轨。

● **训练不相容行为，改变行为方向**：如果猩猩在做非期望行为，那么可以训练一种替代行为，这种替代行为是不能和该非期望行为共同表达的。例如，如果猩猩用石头敲打玻璃，就训练猩猩给交出石头。猩猩交出石头后得到了奖励，它放弃了石头，也就不能再敲打玻璃了。但在多岩石展区，猩猩可能会翻遍展区找到每一块石头来交换食物。

● **排除非期望行为**：强化除不良行为以外的一切行为。例如，如果猩猩手淫，转移它的注意力，训练"触碰"行为。要求它做其他行为，就像人白天到处走一样。每次看到猩猩手淫，把它叫过来，快速地训练 1～2 个行为，让它分心，停止非期望行为。在一整天的工作时间内，都要强化猩猩的其他行为。

训练改变猩猩的行为方向、消除非期望行为时要谨慎。如果猩猩专注于奖励，应避免猩猩去做非期望行为来吸引训练员的注意。但要保证不破坏与猩猩建立的信任和亲密关系。

九、行为训练的成功案例

这一部分列举了到目前为止动物园已经成功训练猩猩的一些普通行为。依照类似的模型，列举的所有行为都能被训练。

1. 饲养管理

● 从一个区域向另一个区域串笼，如从室外展区到室内展区，或者为了方便打扫卫生而串笼。

● 和谐取食，即一起吃食而不争抢。

● 激光笔目标棒，即向展区远处移动和触碰激光投射点。

● 定位，即按要求让猩猩接近并待在特定的位置。

● 交换，即按要求让猩猩交出一个物品，如垃圾、掉落的手机。

● 收集尿液，即让猩猩尿到一个杯子里或按照训练员的指令排尿以便于收集。

● 站立和坐下，如让训练员能够检查猩猩的躯干。

 扫描二维码，观看韦恩堡儿童动物园的腾库（Tengku）在饲养员的要求下站立和坐下的视频。

2. 展示身体特定部位

扫描以下二维码，观看美国韦恩堡儿童动物园训练猩猩展示身体部位的视频。

展示耳朵
（监测内耳温度）

张嘴
（口腔检查）

展示喉囊
（评估呼吸系统健康状况）

展示雌性生殖器
（评估妊娠期外阴肿胀程度）

展示牙齿
（进行刷牙）

展示脚和脚踝

3. 兽医护理

扫描以下二维码，观看兽医护理训练的视频。

自愿接受采血
（成年雄性）

自愿接受采血
（幼年）

酒精擦拭和钝针脱敏

自愿接受打针　　　　　　自愿接受打针　　　　　　雾化吸入
（成年雌性）　　　　　　　（幼年）

其他以医疗为目的的行为训练案例：

- 自愿接受精液采集。
- 自愿接受鼻拭子采集。
- 自愿接受耳拭子采集。
- 自愿接受阴道拭子采集。
- 自愿接受测血压。
- 自愿接受超声波检查。
- 自愿接受伤口冲洗。
- 自愿服药。
- 自愿听诊。

4. 母性培养训练

以下是以母性培养为目的的行为训练。参考第六章"制订母性训练计划"的相关内容。

- 展示乳头。
- 展示腹部。
- 捡起并抱住婴儿。
- 把婴儿置于笼网边。
- 把婴儿置于乳头边。
- 把婴儿置于适当位置以隔着笼网接受奶瓶哺乳。

十、开发训练项目的步骤

动物园可以参考以下步骤开发训练项目：

1. 设定目标

确定想要训练的行为。

2. 明确标准

确定预期行为的奖励标准。

3. 执行计划

开始训练；建立桥并强化预期行为。

4. 记录训练回合

在训练日志中记录训练进展。

5. 评估训练进展

对于完成目标行为来说，确定有效和无效的训练方式。

6. 调整训练步骤和目标

适当地改变训练计划以增加成功机会。

为了始终与猩猩保持清晰而诚实地沟通交流，应做到：

- 训练员的行为应有明确的标准。
- 要专心，确保训练员在准确的时机给桥和正强化。
- 永远不要欺骗猩猩，这会破坏它们对训练员的信任并对训练懈怠。
- 注意训练员的身体语言，不要表现出愤怒和恐吓。
- 注意猩猩的身体语言，读懂它们的行为，理解它们的情绪。

以下三项原则将造就快乐猩猩和快乐训练员：

- 控制环境而不是控制猩猩。
- 应用视觉提示使训练更容易。
- 把握好强化物使猩猩认为值得为完成期望行为而付出努力。

第八章

猩猩的丰容

本章解释了什么是丰容，以及为什么丰容对猩猩的生活和福利至关重要。同时提供了不同类型的丰容案例，展示了经过各动物园实践的新颖而有效的丰容创意。

一、丰富的概念及重要性

丰容是指为圈养动物提供的能鼓励它们参与的，与它们在野外的行为和环境相关联的活动。

对于像猩猩这种聪明和富有好奇心的物种来说，丰容尤为重要。猩猩在各种异常复杂的野生情境下展现出了它们的认知能力，如寻找食物、回忆果树的位置。然而，在圈养条件下，它们大部分需求都已得到满足。如果没有丰容来帮助运用和刺激猩猩的智力，许多猩猩会出现不良的、可能是有害的刻板行为，包括来回踱步或打转，过度理毛或拔毛，摇摆，或具破坏性的行为。不是所有这些行为都是刻板行为，有些可能是在压力面前试图冷静下来的行为（如摇摆），也有些可能是它们对预期的即将发生的事情所表现出来的行为（如等待食物时一只猩猩在笼舍门口踱步）。然而，这些行为的出现常常被归因于无聊。

心理健康就像身体健康一样重要，两者紧密相连。因此，丰容不是可有可无的选项，而是猩猩日常管理工作中基本且必要的组成部分。

二、感观丰容

感观丰容包括视觉刺激、听觉刺激、触觉刺激和嗅觉刺激。

1. 视觉刺激

可以考虑用镜子、视频和气泡来提供视觉刺激。美国动物园里的许多猩猩在睡觉前都会在电视上观看动画片。当饲养员准备结束一天的工作离开时，看电视会让猩猩保持忙碌和娱乐。美国许多动物园还使用无毒的儿童泡泡剂，即使在不需要饲养员看护的情况下，也可以让猩猩吹泡泡玩（图 8.1），且泡泡剂很经济。

2. 听觉刺激

听觉刺激可能包括音乐、口哨和乐器。有些猩猩也许爱听古典音乐，而另一些猩猩可能更喜欢摇滚乐，所以可以给它们播放不同类型的音乐。一些动物园甚至会邀请演奏者为猩猩演奏。在美国明尼苏达州圣保罗市的科莫公园动物园及音乐学院（Como Park Zoo and Conservatory），一名志愿者有时会去给猩猩演奏竖琴（图 8.1）。

图 8.1　美国动物园里的感观丰容。A. 佛罗里达州迈阿密市的丛林岛（Jungle Island），
康妮（Connie）在享受气泡（供图：J Hogg）；B. 田纳西州的孟菲斯动物园
（Memphis Zoo），奇奇（Chickie）在毯子下面（供图：F Peters）；C. 阿肯色州的
小石城动物园（Little Rock Zoo），班达尔（Bandar）喜欢在雪地里玩耍（供图：
小石城动物园）；D. 南卡罗来纳州的格林维尔动物园（Greenville Zoo），饲养员
给了鲍勃（Bob）一堆树叶让它玩（供图：格林维尔动物园）；E. 俄亥俄州的哥
伦布动物园（Columbus Zoo），卡丽（Khali）藏在一个麻袋下面（供图：C
Weaver）；F. 明尼苏达州圣保罗市的科莫公园动物园及其植物温室，志愿者 Terri
Tacheney 为猩猩演奏竖琴（供图：M Elder）

3. 触觉刺激

触觉刺激应该包括新奇的和各种不同的材质触感。试着给猩猩提供柔软和
粗糙的织物，如旧丝绸衣服或粗麻袋。旧衣服可能会被猩猩用作筑巢材料，但

要注意不要特意给猩猩穿衣服，因为这会给人们一个错误的印象，即猩猩是供人类娱乐的。在美国佛罗里达州沃奇拉的大猿保育中心（Center for Great Apes），护理人员会去掉杂志和旧书籍上的所有订书钉和附带物后才给猩猩阅读。还可以提供各种巢材，如稻草、毛毯和碎纸片。在冬季，可以考虑把雪放在室内展区，让猩猩玩雪。在秋季，可提供成堆的、嚓嚓作响的干树叶供猩猩玩耍（图 8.1）。

4. 嗅觉刺激

可以试着点蜡烛或香熏——但一定要放在猩猩够不到的地方，并且对明火一定要进行监管。也可以在布或纸上滴一两滴精油。也可以通过多种方式提供香料和药草，新鲜的药草可以成为美味的小吃，而干燥的药草可以撒在展区四周，在不同的地点提供香味。也可以喷香水，但要保证香味不要太浓烈。重要的是，猩猩可以选择避开任何它们觉得不舒服或不愉快的丰容。

三、食物丰容

通过食物来提供丰容是另一种为猩猩一天的生活增添变化的简单方式。试着尽可能多地用不同方式提供食物，并将其隐藏在展区周围。不要将全部的食物递给猩猩，这会消减它们的自然觅食本能。寻找食物也会促使猩猩运动，帮助它们控制体重。

试着用冰块把猩猩的一些食物冷冻起来。猩猩需要破开冰块才能获得食物，这可能使它们学会更快融化冰块的方法，如把冰块放在水中或太阳下。千万不要把猩猩的全部食物都冷冻在冰块里，因为这可能会导致它们严重的饥饿、沮丧和破坏行为。只需要冷冻最美味、最有吸引力的食物来增加其取食动机。

也可以将猩猩的一些食物榨汁或混合，作为饮料或冷冻后作为冰棒。这对年长、牙齿少或咀嚼困难的猩猩特别有帮助。建议饲养员试着品尝这些饮料，来判断猩猩是否会喜欢。

为了避免无聊，可以使用季节性食物代替常规食物。第九章提供了可供选择的食物清单。为了增加新的口味和兴趣，可将橙子或其他柑橘类水果榨汁后淋在猩猩的食物上，但一定要提前测试，以确保它们喜欢这种味道。提供新鲜、无毒的树枝叶，可帮助猩猩消化和促进它们的筑巢技能。这些枝叶可以散放在展区四周，让猩猩自己去收集。

竹子在任何丰容项目中都是很好的一个选择，在中国各地都很容易找到。竹筒的中空部是填充水果和坚果的理想部位；用树叶或纸堵住竹筒两端，确保食物不会轻易掉出。竹子也可以用来做掏取食物的容器，如往竹筒里灌少量蜂蜜或花生酱，让猩猩用棍子或手指把食物挖出来。也可以用硬纸筒来代替竹子（图 8.2）。

图 8.2　美国动物园里的食物丰容。A. 佛罗里达州迈阿密市的丛林岛，南瓜（Pumpkin）与展区内放在很难够到的地方的枝叶互动；B、C. 在一周的其他日子里，南瓜会收到塞在硬纸筒里的食物和冷冻在冰块里的部分蔬菜；D. 华盛顿特区史密森国家动物园（Smithsonian's National Zoo），凯尔（Kyle）吃着用蔬菜汁制成的冰棒（供图：E Stromberg）；E. 诺福克市的弗吉尼亚动物园（Virginia Zoo），索拉里斯（Solaris）用南瓜庆祝万圣节（供图：弗吉尼亚动物园）；F. 堪萨斯州的塞奇威克县动物园（Sedgwick County Zoo），潘吉（Panji）正在吃时令西瓜（供图：D Decker）

四、环境丰容

环境丰容是一种为猩猩提供的最通用的丰容方式，是通过改变环境来让猩猩的生活空间更有趣。

消防水带是猩猩饲养员最好的丰容材料。它非常结实且不易坏，是欧美动物园最常用于给猩猩打造"丛林展臂攀荡"空间的材料。应尽可能经常改变消防水带的布局，以保持空间的趣味性。不要用绳索代替消防水带，因为绳索会造成窒息危险，特别是对幼小的猩猩。在悬挂消防水带时要小心，避免猩猩不小心勒到或伤害到自己。

扫描二维码，观看如何编织吊床的视频。消防水带也可以用来制作各种形状和尺寸的吊床和喂食器。2011 年 10 月，在英国利姆普尼港举行的环境丰容课程中，学员们学习了如何编织消防水带，去搭建一个吊床，用于灵长类动物的丰容。

在炎热的天气里，水盆可以为猩猩消暑降温。可以安排一个特殊的"水浴"日，添加一些无毒泡泡浴，再为猩猩提供硬毛刷来玩耍（图 8.3）。比起猩猩喜欢玩水，游客可能更喜欢看它们戏水。但是，有一点非常重要，猩猩不会游泳，所以千万不要给它们提供过深的水盆，因为这可能会有溺水的危险。千万不要给带幼仔的猩猩母亲或年幼的猩猩提供水池，水浴丰容只适合提供给成年猩猩。

纸箱和大纸筒可以为猩猩提供很好的藏身之处。在提供给猩猩之前，一定要去掉所有的纸钉。悬挂在展区周围的纸带也可以添加新的颜色和新的材质，猩猩喜欢移动这些纸带并按照自己的喜好"重新装饰"（图 8.3）。

扫描二维码，观看美国南卡罗来纳州格林维尔动物园里的猩猩享受纸箱（左）和浅水池（右）的视频（视频来源：J Stahl）。

图 8.3　美国动物园里的环境丰容。A. 佛罗里达州迈阿密市的丛林岛，花生（Peanut）正在享受泡泡浴；B. 丛林岛的杰克（Jake）在消防水带上荡秋千（供图：L Jacobs）；C. 加利福尼亚州的洛杉矶动物园（Los Angeles Zoo），贝拉尼（Berani）藏在一个纸箱里（供图：洛杉矶动物园）；D. 佐治亚州的亚特兰大动物园（Zoo Atlanta），杜马迪（Dumadi）在玩纸链（供图：L Yakubinis）；E. 华盛顿州西雅图市的林地公园动物园（Woodland Park Zoo），哥戴克（Godek）和圣诞节打包好的礼物盒待在一起（供图：C Sellar）；F. 得克萨斯州韦科市的卡梅伦公园动物园（Cameron Park Zoo），穆卡（Mukah）正在玩篮球（供图：L Klutts）；G. 丛林岛的杰克（Jake）泡在浴盆里（供图：L Jacobs）

五、操作丰容

　　操作丰容要求猩猩展现它们天生的解决问题和使用工具的能力。操作丰容常常作为食物丰容的一个补充部分，如当猩猩不得不使用工具（如棍子）从很难够到的地方获取食物。美国纽约罗彻斯特市的塞内卡公园动物园（Seneca Park Zoo）的案例研究（见第八章）就描述了一个食物丰容和操作丰容相结合的例子。本部分主要介绍不一定包含食物奖励的操作丰容。

美国动物园里的大多数猩猩都被鼓励去画画。绘画给它们提供了一种与饲养员互动的有趣方式，可以向公众展示它们的智慧，并通过使用工具来操控它们的环境。人类儿童用的无毒可水洗颜料是绝对可以给猩猩使用的，即使它们吃进一些，也不会有伤害，而且它们吃颜料的可能性很小。

大多数猩猩用手指画画。管理员把不同颜色的颜料瓶排成一行放在展区隔网前，猩猩指向它们想要使用的第一种颜色，饲养员会把对应的颜料喷到画布上，并把颜料瓶拿开。然后猩猩指向它们想要使用的下一种颜色，饲养员重复刚才那些动作，直到猩猩选择了3～4种颜色。之后，饲养员将画布放在猩猩前面，注意要确保猩猩够不到画布的边缘。猩猩就会用它们的手指来回涂抹那些喷在画布上的颜料，创作有趣的图案。在一些动物园，为了提高安全性，猩猩被鼓励用棍子作画。在美国得克萨斯州韦科市的卡梅隆公园动物园，一只有吐口水问题的猩猩通过正强化训练（见第七章）学习将颜料吐到画布上（图8.4）。这就把一种破坏性的、消极的行为变成了积极的行为，这种行为可以得到食物的回报，并产生了一些美丽的画作。许多动物园会向公众出售这些画，收益用于猩猩保护或为动物园里的猩猩购买更多的丰容物品。这是一种将绘画

图 8.4　美国佛罗里达州迈阿密市丛林岛的猩猩用一根连接在长塑料管上的画笔作画（A）。在长塑料管中部安装另一根水平的管子，可防止猩猩把塑料管拉进展区并接触颜料，同时可以让饲养员将画布保持在展区隔网的安全距离处（供图：L Jacobs）。得克萨斯州韦科市的卡梅伦公园动物园，凯拉贾恩（Kera jaan）被训练向饲养员手中的画布上吐颜料（B）。饲养员会在画布上贴蜡纸模板，以便颜料可以形成不同的形状如心形，使这些画作更具吸引力（C）。绘画作品的销售收益将用于支持动物园的保护计划（供图：L Klutts）

与保护教育相结合的很好的方式（见第十一章）。

大多数动物园都会自己制作"益智"丰容设施（与动物园内的后勤部门合作）。在美国密苏里州的堪萨斯城动物园（Kansas City Zoo），饲养员和后勤人员一起搭建了一个互动式的"戏水板"，供猩猩玩耍（图8.5）。他们用承重板材铺了一大块方形木板。然后，将攀岩手柄放在每块木板孔之间，这样猩猩就可以左右移动手柄。最后，他们在最上面的一块木板上钻了几个小孔，用铜管把每个孔连接到一个橡胶软管上。当打开水管后，水会从每个孔中流出，猩猩可以通过将攀岩手柄放置在自己认为合适的位置来改变水流方向。对于年轻的或性格温和的猩猩，戏水板可以用螺栓固定在展区隔网的内侧；对于体型更大或更具破坏性的猩猩，戏水板则可以放置在展区外，猩猩可以使用长棍够到并控制手柄。

图 8.5　美国密苏里州堪萨斯城动物园的"戏水板"（A）；猩猩移动手柄来改变水流方向（B）

　　　　　扫描左侧二维码，观看猩猩给游客"洗澡"的视频（视频来源：卡梅隆公园动物园）。在美国得克萨斯州韦科市的卡梅隆公园动物园，猩猩可以在它们的展区里按下一个按钮，打开淋浴，给展区外的游客"洗澡"。游客们淋湿时的反应让猩猩非常开心，它们很享受这种体验。这也与保护教育相关（见第十一章），这为游客提供了一种与猩猩之间的情感联系。

　　扫描右侧二维码，观看猩猩玩游戏和获取食物的视频（视频来源：B Sheets）。在美国纽约州罗彻斯特市的塞内卡公园动物园（Seneca Park Zoo），饲养员和后勤人员共同为猩猩制作了一个简单的益智游戏设施。

六、社群丰容

虽然猩猩在野外大多独居，但它们在动物园里往往是群居的，也喜欢彼此的陪伴。单独圈养一只猩猩是完全可以的，但是需要做出更多的努力来确保它有事可做，以及它的认知需求能得到满足。为了替代其他猩猩的陪伴，一些动物园引入了物种混养展示，为猩猩提供了新的丰容方式。在新加坡动物园（Singapore Zoo），猩猩和一群亚洲小爪水獭舒适地生活在一起。在多家动物园里，猩猩和长臂猿［如英国的泽西动物园（Jersey Zoo）］或合趾猿［如澳大利亚的阿德莱德动物园（Adelaide Zoo）］饲养在一起。但要注意，应确保展区可以饲养这些机敏的、体型较小的猿类。

　　　　扫描二维码，观看美国俄亥俄州的辛辛那提动物园和植物园（Cincinnati Zoo and Botanical Garden）中生活在同一展区里的长臂猿和猩猩的视频（视频来源：辛辛那提动物园和植物园）。

除最初的准备时间外，本章提出的大部分丰容方法都不需要饲养员投入很多精力，因为猩猩可以在饲养员忙于其他事情的时候自娱自乐。然而，最好的丰容方式是花时间和猩猩待在一起。猩猩喜欢与饲养员和游客互动，我们不应该认为这是浪费时间。将丰容包含进日常工作中的一种方法，是将丰容与训练相结合，建议使用激光笔来训练猩猩去触碰它们身体的某些部位（见第七章），也可以用这种方法训练猩猩攀爬并移动到展区中较远的地方。这是一种很好的可以激励年老或懒惰的猩猩充分利用生活空间的方式。也有其他的社群丰容方式，如在南京市红山森林动物园，饲养员会训练猩猩刷牙，以提高它们的口腔卫生；在美国，饲养员经常使用无氟儿童牙膏（对猩猩无害）来鼓励猩猩的刷牙行为。

七、成功的丰容

为了确保丰容计划成功，动物园里所有工作人员都需要参与进来，包括饲养员、主管和相关领导。每个人都应该提出自己的丰容想法以及实现这些想法所涉及的内容。

要确保丰容不是一成不变的。改变丰容方法来防止丰容内容被猩猩预测是至关重要的。猩猩对新的、令它兴奋的丰容最感兴趣，但如果同样的丰容提供太频繁它们会很快厌倦。为了实现丰容多样化，准备一个丰容日程表可能会有所帮助，可以在每周或每月的不同时间安排不同的丰容项目。丰容日程表也将有助于确保饲养员不会忘记提供丰容，或过于频繁地提供相同类型的丰容。表8.1显示了佛罗里达州迈阿密市丛林岛的丰容日程表。

表8.1　佛罗里达州迈阿密市丛林岛的丰容日程表

时间	丰容项目						
	周一	周二	周三	周四	周五	周六	周日
09:00	枝叶	气泡	香料和药草	分散食物	竹筒中的食物	音乐	绘画
12:00	冰块中的食物	刷子和梳子	刷牙	几盆水	篮球	镜子	网球
15:00	盒子	戏水板	粉笔	益智取食器	松果	喷水器	竹子
17:00	视频	碎纸片	音乐	冰棒	纸带	落叶或雪	旧书和杂志

成功的丰容必须是安全的。在给猩猩做丰容前，一定要仔细检查，避免任何可能造成伤害的物品，如绳子可能会缠绕住猩猩；有些物品可能会被猩猩用作武器来伤害其他个体；有些物品可能会被猩猩用来破坏展区甚至逃逸。猩猩非常喜欢拆卸，所以要确保所有的螺母、螺栓和螺钉都牢牢地固定。特别要注意，小型物品（包括食物）可能会造成猩猩窒息，水可能会导致猩猩溺亡。

八、建一个自己的白蚁丘

来自美国纽约州罗彻斯特市的塞内卡公园动物园的饲养员 Brian Sheets 与动物园内的后勤部门合作，在猩猩外展区建造了一个混凝土"白蚁丘"（图8.6）。白蚁丘可以鼓励猩猩使用工具的自然行为。

先用 4♯ 钢筋（螺纹钢筋）、钢质门和角铁搭建一个框架。门是饲养员的入口（门必须与框架齐平，以防止损坏），用两个螺栓固定，配挂锁。把带螺纹管口的 PVC 管插在钢筋框架中，通向白蚁丘内部。螺纹管口一侧朝向白蚁丘内。

钢筋框架上铺设钢丝网，其次是粗麻布，然后用几英寸（1英寸≈2.54厘米）厚的混凝土覆盖白蚁丘。混凝土覆盖两层工，第二层上色，使白蚁丘看起来更真实。

购买可以旋拧在每个 PVC 管末端的盖子。因为白蚁丘上有 7 根管子，所以购买了 2 倍的盖子，以确保盖子的数量足够，也方便提前准备好各种食物进行更换。然后在每个盖子内填充对猩猩有吸引力的丰容食物，如无糖果冻、燕麦片或冷冻水果，然后把盖子拧到 PVC 管子上。提供的食物要求是流质的，或是冷冻的，这样增加了猩猩获得食物的难度，可以保证它们花相当多的时间来获得奖励。

图 8.6　美国纽约州罗彻斯特市的塞内卡公园动物园建造的白蚁丘及插在其中的 PVC
　　　　管（供图：B Sheets）

当白蚁丘填充食物后，要确保展区里有木棍或树枝。但已经观察到猩猩曾用芹菜、硬纸板甚至布去试图获得藏在白蚁丘里面的食物。

　　　　　　　　扫描二维码，观看动物园里 3 只猩猩用棍子在白蚁丘里"钓"食物的视频。

丰容计划会使所有相关的动物和人都受益。猩猩会接受来自这些丰容活动的挑战，可以保持它们的心理健康。饲养员明白他们正在为自己照顾的猩猩提供刺激物，防止它们无聊。当动物园的游客看到猩猩展现它们解决问题的技能时，也一定会非常欣喜。一个好的丰容计划可以让所有人得以一窥这些聪明的动物具有的高智商。

第九章

猩猩的营养

在动物园，动物的食物组成应该和它们在野外所采食的食物相类似。野生猩猩的食物以水果为主，所以动物园里往往会给它们饲喂大量人类所食用的种植水果，但购买的水果和猩猩在雨林里所吃的野果是不一样的。为了保持猩猩的健康，食物的营养含量应类似于它们在野外的食物，而不是单纯追求食物外表的相似。包括猩猩在内，很多物种的健康问题，如心脏病、肾病、癌、糖尿病、牙病以及肥胖症，都归因于不当的日粮。这些问题都可以通过选用本地供给的食物配制出猩猩的健康日粮来避免，即便这些食物是猩猩在野外吃不到的。

本章讲述了猩猩在野外吃什么以及它们消化系统的解剖学结构。列出了动物园的猩猩可以吃和不能吃的食物，同时提供了两种专门为中国动物园设计和配制的猩猩日粮。并且说明了怎样让猩猩适应新的日粮，以及在饲喂猩猩时需要注意的细节，简略介绍了如何促进猩猩减肥并确保其维持在健康体重的范围内。本章还给出了猩猩的血清营养浓度基准值，以供兽医评估猩猩的营养健康状况。

一、野生猩猩的食物

在野外，猩猩主要吃水果，但也吃树叶、树皮内层、花和昆虫。尽管对猩猩的研究已经有 50 多年，但很少见到野生猩猩食肉，野生苏门答腊猩猩被观察到食用肉类仅有数次，而婆罗洲猩猩只记录到一次食用肉类。

猩猩的消化系统适用于采食和消化以植物为主的食物，且这些食物纤维素含量很高，糖含量很低。纤维素是猩猩饮食中一种非常重要的营养物质，而动物园的日粮中纤维素含量普遍太低。人们经常把猩猩和人类进行比较，给它们吃与人类相似的食物，但猩猩利用纤维素的方式与人类完全不同。人类不能吸收或消化纤维素，所以纤维素仅能产生饱腹感，以及在消化道中发挥促进食物、寄生虫和毒素移动，并保持消化物中水分含量以防止便秘或腹泻的作用。尽管猩猩也以这些方式利用纤维素，但它们还依赖纤维素发酵来产生大量日常所需的能量，这种消化方式更像马。与马一样，猩猩的大肠是纤维素发酵的部位，可以容纳大量的纤维素（图9.1）。

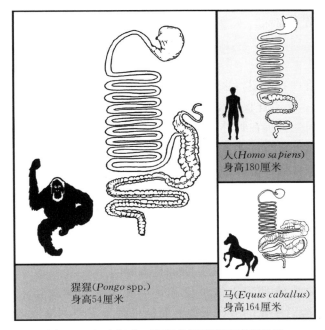

人(*Homo sapiens*)
身高180厘米

马(*Equus caballus*)
身高164厘米

猩猩(*Pongo* spp.)
身高54厘米

图 9.1　与人相比，猩猩的胃肠道更接近于马

　　野生猩猩的食物含糖量很低，而圈养情况下猩猩的食物含糖量却很高，包括水果和乳制品所含的糖分，这些糖分会破坏猩猩正常的消化机能。糖会使猩猩上瘾，导致它们对含糖食物吃得过多。持续提供富含易消化糖的食物可能会增加猩猩个体超重甚至肥胖的风险，这可能导致继发性健康问题（如关节炎、心脏病、糖尿病、不孕），还会扰乱发酵纤维素所需的微生物群落，而微生物所产生的酸性物质也会对猩猩的消化道造成损伤。

二、可以提供给猩猩的食物

　　本部分将概述应列入猩猩日粮的适宜食物。多样化是均衡饮食的关键，所以选择多种不同的食物将降低猩猩营养缺乏的风险。

1. 水

　　水对于任何动物来说都是最重要的营养物质，所有物种因缺水而导致死亡的速度都会比因其他任何营养缺乏而导致死亡的速度快。为防止缺水，猩猩应可以随时不受限地饮用新鲜、清洁的水。可以通过水瓶、水箱或连接到水管上的饮用水装置来给猩猩供水。每天清洗装水的容器很重要，可以防止细菌生长或其他疾病。缺水的猩猩更容易便秘和皮肤干燥，也可能导致肾结石以及肝脏、肌肉和关节的损坏。不应该在饮用水里加盐，因为这会加剧脱水。

2. 蔬菜

很多饲养管理者希望将水果和蔬菜作为唯一的营养来源，为猩猩提供更加"天然"的日粮。笔者建议85%～90%的猩猩日粮应该由本章所记录的蔬菜和树枝叶组成。虽然猩猩在野外主要吃水果，但这些野果和人工种植的水果完全不同。猩猩在野外采食的水果在营养成分上更接近于茄子或南瓜，而不像苹果、葡萄等木本植物的果实。

按照营养成分可以将蔬菜分为绿色蔬菜（A组）、低淀粉蔬菜（B组）和高淀粉蔬菜（C组）（表9.1）。可以尽可能多地提供给猩猩多种A组蔬菜，以增加日粮中的纤维素含量。也可考虑大量提供B组蔬菜，而C组蔬菜应控制在蔬菜总重量的10%以下。大量的绿叶蔬菜和低淀粉蔬菜会在不增加过多热量的情况下产生饱腹感，并增加猩猩的觅食时间。

一般来说，应给猩猩提供带皮和带内瓤（核）的蔬菜。去掉皮和内瓤（核）可能会去除纤维素的潜在来源；而如果蔬菜需要剥皮或者需要处理后才能吃，也会给猩猩一些事情可做。但是，一些核或者表皮有毒的食物（如鳄梨），应在喂食之前去掉有毒部分，以防致病。对于幼年猩猩，小块的纤维化表皮或是核（如杧果核）可能有窒息的危险。如果对食物的安全性存在疑问，就不要饲喂。

熟的食物，特别是来自C组的食物（如山药、马铃薯），所含的易消化糖分比不熟时多。提供给猩猩的所有食物都应该是生的，以尽量减少易消化糖的含量，只有特殊需要时才会煮熟。例如，有牙齿问题的猩猩或身体状况较差的老年猩猩，把食物煮熟可能有助于提高它们对营养物质的摄取量。北京动物园的猩猩胖胖吃的水果和蔬菜都会在微波炉里加热软化，因为它缺少很多颗牙齿，无法咀嚼硬的食物。

表9.1　猩猩食物分组

A组：绿叶蔬菜	B组：低淀粉蔬菜	C组：高淀粉蔬菜
卷心菜	西兰花	甘薯
黄瓜	花椰菜	南瓜
西芹	番茄	马铃薯
菠菜	藕	豆薯

（续）

A 组：绿叶蔬菜	B 组：低淀粉蔬菜	C 组：高淀粉蔬菜
空心菜	水萝卜	山药
大白菜	洋葱	嫩玉米
苋菜	茄子	毛豆角
生菜	甜椒（柿子椒）	
莴笋	笋	
蒜薹	圣女果	
蒜苗	胡萝卜	
小白菜		
娃娃菜		
甘蓝		
茼蒿		
油麦菜		
甘薯秧		

3. 植物

只提供市场上可获得的水果和蔬菜（人工培育的果蔬）不可能满足野生猩猩对纤维素的需求。带叶的树枝（无毒）和苜蓿草是非常好的食物，可以提高猩猩日粮中的纤维素含量，应全年尽可能多地提供这类食物。猩猩可以自由采食苜蓿草，不过它们需要吃草的茎部（而不仅是叶子）才能获得大量的纤维素。如果树叶和苜蓿草不能全年供应，可以通过增加 A 组蔬菜用量来弥补。

4. 灵长类动物颗粒料

一些商品饲料制造商（如 Mazuri、Nutra‑Zu）生产专为灵长类动物配制的"颗粒料"（有时也被称为"动物饼干"或"粒状料"）。这些颗粒料含适合灵长类动物的维生素、矿物质、脂肪和蛋白质。这些商品对于中国的动物园来说可能不方便买到，或者进口成本很高。但是，这些颗粒料作为猩猩日粮中很少的一部分，却可以提供最优质、最均衡的营养，可以促进猩猩繁殖成功，减少疾病，延长寿命，降低饲养员和兽医照顾猩猩的成本。因此强烈推荐使用颗粒料。

为马生产的颗粒料也可以用于猩猩，且更容易买到。马的颗粒料同样比水果和蔬菜含更高的纤维素成分，可以为猩猩提供基础的营养，但可能没有灵长类动物颗粒料或者水果、蔬菜的适口性好。

如果无法提供这些颗粒料产品，动物园猩猩的日粮中维生素和矿物质的含量可能偏低，因此猩猩还需要其他多种饲料，如种子、坚果、全谷类、豆类或豆科植物来满足它们对维生素和矿物质的需求。也可以考虑直接添加维生素和矿物质。

5. 种子、坚果、全谷类、豆类或豆科植物

本地可获得的种子和坚果可以平衡猩猩的日粮结构并提供食物多样性。不同地区的种子和坚果的营养成分会有所不同。脂肪含量高的种子和坚果（如葵花籽）在一些地区可以很容易获得，但应该适量提供，特别是对于超重的猩猩。每克脂肪的热量是蛋白质或碳水化合物的 2 倍。低脂的种子，如南瓜子、大麻和芝麻种子更健康，可以提供纤维素、脂肪和矿物质。

全谷类（如谷子、大麦、小麦、糙米和燕麦），以及豆类或豆科植物（如苜蓿、豌豆、大豆、小扁豆、四季豆、斑豆、红豆、绿豆和蚕豆）是蛋白质、纤维素和矿物质很好的来源。花生是一种豆科植物，但由于其脂肪含量高，应该控制饲喂量。豆腐是一种加工后的大豆制品，也可用作猩猩的蛋白质来源。无论是软的豆腐（绢豆腐）还是更为紧实的豆腐，都应该不经过烹饪而直接饲喂。有一些案例表明豆腐（特别是绢豆腐）会增加反吐-回咽行为的发生率。如果猩猩在饲喂豆腐后发生反吐，就应该立即从日粮中把豆腐去掉，以避免这种行为的发展。

6. 维生素和矿物质

当猩猩能得到营养均衡、品种多样的食物时，就没必要额外补充维生素和矿物质，但可能没办法完全知道所有可用食物中的维生素和矿物质水平。根据本章"可以提供给猩猩的食物"中列出的食物种类，尽可能提供多种饲料以减少营养不足的风险。对于那些无法饲喂灵长类颗粒料或马颗粒料的猩猩个体来说，建议补充成年人适用的复合维生素，以避免它们维生素和矿物质的缺乏。应尽量采用能提供多种维生素和矿物质的营养配方，特别要考虑铜、锌、碘、维生素 D、维生素 E 和生物素（维生素 H）的含量。

当确认猩猩妊娠后，可考虑在孕期补充产前维生素，哺乳期个体也可以补充。每天至少 30 分钟的自然光照射对所有年龄段的猩猩都是有益的，特别是对幼年猩猩来说最为关键。对于幼年猩猩的护理，如果它们无法经常获得自然的（室外）、未经滤过（通过玻璃、天窗或遮阳网）的阳光，那么补充维生素 D_3 对它们大有好处，可促进正常的骨骼生长和发育。维生素 D_3 不会通过猩猩母亲的乳汁摄入体内，除非母亲体内含有浓度极高的维生素 D_3，但一般不会有

这种情况。为母乳喂养的幼年猩猩补充人用的维生素 D_3 效果很好。

三、不能提供给猩猩的食物

有一些食物常常被喂给动物园里的猩猩，但实际上这些食物应该从它们的日粮中去除。

1. 水果

人工栽培的水果比猩猩在野外吃的水果糖分含量高很多且纤维素含量低，因此水果（包括干果）不应该作为动物园猩猩常规日粮的一部分。香蕉的糖分含量特别高，应该被严格限制或去除。

2. 动物产品

不推荐给猩猩喂动物产品，包括奶制品和鸡蛋，因为这些食物都不容易消化，会增加猩猩肥胖以及反吐-回咽的发生率，但人工育幼或者身体抵抗力弱的猩猩个体除外。人工育幼的猩猩推荐用含有 ω-3 脂肪酸的人类婴儿配方奶粉替代牛奶。老年猩猩或者因健康原因难以维持体重的猩猩可以每周提供几次熟鸡蛋来保证蛋白质的供给。

3. 加工和油炸食品

猩猩似乎对食物中的脂肪吸收得特别好，这很可能与丛林中食物经常供应不足所形成的生存机制有关。高脂肪的食物，如炸鸡、炸马铃薯、薯片或玉米片、黄油、油和其他高脂肪的食品，对于猩猩并没有什么营养，反而含有很多不必要的热量。糖分和碳水化合物含量高的食物，如糖果、能量/含糖饮料（如红牛、可口可乐）、曲奇饼干、甜点、面包、含糖的谷类食品、大米、包子和馒头等都应该从食物清单中淘汰，以提供更健康的日粮。

四、含灵长类动物颗粒料的动物园猩猩日粮计划

本部分内容是为中国动物园猩猩建议的日粮计划，包含灵长类动物颗粒料。这一日粮计划作为猩猩日粮的"黄金标准"受到高度推荐，是参考美国动物园和水族馆协会的成员单位一直使用的标准制定。圣路易斯动物园（Saint Louis Zoo，位于密苏里州圣路易斯）、布鲁克菲尔德动物园（Brookfield Zoo，位于伊利诺伊州芝加哥）和史密森国家动物园（Smithsonian's National Zoo，位于华盛顿哥伦比亚特区）都是按照这一计划执行的。动物园猩猩日粮配方和

饲喂指南详见表9.2和表9.3。

表9.2 含灵长类动物颗粒料的猩猩推荐日粮计划

（百分比按食物重量计算，而非大小/外观）

食物类别	比例（%）
灵长类动物颗粒料（如Mazuri，Nutria‑Zu）	11
A组：绿叶蔬菜	63
B组：低淀粉蔬菜	20
C组：高淀粉蔬菜	6

表9.3 含灵长类动物颗粒料的猩猩日粮计划饲喂指南

食物类别	猩猩体重（千克）					
不同食物饲喂量（克）	50	70	90	110	130	150
灵长类动物颗粒料（如Mazuri，Nutria‑Zu）	334	468	601	735	868	1 002
A组：绿叶蔬菜	2 013	2 818	3 623	4 429	5 234	6 039
B组：低淀粉蔬菜	644	902	1 159	1 417	1 674	1 932
C组：高淀粉蔬菜	191	268	344	420	496	573

对于体重未在表中列出的猩猩个体，可以从表9.3中推算出日粮构成。例如，一只体重85千克的猩猩可以得到568克灵长类动物颗粒料，计算公式为：85千克÷70千克＝1.214 3×468克（468克为体重70千克的猩猩可得到的颗粒料）＝568克，即为一只体重85千克的猩猩的颗粒料饲喂量。一只体重122千克的猩猩可以获得4 912克绿叶蔬菜，计算公式为：122千克÷110千克＝1.109×4 429克（体重110千克的猩猩可得到的叶绿蔬菜）＝4 912克，即一只体重122千克的猩猩的叶绿蔬菜饲喂量。

如果猩猩不习惯吃市场上购买的颗粒料，开始时慢慢添加会有所帮助。早上给它们喂第一份食物时只提供颗粒料而没有其他食物，此时它们最饿，也往往最愿意尝试新的食物。如果它们仍然拒绝颗粒料，就试着减少蔬菜的量，鼓励它们通过颗粒料吃饱。把颗粒料用水浸泡或者混合到准备好的燕麦片或切碎的蔬菜中，也能在一开始时帮助猩猩接受颗粒料。如果饲料超量，就在每一种食物类别中按表9.2中的推荐比例相应减量，以保持日粮的构成比例。

五、不含灵长类动物颗粒料的动物园猩猩日粮计划

本部分介绍的日粮计划是为无法购买到灵长类动物颗粒料的动物园专门设

计的。作为替代，日粮中选用了种子、坚果、全谷类、豆类以及豆腐。表9.4和表9.5介绍了基于猩猩体重所推荐的大概食物量。参见上文列出的颗粒料计算公式，可以推算出不同体重的猩猩需要的食物量。

表9.4　不含灵长类动物颗粒料的猩猩推荐日粮计划

（百分比按食物重量计算，而非大小/外观）

食物类别	比例（%）
豆腐和种子/坚果/豆科植物	11
A组：绿叶蔬菜	66
B组：低淀粉蔬菜	21
C组：高淀粉蔬菜	2

表9.5　不含灵长类动物颗粒料的猩猩日粮计划饲喂指南

食物类别	猩猩体重（千克）					
不同食物饲喂量（克）	50	70	90	110	130	150
豆腐和种子/坚果/豆科植物	660	925	1 190	1 450	1 715	1 980
A组：绿叶蔬菜	3 960	5 545	7 130	8 710	10 300	11 880
B组：低淀粉蔬菜	1 265	1 770	2 280	2 785	3 290	3 795
C组：高淀粉蔬菜	135	190	245	300	350	405

豆腐会增加一些猩猩的反吐-回咽行为。如果猩猩出现这种行为，应立即用其他的种子、坚果和豆类代替豆腐。当饲喂以豆腐、种子、坚果以及全谷类和豆类为基础的日粮时，应根据猩猩的年龄，添加成人或青少年使用的维生素和矿物质片。特别要注意补充铜、锌、碘、维生素 D、维生素 E 和生物素（维生素 H），因为这类日粮常常会缺少这些营养素。

六、改变猩猩日粮的原因

合理的猩猩日粮配方将会给它们一生带来最大可能的健康。不合理的日粮所带来的风险是多方面的。众所周知，人类的肥胖会导致许多与健康相关的问题，包括死亡、高血压、心脏病、癌、退行性关节炎、呼吸系统问题、糖尿病以及脂肪肝，肥胖的猩猩可能也会遇到同样的问题。肥胖被证明会使得女性生育率降低，肥胖的猩猩同样也会加大妊娠难度。同时，心血管疾病是所有圈养大型类人猿的头号死亡原因，而心血管疾病和高血压有关，因此要控制猩猩日粮中钠的含量，防止高血压和潜在的心脏病。

尽管改变猩猩的日粮可能会增加成本，但这项投资可以大大降低日后可能出现在猩猩生活中的潜在成本，如因低质量的日粮而导致的昂贵的兽医护理和治疗费用。把更多的时间、金钱和精力用在高质量的猩猩日粮上，可以延长它们的寿命，最大限度地延长它们展出的时间；也可以增强它们的繁殖力，增加成功繁殖的机会。此外，去除灵长类动物日粮中高糖分的食物可以减少动物消极的刻板行为，如乞食和自残，因此改变猩猩的日粮可以全面改善其心理和认知健康。

据统计，中国动物园里猩猩的寿命比西方动物园里的猩猩寿命要短。这很可能和日粮有关，肥胖和继发疾病是造成猩猩死亡的重要原因。因此，营养是确保猩猩长寿和健康生活的关键。从长远来看，高质量日粮所带来的益处远远超过它的成本。

七、改变猩猩日粮的方法

猩猩不能像人一样明白均衡饮食的重要性，一旦它们尝过不健康的食物，就很难说服它们吃更有营养的食物。虽然改变猩猩的饮食是一个困难的过程，但世界各地无数动物园已经通过不懈努力成功地改变了猩猩的日粮。

以猩猩感到舒适的节奏去改变它们的日粮非常必要。不要在一夜之间做出剧烈的改变，应根据猩猩的需求，每天、每周或每月去进行小的改变。如果猩猩还没有准备好接受新的食物，那么应该每天只少量增加一种计划改变的食物，同时微量减少它们习惯的食物。猩猩可能需要在一个过渡阶段适应数天或数周后，才能舒适地切换到下一阶段的日粮改变。

如果是第一次引入新的食物，或者猩猩拒绝吃这些新的食物，那么最好只在早上它们最饿的时候提供这些新食物。灵长类动物颗粒料可能很难加入日粮，这就需要减少提供的蔬菜量。在一开始，用水泡软颗粒料并将其混合在准备好的燕麦片或切碎的蔬菜中有助于猩猩接受颗粒料。

猩猩在早期更换饲料的阶段可能会拒绝很多不同的食物，但后期会逐渐接受。如果猩猩拒绝一种食物，不要认为这种食物不适口。在日粮中去除高糖分的食物，猩猩需要几周的时间来适应。在所有的高糖分食物被去除至少 6 周后，可以再尝试饲喂初期被猩猩拒绝的食物。

因为以前猩猩日粮中水果的占比很高，所以把高糖分的食物去除是一件非常困难的事。当去除含糖食物时，应该为猩猩在脱瘾时可能经历的症状做好准备（如头痛、烦躁、沮丧、恶心）。这些脱瘾症状一般会在去糖后 2～3 周消失。但是，把高糖分食物从灵长类动物的日粮中去除被证实可以同时改善其生理和心理健康状况。

在开始改变猩猩日粮时，重要的是确定每一种准备提供的新食物的最终定量（表9.2至表9.5）。这项工作一旦完成，就可以从每一种原有食物减量5%～10%开始，同时每种新食物增量5%～10%。猩猩日粮的每一次改变均不要超过10%，否则可能会导致它们消化不良和腹泻。但偶尔出现的排气或者腹泻是正常现象。

每天称量猩猩的食物非常重要。通过统计每种蔬菜的数量或者按照食物的体积计算日粮量，都是不准确且可能是不利的。当开始饲喂猩猩新的食物时，称量没有被吃掉的那一部分食物重量，对确定饲喂方式是否合适很有帮助。这种情况下猩猩的采食量可能减少，或者少于表9.2至表9.5中相应的食物量。保证各种食物的比例很重要，不要减少或去除猩猩最不喜欢的食物，或是增加最喜欢的食物。有必要尝试让新制定的猩猩饲喂量尽可能接近其原有饲喂量，然后再做一些小的调整来达到合适的比例。

八、猩猩的日粮和体重监测

1. 体重

在野外，雄性猩猩的体重平均约为86.3千克，雌性猩猩的体重平均约为38.7千克。因此，有颊垫的成年雄性个体体型比雌性大2倍是很常见的。饮食和活动量的提高是保持猩猩体重的两个最关键的因素。建议对每只猩猩进行常态化的体重监测，及时发现体重的突然变化。展区还应为猩猩提供攀爬、空中荡跃和悬吊的设施，以增加能量的消耗（见第八章和第十章）。

雄性猩猩体重超过160千克，雌性猩猩体重超过80千克，都被视为超重。高脂肪和高糖分食物中过多的热量会迅速导致猩猩肥胖。在动物园里，所有猩猩都应该有一个体重控制的目标。

2. 体况评分

身体状况评分（简称"体况评分"）是一种工具，是对身体不同部位的脂肪量和肌肉量的触压（如果可以）和目测，可以与定期称重相结合，用来帮助评估猩猩的整体身体状况，对于猩猩还没有一个适用的体况评分指南，所以每只猩猩的体况是否正常应根据个体的情况来判断。对猩猩而言，脂肪的沉积部位通常是在腹部、喉囊和面部。虽然又长又厚的毛发使得猩猩的体况难以被准确评估，但可以对照野生猩猩的图片来鉴定圈养个体的情况是否处于理想状态。

在评估猩猩的身体状况时，应该考虑体重、体型、年龄、总体健康状况和生命阶段等因素。虽然两只猩猩的体重和体型不同，但体况评分可能相同（即"瘦"或"胖"的程度相同）。参考图9.2中所列的5分制评分法可能对体况评分会有所帮助。

 脊椎	1分：严重瘦弱 骨骼突起，且突出感明显。骨骼周围几乎没有肌肉
	2分：消瘦 脊椎骨和肋骨在不用力摁压的情况下可以很容易触摸到。髋骨突出
 肌肉	3分：匀称 脊椎骨和肋骨周围肌肉匀称，用力摁压可以触摸到单块骨骼。2.5~3分被认为是理想的体况
	4分：超重 大多数骨骼部位可触摸到脂肪层
 脂肪	5分：重度肥胖 骨骼埋在脂肪层下。脊椎骨被周围组织覆盖

图9.2 5分制体况评分指标，左侧图示为如何通过脊椎骨周围的脂肪和肌肉情况评分

3. 粪便黏稠度评分

粪便的黏稠度评分是评价猩猩胃肠道健康的一种方法。粪便的黏稠度可能会受多种因素的影响，如食物（食物的易消化性、食物的形态）、健康（如牙齿状况、寄生虫量）和环境（如毒素、压力）。表9.6 中的5分制粪便黏稠度评分指标（faecal consistency scores，FCS），将有助于让所有的饲养员更加客观地进行猩猩粪便的黏稠度评分。该评分指标不仅减少了饲养员彼此间的沟通误差，而且还可以更精确地长期监测猩猩的粪便情况以及判断粪便情况与其他因素的关系，如日粮的变化、可采食枝叶的质量、天气情况、生殖周期、群体数量、活动设施、种群密度和场馆情况等。

表9.6 5分制粪便黏稠度评分指标

分值	外观	情况描述
1	干燥	硬且不黏在地上。踢到时会滚动
2	紧实	紧实且形状完整。捡起时保持原状
3	软而有形	松软且有形。捡起时会松散，并且捡起后会留有残余
4	稀软不成形	可能会散开成一大片。捡起时会完全散开，并在手和地面上残留
5	水样	水样腹泻。常常有黏液，非常难收集

图9.3用图例说明了5分制评分指标中不同形态的猩猩粪便。在用5分制记录粪便黏稠度时，还可以用字母B（blood）、F（foreign object）和M（mucous）记录粪便中是否有血、异物或者黏液，这种方法对粪便黏稠度记录很有帮助。

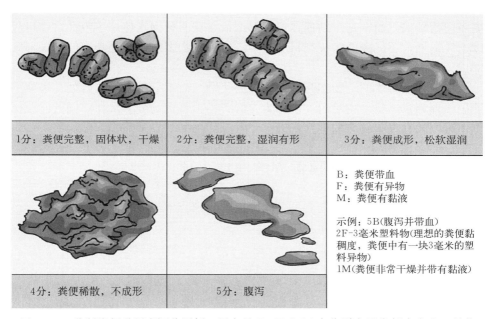

1分：粪便完整，固体状，干燥	2分：粪便完整，湿润有形	3分：粪便成形，松软湿润

B：粪便带血
F：粪便有异物
M：粪便有黏液

示例：5B(腹泻并带血)
2F-3毫米塑料物(理想的粪便黏稠度，粪便中有一块3毫米的塑料异物)
1M(粪便非常干燥并带有黏液)

4分：粪便稀散，不成形	5分：腹泻

图9.3　5分制粪便黏稠度评分图例，用字母B、F和M来分别表示粪便中有血、异物和黏液

4. 摄入量

猩猩摄取合适比例的日粮很重要，要确保它们的饮食均衡。当多只猩猩在一起饲养时，很难确定每一只个体是否摄入了适量的食物。对此，可以将提供给群体或者个体的食物称重，在一天结束时再称量剩下的食物，则可以计算出被群体或者个体吃进去的每一种食物的量。这样可以帮助适时地调整日粮。

九、群居猩猩的饲喂

群居的猩猩在饲喂时，很重要的一点是不可以让速度最快的或者最强势的猩猩去收集并吃掉它最想吃的食物。可以通过把最想吃的食物单独分发给猩猩来避免这一问题，如把C组的蔬菜、种子或坚果作为行为训练的奖励提供。灵长类动物颗粒料（或者豆腐、种子和坚果类）也应该分别喂给不同个体，同时留下淀粉类蔬菜和绿叶蔬菜进行群体饲喂。均衡的食物摄入对所有猩猩都是有益的。

如果有多种蔬菜可供选择，就应该尽可能在1周内将各类蔬菜组合起来，饲喂给猩猩。每天提供4~5种不同的食物，并在1周内轮流饲喂，比每天都提供同样的20种食物效果好。这样有助于确保每一只猩猩能够吃到更均衡且更多样的日粮，而不是个别猩猩每天都把最喜欢的食物吃掉。季节性食物也可以这样饲喂，还能降低购买饲料的成本。这种食物多样性也是丰容的一种形式（见第八章）。

将猩猩最喜欢的食物作为行为训练的奖励，而不分散到展区各处，可减少群居猩猩分享这些食物时的攻击行为。一天中，将食物分多次在不同的时段提供还可以鼓励猩猩更多的觅食行为。

十、不同阶段猩猩营养的注意事项

猩猩一生中不同的阶段会有不同的饮食需求。本部分将概述针对不同年龄段猩猩的营养应该考虑的问题。

1. 婴幼期的猩猩

如果有婴幼期的猩猩，应注意食物的大小，避免造成窒息。食物应该切成小块，也可以搅拌成液态装到管或瓶中饲喂，这也是一种丰容（见第八章）。

2. 生长期的猩猩

生长期的猩猩每千克体重需要的能量要比成年猩猩维持身体机能所需的能量高。如果只简单地增加食物量，可能在它们已经产生饱腹感时，还没能满足对蛋白质和能量的需求。增加5%~10%灵长类动物颗粒料的量可以满足生长期猩猩的需求，并且要单独饲喂这部分食物以确保它们能吃到。

现有的研究发现，灵长类动物的乳汁所含的维生素 D_3 浓度并不足，这会使在室内饲养的婴幼期猩猩容易患维生素 D_3 缺乏症和代谢性骨病。由于维生素 D_3 可以在身体里储存，并可能达到中毒的浓度，所以只能在营养专家或兽医的指导下进行补充。使用人类婴儿适用的维生素 D_3 补充剂，按照推荐剂量400国际单位/天添加通常效果很好。一般维生素 D_3 要补充至少2年，一直到幼年猩猩的食物中固体食物比例接近75%。婴幼期猩猩一般会被母亲哺育好几年，但它们在不到1岁时就开始吃固体食物。要确保为它们准备好可以尝试进食的食物，切成适当的大小以避免发生窒息。在成长过程中，让幼年黑猩猩获得适量的维生素、钙和磷，来满足骨骼生长发育是非常重要的。维生素 D_3

在钙的吸收过程中是必需的。

3. 繁殖期的雌性猩猩

繁殖期雌性猩猩的特殊营养需求尚不清楚。通常，孕期的前 3 个月不需要额外的能量。然而，在妊娠的中期和后期，建议将每天食物中的能量增加 1 256～1 465 千焦以满足它们的能量需求。如果猩猩的体况处于理想状态，可以将总日粮量增加 20%。但要注意不要饲喂过量。如果猩猩的体重已经超标，就要停止增加食物。

4. 哺乳期的雌性猩猩

哺乳期是机体最需要能量的时期。在增加猩猩的食物时，应按比例均衡地增加所有食物种类。能量的需求可以通过日常称重和监测个体的食物摄入量来确定，特别是在哺乳期。如果在妊娠期间已经将日粮增加了 20%，可能就没有必要继续增加食物量了。如果雌性猩猩在分娩后体况处于理想状况，则可能需要在哺乳期增量 10%～20%（在基础日粮量上）来保持身体状态。

5. 老年猩猩

老年猩猩的能量需求低于年轻的猩猩。年龄大的猩猩会长时间坐着不动，这也导致热量消耗较低。因此，密切监测老年个体的食物摄入量非常重要，可以确保它们获得营养均衡的食物，但又不会因吃太多而变得肥胖。因缺乏运动而导致肌肉萎缩的猩猩仍可能会体重超标。

锻炼身体对维持老年猩猩的健康十分重要。可能需要调整它们日常生活的展区设施，来适应有关节炎或行动不便的动物。对牙齿不好的猩猩可能需要提供软一些的食物以利于消化。对于这些个体来说，一些食物（特别是灵长类动物颗粒料或者种子、坚果、谷类）可能会难以咀嚼。给它们熟的燕麦粥、小米粥或大米粥，再加一些煮熟的蛋清，可以提供平衡的蛋白质来源，有助于替代可能缺少的营养物质。

十一、猩猩体重控制

野生猩猩一天的大部分时间都在寻找食物。在动物园猩猩不需要努力就可以得到食物，所以饲喂过量就可能超重。应增加它们活动的机会，用新奇的方式提供给它们食物（见第八章）。

体重改变需要通过缓慢且可控的方式进行。安全的减重应该每周不超过体重的 1%～2%。例如，一只体重 100 千克的猩猩（被确认为是肥胖）应该通过改变饮食而实现每周体重减轻 1～2 千克。为了达到这一目标，可以将每种食物量逐渐减少 10%来缓慢节食。

在开始节食减肥时，重要的是首先要确定猩猩当前的体重，最好从不同的角度拍摄一些照片。让猩猩习惯于每周称重，或者至少隔周称重一次，是比较理想的。然后就应该将猩猩的日粮转换为上文概述的食物（表 9.2 至表 9.5），并把食物的比例进行调整。对猩猩来说，是否吃与其体重精确对应的食物量并不重要；相反，让猩猩吃动物园提供的大部分食物，不给它们过多的食物去挑选或是不让它们只吃自己喜欢的食物，才更重要。在开始减肥的时候，应找到与它们现有日粮最接近的新食谱。一旦确定了食物总量，且猩猩已经习惯了它们的新食谱，就开始把新日粮中的每一种食物量降低 10%。将所有食物（如颗粒料、豆腐、种子、蔬菜等）都减少 10%是很必要的，不要选择性地减少食物（如只减少猩猩不喜欢吃的食物种类）。通过减少所有食物，使每种食物的比例保持不变，才能保证营养均衡。

千万不要通过大幅减少热量的摄入来快速减轻猩猩的体重，这不是一种健康的减重方法，还可能因无法满足它们的日常营养需求而使其代谢紊乱。

可以考虑用日粮中的食物鼓励猩猩在展区周围活动。应尽量丰富提供食物的其他方法，让它们需要通过攀爬吊绳、从一个平台转移到另一个平台、倒挂、移动一些物体或将手高高举过头顶等方式才能获得食物。也可以考虑把食物悬挂在房顶下猩猩几乎够不到的地方，但是应该防止绳子将猩猩绞死。所有悬挂式的丰容，应当用消防水带代替绳子（见第八章）。把蔬菜切成小块撒到展区各处，可以使猩猩不断移动去寻找食物；也可以把食物藏起来让猩猩花时间去搜寻。让猩猩通过寻找食物或者行为训练来增加锻炼，对减轻它们的体重很有帮助。

十二、猩猩成功减重的案例研究

1. 吉姆减重 13.9 千克

本案例由美国印第安纳州印第安纳波利斯动物园的 Stacie Beckett，Dr Jeff Proudfoot 和 Dr Jason Williams 提供。38 岁的婆罗洲猩猩吉姆（Kim）和它幼年的儿子马克斯（Max），2016 年 9 月被转移至印第安纳波利斯动物园。在转运之前，吉姆的体重达 83.2 千克，被确认为是过度肥胖（图 9.4）。它呼吸困难，呼吸声明显，可能是因为超重引起的肺部压力过大所致。动物园的营养师认为吉姆的理想体重应为 59 千克。由于它的年龄和正处于哺乳期的情况，推荐使用缓慢但稳定的减肥方案。为了成功减重，既改变日粮又增加它整体的活动水平是必要的。

吉姆（Kim）在原来的动物园非常不愿意活动，常待在自己的内舍，很少移动到展区，即使在展区待着，也是全天只坐在一个地方。刚来到印第安纳波利斯动物园时，吉姆首先被饲养在检疫区，和其他猩猩隔离。检疫区的室内空间是由5个相连的笼舍组成，与1个大的封闭式室外活动区相通。这给了吉姆充足的空间去四处移动和探索。首先，饲养员致力于让它适应新环境，然后专注于提高它的活动量。室内和室外笼舍都有栖架平台，并

图 9.4　吉姆（Kim）在转运前的身体检查中，体重达 83.2 千克（183 磅）（供图：杰克逊动物园）

悬挂了消防水带鼓励它攀爬。丰容物品被悬挂在屋顶和墙体隔网上，鼓励它移动和锻炼。筑巢的材料（刨花、稻草等）被放在高于地面的平台上。饲养员利用喂食的过程增加吉姆的运动量。每次喂食时，它都被要求移动到不同的房间，并必须保持直立的坐姿而不是躺在地上吃。

吉姆高纤维、高蛋白的减肥食谱是基于它的热量和营养需要而制定。吉姆的饮食调整面临多重挑战，如每天增加蔬菜量，同时减少水果量。由于水果是吉姆首选的食物，饲养员将它的水果切成很多小块，使它造成水果很多的错觉。这特别有助于把水果的喂食时间延长到全天。由于吉姆有患糖尿病的风险，所以饲喂的水果都是低糖分的。提供各种各样的蔬菜，识别出它喜欢的蔬菜种类。饲养员每天记录给了它哪些食物，它吃了什么，以确定哪些食物是吉姆喜欢吃的。一开始，它不愿意总是吃蔬菜，为了让它感兴趣，饲养员只能加热和烹饪不同的蔬菜，并试着在蔬菜中混合药草和香料。几个月后，吉姆慢慢开始吃更多种类的蔬菜，虽然它一直是最后才吃这些蔬菜。

吉姆的日粮中还添加了两种成品饲料。第一种是 Nutria－Zu♯5B25 L/S 凝胶食物，这是一种需用水混合的低淀粉、高纤维配方（凝胶粉），专为满足圈养灵长类动物的营养需求而生产。第二种是 Nutria－Zu 的灵长类动物颗粒料。一开始，吉姆不愿意吃，饲养员和营养师需要保持耐心、毅力和创造力，将颗粒料用不同的方式提供给它，包括浸泡在果汁里、粉碎后做成球状、与水果和无糖果汁粉混合。当所有尝试取得一定的成功后，营养师每天开始加入蛋白粉和蛋白棒，这保证吉姆每天能够得到足够的蛋白质。

当吉姆体重平稳下降时，停止饲喂 Nutria－Zu 灵长类动物颗粒料，用 Nutria－Zu 食叶灵长类动物颗粒料♯5M02 进行替代。在吉姆适应了食叶灵长

类动物颗粒料后，可以将蛋白粉和蛋白棒从它的日粮中去除。

食物丰容按每天规定的食物量进行，包括营养师批准的低热量食物。吉姆的食物还用于串笼时的奖励和饲养中的训练环节。除监测吉姆的每天食物摄入量，饲养员还在每个月对它称重，跟踪体重的下降情况。然后根据每次更新的体重调整它的日粮。因为吉姆处在哺乳期，所以任何食物改变或者食物限制都不可以影响吉姆的泌乳。

到2016年12月，吉姆的体重是78.6千克，它的体型和腰围都有了明显的改变（图9.5）。吉姆和马克斯于2016年12月一起转移到了猩猩馆的主展区，在那里它们可以和其他猩猩有视觉上的交流。吉姆在转移之前被麻醉进行采血检查，以评估她总体的健康状况。

到2017年1月，吉姆的体重降到73千克。到2017年2月，吉姆被认定为身体足够健康，可以开始和其他猩猩合群。经过几个月的引入过程，2017年5月，吉姆和马克斯进入日间活动的主展区（图9.6）。这个展区让吉姆有了更多的生活空间和锻炼的机会，并增加了它与其他生活在同一空间内的猩猩的互动。

吉姆刚来时，它把自己的巢搭在地上，而且大量的时间在室内笼舍的地面度过。自从体重减轻后，它在栖架平台上的时间和离开地面的时间都有了显著的增加，也不再有明显的呼吸声，而且它在自己的室内笼舍里非常活跃。体重减轻让吉姆整体健康状况好转，并为它和其他猩猩的合群做好了准备。

截至2018年4月，吉姆的体重是53.4千克。自从它来到印第安纳波利斯动物园，已经减少了29.8千克。即使是在最困难的情况下，通过改变日粮和提高活动水平也可以使它的体重减轻。

图9.5　2016年12月吉姆体重达78.6千克（173磅）（供图：C Knapp）　图9.6　到2017年5月，吉姆的体重减轻了13.9千克（供图：S Beckett）

2. 琪琪减重 50 千克

本案例由美国佛罗里达州大猿保育中心 Rhonda Pietsch 及 Patti Ragan 提供。琪琪（KiKi）于 2006 年到达佛罗里达州沃楚拉的大猿保育中心。它当时 11 岁，非常肥胖，体重接近 114 千克，被它的私人收养者放在一个很小的笼子里，无法得到充分的锻炼（图 9.7）。给它吃的食物也很糟糕，不符合猩猩均衡营养的要求。

琪琪的日粮被改变为绿叶蔬菜、淀粉类蔬菜和灵长类动物颗粒料，并每天按照比例计算各类食物的饲喂量。改变后的日粮提供了琪琪所需的能量并可以保持理想的体重。食物的改变是逐步进行的，这样就不会导致它的胃肠道紊乱。饲养员将琪琪转移到一个更大的场馆，场馆里有很多可以促进它运动的设施和专为猩猩准备的丰容项目，让它有更多机会攀爬来增加活动量。饲养员还介绍给它一只猩猩伙伴和它互动玩耍。琪琪用相当多的时间和它的社群伙伴贾姆（Jam）玩耍，这可以帮助它消耗热量。最终琪琪的体重得到了很好的控制（图 9.8）。

图 9.7　2006 年琪琪的体重为 114 千克（供图：大猿保育中心）

图 9.8　最终琪琪的体重减少了 50 多千克（供图：大猿保育中心）

3. 梅拉迪减重 16 千克

本案例由美国印第安纳州韦恩堡儿童动物园的 Angie Selzer 提供。梅拉迪（Melati）是印第安纳州韦恩堡儿童动物园内一只 32 岁的雌性猩猩。它有持续了很长时间的呼吸问题，在它的婴儿时期被诊断患有慢性肺炎和慢性支气管炎。2011 年，它的体重达到了自身记录的最高峰，约 68 千克（图 9.9）。它在展区里移动时表现出呼吸困难，所以一整天都很少活动。动物园决定用减肥的方案来拯救它的健康。

在减肥过程中，饲养员把所有猩猩的食物都过渡到本章"猩猩的日粮和体重监测"中建议的日粮组成（含灵长类动物颗粒料）。梅拉迪以前的日粮中，水果、淀粉类蔬菜和其他高能量、低纤维的饲料含量比较高。将它的日粮调整为新的高纤维、低糖分日粮用了几个月的时间。梅拉迪和其他猩猩看起来并不介意水果量的减少，并很乐意地接受了绿叶蔬菜量的增加。总的来说，按照食物总量，梅拉迪和其他猩猩现在吃的食物量实际上比之前增加了，这让它们一直处于饱腹状态。有时，它们不能吃完所有的绿叶蔬菜，这是因为供应量比之前大太多。

通过减肥，梅拉迪在展区内已经没有行动方面的问题，不再气喘或呼吸短促（图 9.10）。它的体重在 2011 年 8 月为 68 千克，到 2018 年 5 月体重下降到约 52 千克，一共减轻了 16 千克。

图 9.9　2011 年 8 月梅拉迪的体重为 68 千克（供图：A Selzer）

图 9.10　历经几年的体重控制，梅拉迪的体重减轻了 16 千克（供图：A Selzer）

4. 小律减重 17 千克

本案例由南京市红山森林动物园提供。小律是一只 21 岁的婆罗洲猩猩，

2015 年 5 月从上海动物园转移至南京市红山森林动物园合作繁殖。它的呼吸声明显，经常在地面同一个地方坐着发呆，几乎不攀爬、不活动，喜欢吃水果而很少吃蔬菜。小律在和动物园内雄性猩猩小黑合作繁殖的过程中，虽然交配正常，但是 3 年时间也没有妊娠。基于小律的健康和繁殖问题，饲养员决定给它进行减肥。减肥前，小律的体重为 83 千克，被鉴定为过度肥胖（图 9.11）。

首先是改变环境。饲养员在其生活的内舍和外运动场搭建了不同高度的栖架，并悬挂消防水带鼓励它攀爬，所有丰容设施都会放在或者悬挂在一定高度，让小律站立时才可以够到。

然后是改变食物种类，减少水果量，增加蔬菜量，尤其是增加粗纤维含量高的食物及树叶，控制糖分摄入。逐渐减少全天饲料总量，根据营养师的建议，按照计划进行科学合理的减量，但是要保证体重不会过快下降，或者有其他不健康的表现。同时改变喂食方式，根据小律的喜爱程度摆放食物，它越喜欢的食物放的位置越高，将水果切成小块，并且尽量分散摆放；在不改变一天饲料总量的前提下，增加饲喂次数，使其不经过努力或者不移动就无法吃到食物，以此鼓励其增加活动量，并且锻炼其四肢力量。

最后是增加伙伴。虽然小律已经有了伙伴小黑，但是小黑是 30 岁的成年雄性，喜欢攀爬，几乎大部分时间都在树上，除发情期进行交配处，与小律很少交流，更没有玩耍行为。因此，引入了一只 5 岁大的雄性猩猩乐乐（见第五章），乐乐活泼好动，引入成功后，经常和小律追逐玩耍，从而增加了小律的运动量。

在减肥期间饲养员都会定期给小律进行称重、记录和分析。经过 5 个月的时间，小律的体重下降到 66 千克，经过评估，它的体重在合理范围且身体健康。体重轻后，小律的活动量明显增加，主动爬上爬下，不再挑食。更让人欣慰的是，小律妊娠了，并且在 2019 年 9 月成功产下一只幼崽（图 9.12）。

图 9.11 减重前小律体重为 83 千克（供图：孙艳霞）　图 9.12 通过日粮调整和增加活动量，小律体重减轻了 17 千克（供图：孙艳霞）

十三、猩猩血清营养浓度

兽医可以监测猩猩血清中的一些营养参数，以帮助确定它们的健康水平。表9.7至表9.9中血清营养浓度的数据来源于野生猩猩和动物园猩猩。

表9.7　野生猩猩血清总胆固醇、甘油三酯、高密度脂蛋白胆固醇（HDL-C）和低密度脂蛋白胆固醇（LDL-C）的浓度（毫克/分升）

类别	个体数（只）	总胆固醇	甘油三酯	HDL-C	LDL-C
整体	38	77～1 125	27～161	n/a	n/a
雄性	10	167.1±11.7	77.6±9.8	47.6±4.8	94.9±7.5
雌性	10	118.0±11.7	71.6±9.8	27.6±4.8	72.4±7.5
整体	20	87～236	37～181	15～82	38～140

注：n/a表示不适用。

表9.8　野生猩猩和动物园猩猩血清维生素浓度

类别	维生素A（微克/分升）	棕榈酸视黄酯（微克/分升）	γ-生育酚（微克/分升）	α-生育酚（微克/分升）	25-羟基维生素D（纳克/毫升）	1,25-二羟维生素D_3（皮克/毫升）
野生猩猩	16～87（N=38）	—	10～55（N=38）	70～488（N=38）	—	—
动物园猩猩	69.2±16（N=7）	4.4±2.5（N=7）	23.1±2.0（N=7）	757.9±85.9（N=7）	15.6±3.9（N=8）	22.6±6.2（N=8）

注："—"表示未检出，N表示个体数，下同。

表9.9　野生猩猩和动物园猩猩的血清矿物质元素浓度（毫克/升）

类别	钙	钴	铜	铁	钾
野生猩猩	88～125（N=33）	0.11～0.16（N=33）	1.48～3.37（N=33）	0.55～4.76（N=33）	142～250（N=33）
动物园猩猩	101.7±6.93（N=7）	0.6±0.03（N=7）	1.4±0.16（N=7）	2.8±0.36（N=7）	185.9±17.52（N=7）

类别	镁	锰	钼	磷	锌
野生猩猩	10.1～44.5（N=33）	0.06～0.62（N=33）	0.22～0.33（N=33）	73.2～195（N=33）	0.5～2.0（N=33）
动物园猩猩	25.5±2.72（N=7）	—	—	61.7±8.94（N=7）	1.7±0.35（N=7）

改变往往具有挑战性，但最后所有的努力都将是值得的。健康且状态良好的猩猩可以减轻饲养员和兽医的负担。按照以上建议去改变猩猩的体重需要时间，但毅力和决心将会让减肥方案成功实施，猩猩最终将会更加健康。

第十章　猩猩的展区设计

展区设计时要考虑诸多因素，包括现在及将来猩猩生理和心理的需求；饲养员和管理人员操作的便利性；游客审美和教育方面的预期；以及确保安全。本章将结合已有的经验，对这些因素和展区设计的实施细节做进一步阐述。

一、展区空间和设施

在所有的动物展区设计中，决定新展区的空间是其中最大的挑战之一。由于猩猩复杂的社会动态和雄性个体间的发育压制（见第三章），其笼舍的空间问题尤其突出。在野外，有颊垫的雄性猩猩在广阔的森林中活动，可以轻而易举与其他雄性相互隔离，加之野生猩猩有很长的生育间隔，这些有助于减少猩猩近亲繁殖的机会。但在动物园的圈养条件下，没有足够的空间隔离苏门答腊猩猩和婆罗洲猩猩，因此这些物种很容易杂交。要养好猩猩，必须与展区设计一并考虑，解决动物福利和杂交问题。

1. 展区占地面积

一般而言，猩猩展区面积要尽可能大。大部分设计师认为展区垂直空间比占地面积更重要。猩猩是树栖物种，大多数时间待在树上（见第三章）。因此，占地面积小的猩猩展区，只要够高，仍然可用。室内笼舍，建议每只猩猩的空间占有量不少于 200 米^3。

设计一条架高的走道把游客带到林冠的高度，是现代动物园设计的一个重要方向。游客在与林冠相同的高度观赏猩猩，可以因不必仰视而使参观体验得到加强。从心理学的角度，陈旧的"坑"式展区设计已经不再被接受。人们觉得仰视或平视比站在高处俯视可以对猩猩表达出更大的尊重。

2. 内舍数量和外舍面积

所有猩猩都需要内舍以躲避极端气温和极端天气，以及用于夜间安全收笼。兼顾内舍和外舍的设计，可以促进更高标准的动物福利。所需的内舍数量和外舍面积依据当前猩猩数量、猩猩社群关系动态以及未来展示的个体数量而定。

应根据需求去设计展区，如只养一组可以共同生活的繁殖对，在短时间内，一间内舍和一个外舍可以满足基本需要。但应考虑给未来的后代预留空间。

有效的猩猩展区的判断标准之一是能够对每一只猩猩实行隔离饲养。确保在需要的时候，如引入猩猩新个体、疾病检疫、对其他个体有攻击行为时，要有空间对每一只猩猩进行隔离。因为在上述情况下，个体隔离是唯一的选择。特别需要强调的是，将非展区外舍做成更加多用途的设施，适用于管理多只不同的猩猩个体，特别是那些必须分开管理的个体。即使猩猩不能到外舍，这些区域也能给它们提供新鲜空气和阳光。

理想的展区应给公众提供无障碍视角的同时，也给猩猩提供一些私密空间。在可参观的内舍，这一点尤其重要。

3. 展区温度与气候

过去认为，猩猩展区应该潮湿而闷热，以模拟婆罗洲和苏门答腊岛的气候条件。然而，在动物园圈养条件下，这种气候条件会滋生细菌并可能导致猩猩患病。幸运的是，猩猩能适应很大的温度范围和多变的气候条件。

美国动物学会（AZA）推荐猩猩生活环境的最低平均温度应为 18 ℃，最高温度为 28 ℃。婴儿、幼年猩猩和患病猩猩，要求温度要高些。如果夏季自然温度很高，室内展区要提供空调，室外要有遮阳设施。在美国，很多动物园用遮阳布为猩猩遮挡阳光。冬季或者恶劣气候期间，室外区域应有挡风避雨的庇护空间，并应确保每一只猩猩都能进入此空间，不能有任何一只猩猩因遭到其他个体拒绝而无法进入。猩猩室内展区理想的湿度范围为 30%～70%，室外展区可以设置更高的湿度。

4. 展区设施

展区设施在满足猩猩认知需要方面非常重要。猩猩是高智商动物（见第四章），很容易感觉无聊或变得神经质，甚至导致健康问题和破坏性行为。展区有必要提供各种各样的丰容设施，如攀爬设施和消防水带（见第八章）是强制性设计要求。尤其要考虑猩猩的树栖习性，它们在野外会每天筑巢。在动物园，猩猩也会用饲养员提供的丰容材料筑巢，因此要确保展区有攀爬设施和筑巢空间来促进猩猩这种自然行为的表达。同时这些设施要大而稳固，保证足以舒服地容纳一只有颊垫的成年雄性猩猩。

二、隔障与参观

猩猩是有潜在威胁的动物，安全和有保障的设施是展区设计的一项重要元素。猩猩相当聪明，限制它们的活动范围很困难。事实上，世界范围内 61％ 受调查的动物园表明园内的猩猩至少有过一次逃笼经历。

对于防止猩猩逃笼的不同隔障和参观方式，夹胶玻璃和金属网是好的设计选择，可以在保证游客无障碍参观的同时安全地限制猩猩。猩猩可以通过玻璃与游客互动，利用金属网攀爬。饲养员也可以隔着金属网安全地训练猩猩，与它们互动。

除非有玻璃相隔，在所有的参观位点，必须保证游客与猩猩之间的距离大于 7 米。这是预防人兽共患病传播和防止游客投喂的必要设计。但要注意，限制措施不是简单地把猩猩关在里面，而是要同时确保游客位于展区外的安全范围内，以防人或猩猩严重受伤或致死的事故发生。

1. 电网

不要把电网作为猩猩的一级隔障系统。电线会短路，或者猩猩会利用展区设施翻越电网。电网可能着火掉落并导致猩猩严重的伤害甚至死亡。当猩猩触摸电网，体验到突然的电刺激，反而可能成为它们跨越电网的动机。电刺激会导致猩猩慌不择路，甚至造成逃逸。电网可以用于二级隔障（图 10.1），但不能单独使用。

图 10.1　美国诺福克市维吉尼亚动物园内将电网（电线式）作为二级隔障，与壕沟和高墙组合应用（供图：J Tarrant）

2. 绳网

绳网由两级编织的不锈钢丝绳制作而成，最小直径 3.2 毫米，用于隔障的效果很好（图 10.2）。每股钢丝绳可以编织成不同孔径和丝径。美国使用的绳网孔径通常为 7.72 厘米×10.16 厘米，这种规格的绳网非常适合作为一级隔障并且不影响视线，游客隔着绳网可以清楚地看到猩猩。绳网应向地下延伸至少 50 厘米并且拴系在混凝土梁的固定杆上。混凝土梁截面至少为 0.5 米×1 米。

绳网适用于封闭展区的顶网，猩猩在这种材料上攀爬不会造成损坏。大量的附着在钢柱上的重型钢丝绳将绳网悬挂起来。钢柱可以设计不同的高度，一根直径 40.6 厘米的钢柱，高度可以设计为 5～10 米。绳网与饲养员通道或者游客参观通道之间的距离应不少于 3.7 米，因为猩猩的手臂很长，有的猩猩能够从绳网伸出整个手臂。

应保证绳网的质量。美国有动物园因为绳网质量不合格，造成猩猩逃逸，只能把展区的绳网全部换新。

图 10.2　美国得克萨斯州卡梅伦动物园猩猩展区使用的热镀锌钢丝绳网
（供图：L Klutts）

3. 玻璃幕墙

要确保参观面玻璃破碎后保持完整，应采用聚乙烯醇缩丁醛酯（PVB）夹胶玻璃，也可以用厚度和强度适当的亚克力有机玻璃，但容易留下划痕并且修复成本高。玻璃的厚度取决于面板整体的大小，必须由玻璃/有机玻璃专家或工程师决定，不要自作主张。

美国卡梅伦动物园猩猩展区参观面 8 块夹胶玻璃，都是宽 1.5 米、高 2

米、厚 3.8 厘米，强度足够。为了实现更宽的参观面跨度，玻璃幕墙的嵌板必须调整在同一直线上，并且在所有交接处填充填缝胶。填缝胶可以防止硬质材料相互碰撞，也可以防止猩猩抠掉其中的缓冲材料。尽管如此，猩猩仍会试图抠掉填缝胶（图 10.3）。

图 10.3 　美国得克萨斯州韦科市卡梅伦动物园内采用的 PVB 夹胶玻璃，厚 3.8 厘米，以填缝胶防止损坏（供图：L Klutts）

4. 壕沟

　　展区壕沟可以提供自然的无障碍参观视角。设计这种类型展区的时候，重要的是考虑猩猩的力量和智商。猩猩是攀爬高手，所以墙体要非常光滑。如果可能的话，墙体要向内倾斜，让猩猩没有立足之处，并防止它们用手指抠。墙

高至少 4.9 米；如果墙上有反扣，则宽度至少为 3.1 米。雄性猩猩的臂展可达
2.5 米，因此壕沟的墙至少要向地下延伸 50 厘米，并向展区方向稍有角度以
防止猩猩挖洞逃跑。注意，猩猩会把木材和其他物品当梯子逃出壕沟。因此，
在这种类型的笼舍里，丰容物料（见第八章）要有所限制。

　　强烈建议建造带有干壕沟的展区，不要使用充满水的壕沟（图 10.4），防
止发生猩猩溺亡的事故。

图 10.4　1993 年，美国休斯敦动物园猩猩展区内，壕沟宽 4.27 米、深
　　　　　3.96 米，当时采用湿壕沟（供图：T Buhrmester）

5. 硬网笼

　　热镀锌钢绞线轧花编织网非常牢固，对于夜间内舍和非展示区笼舍是极佳
选择（图 10.5），但用于展示面隔障不美观。这种材料可以用于做门、引见门
（用于引入不熟悉的猩猩）和分配通道。不锈钢硬网笼更贵，但值得购买。焊
接网笼和勾花网笼对猩猩来说不够牢固，它们能轻易破坏焊接点或者撕破勾花
网笼。

图10.5 美国得克萨斯州卡梅伦动物园的内舍硬网笼（供图：L Klutts）

三、内舍

每个猩猩展区都应有内舍，这是基本的设计要求。内舍用于夜间猩猩休息、个体间隔离和在不同的时段将不同的猩猩群体放置其中。

1. 建筑物的墙体和地面

剪力墙最小厚度是 30.48 厘米，这个厚度适用于外墙和内舍墙体。如果建筑物区域靠近参观者，可在光滑墙面上涂水泥或石膏，按照一定的主题做出适当肌理或质感。

设计建筑时应考虑工作人员和设施设备与猩猩笼舍应保持一定的安全距离。环氧树脂漆应用于墙面，以便清洁和消毒。在集中排水方向应用倾斜的、具有细密防滑纹路的平滑混凝土地面效果很好，这种类型的地面容易打理和消毒。排水管最小管径为 15 厘米，所有猩猩生活区、展区和饲料加工空间都要设置排水管，并盖上有小孔的钢板地漏以防止下水道堵塞。多设置软水管，以便笼舍各区域的日常冲洗。厨房应接入冷水和热水，操作区安装水龙头用于清洗。

2. 双层防护设施和操作门

所有室内区域要有双层防护设施，即使猩猩逃进操作区，也是被限制在建筑物内。这通常要求进入猩猩笼舍至少要有两道门。饲养员进入展区应通过有两道门的通道。饲养员通过第一道门后先上锁，这时饲养员把自己锁在已经上锁的两道门之间；然后打开第二道门进入展区。一旦进入展区，随即锁好身后的门。在同一时间，两道门中只有一道门被打开。

所有内部隔障的操作门都应该最少有两套锁，均采用重型钢制锁销直径为 2.54 厘米。门至少宽 1.2 米、高 2.03 米，硬网结构（如热镀锌钢绞线轧花编织网）效果好。不用于控制猩猩的门可以采用加强玻璃钢，因为这种材料防潮效果特别好。所有饲养员使用的操作门应该朝猩猩笼舍方向打开，并有门闩装置，以减少猩猩逃笼的可能。

3. 串门和引见门

串门应将所有笼舍联系起来，允许猩猩在室内外区域移动。串门平均宽 71 厘米、高 86 厘米。对猩猩来说，水平滑动的推拉门是最安全的选择。这些推拉门可以用厚 2.54 厘米的实心聚丙烯材料制作。串门可以悬挂在金属轨道上，以便轻松滑动；拉杆或门把手带锁。出于安全考虑，拉杆可以装配齿条，防止猩猩抵门时伤及饲养员。

扫描二维码，观看卡梅伦动物园猩猩饲养员 Laura Klutts 拍摄的视频，演示猩猩展区门的操作。

竖向的串门或吊门如果设计不正确可能会由于意外坠落而砸中猩猩的脚或手，更可能砸伤或砸死幼年猩猩。如果用的是吊门，用滑轮或者齿轮传动系统可以防止门坠落伤及猩猩。在吊门上需要安装弹簧锁销，保证在吊门提起或下落后都能锁定。建议串门与其他相邻的网、墙、地面的最大间隙不超过 3 厘米。

引见门（或"打招呼"门）可以作为串门的组合功能应用于笼舍之间的双层串门，一层串门用实心的聚丙烯材料制作（板材门），另一层串门用热镀锌网或不锈钢网制作（网门）。在引见阶段，打开板材门，关闭网门。这种双层结构串门可以让不同的猩猩个体在夜间隔着网门互相熟悉，而不必将它们完全隔开。

至少有一个室内笼舍的串门两边都要安装吊环螺杆，以便固定运输笼箱。因为饲养员要抬着笼箱经过串门进入笼舍，所以串门要足够大，一般门宽 1.2 米、高 2 米。还有必要设计一个串间，可以让工作人员安全妥善地卸下一只新来的猩猩。

4. 个体笼舍

室内笼舍建议用硬网（如热镀锌网）。硬网上务必要有操作端口，可以连接采血套筒，用于训练（如剪指甲或超声波检查）以及允许猩猩交还不应该放在展区的物品。

猩猩全天使用的室内笼舍不应小于 3.7 米×6.1 米×6.1 米（长×宽×高）。夜间使用的笼舍不应小于 2.4 米×3.5 米×2.4 米（长×宽×高）。如果要管理多个猩猩群，一些个体也许要长期待在室内，则应尽力给猩猩提供更大的室内笼舍。理想的设计是，每一只猩猩都有彼此分开的室内隔离区。此外，应根据未来的猩猩数量设计笼舍。

平滑的混凝土地面应用于室内笼舍效果非常好，也可以选择生态地面和自然垫层，如泥土，有助于加强丰容效果和提高审美情趣。垫层必须很深，最好为 50 厘米或更深。排水沟必须建在笼舍外面，宽度至少为 16 厘米。

硬网天花板能给猩猩提供像在树上生活的空间和悬挂攀爬的材料。现浇混凝土屋面或中空混凝土屋面配合屋面防水材料用于夜间笼舍效果很好。

脆弱的装置只能放置在室内笼舍的外面，猩猩够不着的地方，或装在硬网天花板的上方。可利用天窗补充自然光和通风，但要用硬网或其他钢结构保护，防止猩猩逃笼。如果猩猩接触不到自然光，可以用荧光灯或全光谱灯替代。

加温设施和空调管道也要放置于猩猩接触不到的地方，并用密网保护，但不能影响空气流通。有先例证明，猩猩会把东西放进加热管，有可能导致火灾。

至少有一个内舍要有安全放置体重秤的地方。这是称量和管理猩猩体重必不可少的，但是很多展区设计常常忽略这一点。内舍必须提供自动饮水点，因为必须为猩猩提供不间断的新鲜饮用水（见第九章），且水管要用钢板或小孔径硬网或拉花钢板保护起来，避免猩猩接触。

每个笼舍都要有攀爬材料和猩猩可以睡觉的高平台。吊环螺栓用膨胀螺丝固定在墙上，螺杆和墙上的空洞内都要涂环氧树脂，用来悬挂丰容物品。

5. 厨房、洗衣间和办公区

要有一个厨房区域。这是配餐、储存食品、冷藏食物（如蔬菜）必不可少的。厨房应配备充足的烹饪电器和其他器具，还有比普通厨房大 2～3 倍的不锈钢水槽。需要宽敞的操作台，放置沥干餐盘的架子。储藏草料和树叶的空间也必不可少。

洗衣机和烘干机都很有用，可以用来洗涤给猩猩筑巢和丰容用的床单和毯子，也可以洗毛巾。要有储存丰容物料和其他猩猩所需的装备。饲养员操作区也需要用于电脑录入和通信的办公区域。

室内厨房/办公室和猩猩笼舍间一定要有窗户，让猩猩看到建筑内的其他地方在发生什么。因为猩猩很聪明，常常很好奇（见第四章），这可以让它们保持平静，让它们感觉到对环境有更大的掌控能力。这也是丰容的一项内容（见第八章）。

四、室外笼舍

室外笼舍最重要的考量是确保地面的安全。如果地上有石块或水泥碎块，猩猩会很快发现，可能会用来相互攻击，或扔向游客导致严重的伤害，或用于破坏或尝试用于逃跑。2016 年春季，美国圣路易斯动物园的饲养员看到一只 12 岁的雌性猩猩鲁比（Rubih）收集石块反复敲打展区窗户。那年 11 月，它成功地敲碎了一块宽 2.13 米的展窗玻璃。动物园用 7.62 厘米厚的有机玻璃替代原有的三层夹胶玻璃，重做玻璃框架并用填缝胶堵缝，用了 21 天才解决问题。维修损坏部分和更换玻璃的成本超过 198 000 美元。

另外，室外笼舍应包含许多丰容项目，不能仅仅用来控制猩猩。室外笼舍区域内要充满固定可调整的装置来丰富猩猩生活的环境，激发它们的认知需求（见第八章）。应评判整个展区，并牢记"这是为猩猩建造的"，应在充分考虑猩猩的动物福利的基础上进行展区设计。

以下讨论猩猩室外笼舍的一般特点。

1. 通道系统

通道系统用硬网制作，可以连接室外笼舍、内舍和其他展区。通道可为猩猩创造更多移动的可能性，通过给猩猩创造穿越树林的感觉，增加了丰容元素。一些动物园，如美国费城动物园甚至建造了一个穿过公众区域上方的通道，游客能看到猩猩从他们头顶上走过。这种通道系统受到了荷兰阿珀尔多伦灵长类动物公园早期设计理念的启发。

也许通道系统的最佳范例是在佛罗里达沃楚拉大型类人猿收容中心。该中心目前收容了 21 只猩猩，并且没有对公众开放。其每一个室内和室外展区都通过复杂的通道系统连接，最大限度地创造了空间数量和结构来满足猩猩不同的社会需求（图 10.6）。对猩猩来说，有可能到达不同的空间是一种特殊的丰容体验。

2. 塔和悬空缆绳

最近的展区设计逐渐流行用悬空缆绳连接多座高塔，如美国华盛顿史密森学会国家动物园用这种设计来连接两个相距很远的笼舍区（图 10.7）。每个塔上的平台都足够大，平台下面很光滑，防止猩猩抓住表面从塔上爬下来。此外，也使用电网作为二级防护。塔高至少在游客头顶上方 8 米，以阻止猩猩跳下。

图 10.6 美国佛罗里达沃楚拉大型类人猿收容中心复杂的通道系统。为了承受沿海潮湿的气候、猩猩粪便和尿液的腐蚀，以及高压水管持续的清洗，该收容中心的通道有绿漆或棕色漆覆盖热镀锌网构成的双重防护系统，是由有高达 250DPN（威氏硬度值）的锌铁合金保护涂层的钢材建造

图 10.7　美国华盛顿的"O线"（供图：史密森学会国家动物园）

3. 攀爬结构

可以简单地用木头搭建带有平台的攀爬结构（图 10.8）。这些结构不仅为猩猩提供一个离开地面在高处进食和睡觉的地方，也能用消防水带悬挂可以晃动的轮胎和益智取食器等丰容项目。

绳网的支撑柱可用来悬挂多种类型的攀爬材料，如消防水带（见第八章）。消防水带可以挂在焊接板和挂钩上，挂钩要预埋在水泥墙里或连接在膨胀螺丝上。用消防水带制作的大型吊床也可以挂在室外展区里。

图 10.8　哥伦布动物园和水族馆猩猩展区内的攀爬结构（供图：G L Banes）

4. 人造树和晃杆

可用混凝土制作人造树。人造树可用于嵌入式丰容项目，饲养员可以在里面藏用于奖励猩猩的食物。第八章介绍了一个具体的案例，即纽约州塞内卡公园动物园做的白蚁丘。工程师要重点考虑人造树应能承受一只成年雄性猩猩的力量和重量。

将用碳纤维或纤维玻璃制作的晃杆固定在地上，并间隔一定距离，这样猩猩就可以在晃杆之间来回荡。晃杆有柔韧性，可以让猩猩像在野外树枝上一样摇摆。图 10.9 展示的是圣地亚哥动物园的晃杆。

图 10.9　圣地亚哥动物园内一只有颊垫雄性猩猩在晃杆上镇定地摇摆

5. 水体丰容

猩猩很喜欢水体丰容，如果水够浅，就不会导致它们意外溺水。瀑布和小溪都是很有效的丰容，在展区设计之初就要考虑建造。要有效地保护水源，以避免猩猩将杂物塞进水源，造成堵塞。

6. 植物丰容

西方国家的大部分动物园猩猩展区不种树，因为猩猩会很快将树木破坏。每天供应带有新鲜树叶的鲜嫩树枝，可满足猩猩对植物饲料的需要。植物可增加公众区域遮阳，对游客也有吸引力。植物要种在猩猩够不到的地方。动物园内不要种对猩猩有毒的植物种类，因为尽管猩猩够不到，但游客会摘下叶子扔到展区内。

总之，猩猩展区要提供猩猩安全的环境。应鼓励猩猩的自然行为，给游客提供与猩猩建立关联的机会，从而理解它们在地球上的重要性。

当设计一种新的设施设备的时候，要考虑多项因素，尤其要注意隔离检疫和保持猩猩健康所需的细节工作（见第十二章），以及将保护教育、展区标识和展示主题相结合的建议（见第十一章），并将丰容理念结合运用于建筑设计中。

第十一章

猩猩的保护教育

本章将解释什么是保护教育，为什么保护教育在现代动物园中很重要，为什么保护教育是在中国动物园中传递科普知识、培养尊重和支持动物园及野生猩猩种群的特殊机会。同时从世界各地的动物园选择案例，来说明以猩猩为主题的保护教育的作用。

一、保护教育的概念

保护教育是积极影响人们对野生动物和自然的意识、知识、态度、情感和行为的实践，其不仅仅是简单的意识和知识传递。保护教育工作者必须通过饲养员和讲解员的解说、保护教育项目的实践、公民的科学知识普及、相关问题的研究和讨论、保护教育的专业化发展、网站上的互动和正规的课堂教育，让公众积极地参与野生动物和自然的保护行动。

成功的保护教育应该导致行为的改变，可能促进游客可持续的行为，提高公众对保护自然的支持度以及对相关法规的遵守，或影响政府对保护自然资源的政策。对于动物园，应努力通过为游客提供动物保护教育，改变人们对野生动物的态度和看法，鼓励人们了解保护问题，改变人们的行为转而支持处境危险的野生动物和大自然。

二、保护教育在中国动物园的重要性

每年有超过 7 亿人参观世界各地的动物园和水族馆。仅在美国，动物园和水族馆每年接待超过 1.8 亿人的访客，超过观看所有重要体育赛事的总人数。中国的动物园也有同样多的受众：中国动物园协会（CAZG）的会员单位每年的游客量超过 1 亿人。中国动物园协会以外的动物园和野生动物园还有很多，所以中国所有动物园每年接待游客的总人数可能达到 1.4 亿人，比世界上其他任何一个国家的动物园都多。中国环境与发展国际合作委员会（China Council for International Cooperation on Environment and Development）也认为，中国动物园"能够而且应该发挥保护教育的桥梁和纽带作用"。中国动物园应以动物为载体为游客提供积极的体验，增加人们的知识，改变人们的态度，并让游客与动物建立情感联系，以推动大范围的行为改变。

中国对保护教育的需求越来越迫切。随着中国经济的快速发展，数以亿计的消费者正对当地和全球环境产生更大的影响。这些消费者需要中国动物园的引导，做出对野生动物和自然环境最友好的选择。此外，随着经济发展的需要，一些行业越来越依赖自然资源的开采和开发，以通过采矿、水电站开发、农业生产和伐木来支持日益增长的消费需求。与此同时，研究表明中国的公众对自然保护的兴趣、支持度和积极性一直在增加。因此，中国动物园有机会促进人们对重大自然保护问题的认识，并利用人们日益增长的消费能力去鼓励积极的行动。

希望本章将有助于为动物园提供保护教育的全球视角，也希望中国动物园通过已经获得的丰富经验和专业知识去不断完善保护教育项目。

三、开发保护教育项目的关键问题

作为极度濒危物种的猩猩所面临的威胁已有详细的说明（见第三章）。人们因为认识上的缺失而导致猩猩面临各种挑战，而保护教育可以让人们认识到野生猩猩面临的问题，这样人们可能会改变自己的行为，并促进其他人的行为发生改变，以帮助这些濒危物种的保护。

在设计保育教育项目时，建议考虑以下问题：

（1）可能应对什么样的挑战？

（2）保护教育的目的和目标是什么？

（3）保护教育的目标受众是谁？

（4）预期目标受众有哪些行为改变？

（5）您需要为哪些限制、障碍或资源制订计划？

（6）哪些信息必须被最有效传达，才能在人们的知识、态度和行为方面产生预期的变化？

接下来将依次讨论这些问题。尽管本书主要介绍猩猩为主题的保护教育项目，但以上这些问题可以应用到所有的保护教育措施中，无论聚焦的物种是什么。

四、保护教育应对的挑战

设计一个有效的保育教育项目，必须首先确定要解决的挑战是什么。可能"栖息地丧失"被认为是最显著的挑战，因为人们希望能帮助保护猩猩的雨林家园。但是，保护可以从更贴近猩猩日常生活的地方入手。不论游客的背景、教育、经济状况或社会地位如何，都必须要关注他们可以应对的挑战和问题。

1. 认知缺失问题

在一项为期四年的研究中，探究了用什么方式可以培养孩子和家庭对动物长久的同情心和同理心。研究发现，很多人并不认为动物有自我意识或感知能力。如果希望动物园的游客同情野生猩猩的困境，并采取行动去帮助它们，必须首先确实提高人们对这个物种的理解并且欣赏它们。

事实上，很多人并不了解猩猩；人们看到老虎一般要比看到灵长类动物更兴奋。中国的很多动物园内猕猴有面积很大的猴山，但猩猩的展区面积却不大，虽然猩猩在空间需求和认知的复杂度上比猕猴要高很多，但展区的复杂度相比猕猴并不高。因此，对猩猩缺乏了解可能是动物园需要面对的第一个挑战。当动物园的游客了解并尊重猩猩，才会开始关心猩猩在野外可能发生的情况，动物园才有可能去处理其他的挑战。

2. 栖息地丧失问题

如第二章所详细描述的，猩猩生活在低地森林、山地森林和泥炭沼泽中。它们是世界上最大的树栖哺乳动物，主要依靠这些树作为食物来源。然而，这些环境正在遭到破坏，主要是为了给农作物让路，特别是油棕榈种植园。印度尼西亚和马来西亚生产世界上 80％的棕榈油，且仍在持续砍伐越来越多的森林，为不断增长的商品经济让路。修建水电站等能源开发类项目，也是威胁猩猩野外栖息地的重要因素。

3. 偷猎和非法贸易问题

作为一种极度濒危物种，猩猩在印度尼西亚和马来西亚受到法律的保护。捕杀、运输、饲养或买卖猩猩都是违法的。野生猩猩被杀的原因包括人类为了吃猩猩肉而捕杀猩猩，成年猩猩为了保护幼年猩猩不被抓获而被杀，猩猩和人类发生冲突而被杀。对于繁殖缓慢，种群数量无法快速恢复的物种来说，被猎杀是极具威胁的。

虽然中国野生动物消费呈下降趋势，但野生动物消费市场依然活跃，野生动物的消费仍在继续。虽然一般人不太可能消费猩猩或购买其副产品，但在中国的一项针对野生动物保护意识的调查中，57.3％的受访者认为野生动物可以作为伴侣动物。

活体猩猩的贸易有利可图，某些亚洲动物园里的猩猩就是从野外非法获得的。据联合国环境规划署（UNEP）估计，在捕获一只幼年猩猩出售给动物园的过程中，至少有一只成年猩猩被杀死。因此，需要强调向负责任的引进野生动物的动物园学习的重要性；还需要强调动物园负责任的、可持续的圈养繁育计划的重要性，这些繁育计划有助于猩猩的异地保护。

动物园的保护教育信息可通过让游客相信动物园非常关心动物的健康而变得更有影响力。动物福利是一个热门话题，游客可以直观地感受动物园中动物的福利状态，而动物园应该通过在游客中传播获取动物的道德规范，成为反对非法动物贸易的典范。

五、保护教育的目的和目标

一个周密而有效的保护教育项目应该有特定的目的，并有明确的预期目标。

保护教育（简称"保育"）项目的目的包括：通过提高对猩猩及其赖以生存的栖息地的认识，促进对猩猩栖息地的保护；讨论猩猩在生态系统中的重要作用以及对人类的益处；指导和鼓励游客为猩猩保育做出积极、正向的行为改变。

目标是为了实现目的而采取的可衡量的行动步骤。目标是保护教育项目中最重要的部分。在听取饲养员的解说后，70%的动物园游客将可以：

- 知道生活在动物园的猩猩们的名字。
- 说出每一只猩猩的性格特点。
- 明确野生猩猩所面临的两种威胁。
- 描述可以帮助野生猩猩的、游客有能力实践的两个行动。

目标应该由五方面组成，即具体、可衡量、以受众为中心、切实性、时效性，每方面的首个英文字母组合在一起就是"S. M. A. R. T."（聪明的、巧妙的），如表 11.1 所示。合理而具体的目标可以衡量保育计划是否有效，并且可以应用于项目评估。

表 11.1　S. M. A. R. T. 系统设计应用

S. M. A. R. T. 系统	意义	举例
具体	特定可观察到的行为或结果	说出动物园里猩猩的名字
可衡量	为达到目标有可衡量的数据	70%的动物园游客能够……
以受众为中心	明确的受众和对他们切实可行的行动	听饲养员解说的动物园游客

（续）

S. M. A. R. T. 系统	意义	举例
切实性	描述一个现实的、可达成的、有意义的任务	动物园游客期待了解的基本信息，而非物种的百科全书
时效性	在明确的时间段可以达到效果	听饲养员解说之后

六、保护教育的目标受众

当计划一个有效的项目来实现保护教育的目标时，了解听众的需求、兴趣和背景是很重要的。一旦了解受众（或选择一个特定的目标人群），就可以调整教育信息、技能、行动的深度，以及教育项目的时长。了解受众有很多方法。很多动物园通过问卷调查、游客自助录入信息和访谈交流等方式收集人们的基础信息（如年龄、性别、生活地、兴趣等）。了解游客如何游览动物园可以有助于制订教育项目的计划。例如，大多数游客是和家人一起来的吗？是妈妈陪着孩子的，还是祖父母陪着孙子孙女的？青少年是以团队的形式来的吗？

教育工作者可以更多地研究受众，了解他们的习俗、信仰、教育水平，以及这些背景对他们保护野生动物观点的影响。通过分析已有的关于人们对环境的态度和行为的一些研究数据，结合动物园的情况和社区调查，将有助于对受众的研究。

七、预期保护教育受众的行为改变

传统的保护教育经常失败，是因为无法突破人们从认知到行动之间的界限。因此，赋予公众知识和行动能力是至关重要的。人们往往对环境问题以及他们个人如何采取更积极的行动并不清楚。研究表明，人们不知道他们采取什么行动是有助于环境保护的，并且他们觉得自己怎么行动都不可能对环境产生实质性的影响和变化。动物园的保护教育可以帮助受众克服这些障碍。

让动物园游客从认知到行动发生改变并不是一件容易的事情。世界上多数环境恶化问题是因全球近80亿人口的生活方式而导致的，因此只有通过改变人们的行为才能实现环境保护。动物园在培养游客的保护意识方面做得很好，但只有少数人最终会发生行为的改变。有几个误区被认为是造成人们无法实现行为改变的原因，导致长期以来保护教育在引导人们行为方面的不足：

- 在保护教育项目中过于强调知识和意识。
- 与大自然和野生动物脱节。
- 对现有社会行为规范发起挑战困难重重。

接下来的部分将讨论这些误区：

1. 过于强调知识

在过去的观点里，保护教育项目设计的出发点是提供给人们更多的知识，这样他们就更有可能对动物产生同理心，从而采取行动去保护它们。

然而，行为科学研究人员反复研究发现，这种方法并没有效果。知识的传播是远远不够的。现今，动物园保护教育的重点是教授人们技能和增加他们参与保护的机会。

在西方的动物园，阻碍人们"做出改变"所面临的问题包括对每个人影响力的认知不足、对集体行动的悲观以及对有效解决方案缺乏了解。其他问题还包括很多人认为环境质量整治是政府的责任，因为是由政府来创建和执行环境法律、规则和标准的。因此，Lo 等（2012）在中国海龟保护案例研究中发现，积极教育的意义在于改变中国野生动物保护的价值观和态度，应该为人们提供更多的机会，让他们积极参与群体性的行动，从而培养一种集体成就感。

为激发人们的积极性，保护教育工作者可以向人们说明参与行动和分担责任的重要性，同时提供案例或者让公众行动起来的机会（和技能）。

澳大利亚维多利亚动物园给出了一个很好的例子，展示了动物园如何通过让人们参与集体行动，在他们的社区、甚至政府中实现积极的改变。在 2009 年年底，该动物园发起了一项名为"不要蒙蔽我们"的活动（图 11.1）。在英

图 11.1　来自维多利亚动物园"不要蒙蔽我们"活动的图片。A. 图中原文是："不要蒙蔽我们，是时候标明食物中棕榈油的含量了"；B. 图中原文是"您的食物是否导致了每年超过 1 000 只猩猩的死亡？请支持在产品中标明棕榈油含量"（供图：维多利亚动物园）

语中，这个标题包含了一个关于"棕榈油"的双关语，意为大众不希望被棕榈油行业蒙蔽。这一活动的目标是通过减少不可持续生产的棕榈油的消费，从而减少未来对猩猩栖息地的森林砍伐。动物园的访客被邀请签署一份请愿书给澳大利亚政府，要求生产商明确标注含有棕榈油的食品，而不是使用"植物油"这样含糊不清的名称。通过签署请愿书，动物园的访客做出了一个简单而公开的承诺，展现了集体行动的力量。请愿书显示了有多少人支持食品标明棕榈油成分，有多少人关心这个问题。

为了评估该项目的成功与否，研究人员在活动开始前 6 个月、活动开始后 6 个月和 12 个月，以及活动结束后 6 个月，向动物园访客分发了调查问卷。根据 403 位访客的回答发现，认识到棕榈油生产是导致猩猩栖息地丧失的主要原因的访客人数是项目开始前的 3 倍。在活动结束 6 个月后，这一比例仍为 2.5 倍。在活动结束时，90％的调查对象支持商品标明棕榈油的请愿活动，75％的调查对象在请愿书上签了名。截止活动第 1 年，共有 13.8 万人访问了动物园的棕榈油请愿活动网站，超过 3.3 万人在社交媒体上关注了该活动。

虽然澳大利亚政府没有投票表决实行棕榈油强制标签，但主要的食品生产商听取了维多利亚动物园访客的呼声。澳大利亚 6 家主要食品制造商中有 5 家承诺从 2015 年开始只采购经过认证的可持续生产的棕榈油（CSPO），有些制造商还自发增加了商品标签。这类活动仍在继续：2018 年，来自澳大利亚各地学校的 5 万多名学生给澳大利亚政府写信并签署请愿书，来支持增加棕榈油含量标签。维多利亚动物园的活动是一个很好的例子，通过公众教育和大众参与，动物园成为推动工业生产和政策变革的主力。

2. 解决与自然脱节问题

许多研究人员发现，感觉与自然有连接的人更有可能参与到自然保护的行动。那些与自然有更高联系程度的人往往会在童年时用更多的时间在自然中玩耍，或者在他们的生活中有一个与他们共享自然的成年人。这就是为什么对儿童来说，在大自然中拥有自由玩耍和探索的时间是至关重要的。为了满足这一需求，动物园正在为儿童和家庭提供自然的玩耍空间和机会，让他们在展区内外与自然界建立联系。在美国的一项研究中有 57％的人表示，参观动物园或水族馆，使他们感觉与大自然有了更多的联系。

动物园和水族馆通过自然风格的展示、在自然中鼓励探索和玩耍的活动、公众科学和保护教育，努力将人们与自然联系起来，从而提高访客行为改变的概率（特别是在活动将强有力的保护信息和行动相结合时）。将访客与自然联系起来需要全园协同，其中包括保护教育、展示设计（见第十章）和丰容（见

第八章）等方面的工作。

3. 挑战社会规范

社会规范是社会群体中一般的或可以被接受的行为。人们更愿意遵从能感知到的规范（其他人普遍遵循的行为模式），对个人来说偏离规范可能是一种挑战。Lo 等（2012）发现了影响中国大学生支持海龟保护的可能性的因素，发现学生们对海龟的了解与否重要性并不大，只要学生们觉得他们的同伴也支持海龟保护，就会更愿意参与保护行动。

过去，保护教育项目关注的是哪些行为不受欢迎，从而激励人们改变自己，并且强调人们应该付诸行动。这种方式使人们在开展保护行动的过程中感到孤独，可能会失去继续坚持的勇气。最新的行为学研究表明，过去的保护教育策略是无效的，建议保护运动和保护项目应该聚焦社会规范，强调大量公众已经采取的行动，并对这些行动表示赞许。以维多利亚动物园为例，人们看到已经有大量的签名，就会更愿意在请愿书上签名。

在过去，某些人把野生动物视为食物、药品和收入的重要来源，即一种仅有利用价值的资源，而不是为了它的内在价值而加以保护的资源。但这种状况正在迅速改变。张莉（2008）致力于建立中国城市居民对野生动物保护的意识水平的研究，以及人们对野生动物保护的重视程度和参与野生动物保护的意愿。研究发现，61.7%的城市居民认为所有动物都应该受到保护；52.6%的人认为动物和人类是平等的，两者都值得尊重和保护；超过50%的人支持野生动物保护；83.1%的人对野生动物保护持积极态度，认为通过保护措施，野生动物可以避免灭绝。

利用这种对野生动物保护和保护伦理的广泛支持可以改变人们的行为，特别是在那些还没有做出行为改变的人当中，以及那些没有意愿参与的人当中。动物园开始认可这些行为学研究，并不断促进改变社会规范。加拿大安大略省的多伦多动物园做到了这一点，他们将"选用与森林砍伐无关的棕榈油"作为一种社会规范，并作为一种策略去促进打断不可持续生产的油棕榈种植园和森林砍伐之间的联系。他们相信，如果购买含有不可持续生产的棕榈油的产品在社会上是不被接受的，消费者就会购买可持续生产的棕榈油或棕榈油替代品。

4. 单一的、可实现的和具体的行动

回到最初的问题：您希望在目标受众中看到哪些行为改变？行为学家发现，大多数成功引导行为改变的信息都提供了一个单一的、可实现的和具体的行动。以下是可能鼓励访客采取的行动：

- 了解更多的信息，搜索有关猩猩及其栖息地的信息，以及影响因素。
- 寻找对猩猩友好的产品，以减少对它们栖息地的砍伐。
- 选择经过认证的可持续生产或回收的木材产品。
- 选择经过认证的可持续生产的棕榈油产品。
- 向其他人传播关于猩猩和被认证的可持续生产的棕榈油的信息。
- 不要投喂猩猩，因为它们有特殊的饮食习惯。
- 不要敲打玻璃，这是对猩猩不友好的行为，并且会对它们造成干扰。
- 加入一个动物园组织的工作坊，为猩猩建造一个丰容装置。
- 按照动物园的要求，带旧衣服或毯子，作为猩猩的筑巢材料。
- 造访那些致力于用最佳实践来照顾猩猩的动物园。

不是所有的保护教育都必须聚焦到猩猩上。通过培养人们对野生动物的普遍支持和同理心，必然会培养对所有动物的支持，包括猩猩。因此，也可以鼓励访客采取以下行动：

- 为野生动物改善阳台或院子，建立它们与大自然的联系。
- 捡拾垃圾，清理河流，保持生态系统健康。
- 为家庭的其他成员树立环保行为的典范。
- 回收手机和电子设备以限制对采矿的需求。
- 减少对部分材料的消耗，尽量重复使用和回收利用，尤其是纸张的使用（通过限制人们对新原料的消费，减轻森林砍伐和采矿对猩猩和其他物种的影响）。
- 救助或领养流浪动物，而不在宠物店购买。
- 通过捐助和志愿服务来支持保护组织。

只要可能，动物园应该在展区和教育项目中开展和融入保护信息。保护信息应该是简短而有基本价值态度的，能促使人们朝着预期的行为方向去改变。在传达保护信息时，要考虑受众是谁、受众的价值观、受众认为解决方法存在的障碍、预期受众采取的行动以及采取行动后获得的积极回报。给出的保护信息要既清楚又积极，并且是易于理解和可以实现的具体行动。

八、为应对保护教育项目的限制而制订计划

为了确保保护教育项目的成功，一定要考虑可能需要克服的约束和障碍，或者可能需要寻找的资源等限制。这些限制可能包括预算、可利用的时间、人员以及季节等。每个保护教育项目都有自身的一些限制和相应的解决方案。

九、有效的保护教育形式

一旦确定保护教育的受众、目的和目标，并且对已拥有的资源有了实事求是的考量，就可以选择最能让受众有效达到目标和目标的活动了。

1. 保护教育的常见主题

在大多数西方国家的动物园，通常把教育信息的重点放在猩猩和人类的相似性上。希望人们在猩猩身上看到自己，以建立同理心，这样人们会更愿意参与保护行动。改变动物园游客观念的最好方法，就是鼓励游客在猩猩的展区前观察它们。如果动物园以符合高标准道德规范的方式来展示猩猩，并且鼓励它们在展区的自然行为，那么游客就会看到猩猩与人类相似的情感和行为：爱、幸福、同情、挫折。

动物园可以向游客解释，"orang‐utan"这个词来源于马来语："orang"意思是"人"，"hutan"意思是"森林"。那么，"orang‐utans"的意思是"森林人"。如第二章所说，猩猩也是人类在动物中亲缘关系最近的近亲：人类与猩猩有97％的DNA是一样的。这些信息在西方国家的动物园经常会被放在展区的标志、保护教育项目中（图11.2），甚至在T恤上进行传达（图11.3），帮助游客更好地理解人类与猩猩的亲密关系。

图11.2 澳大利亚婆罗洲猩猩生存基金会（BOS）的保护规划。英文原文是"我们与它们共享97％的DNA，但我们已经摧毁了它们80％的栖息地"

图11.3 由英国苏门答腊猩猩协会（SOS）生产和销售的T恤（A），宣传穿这款衣服的人96.4％是猩猩。这款T恤的每笔销售所得都将用于支持该慈善机构在苏门答腊的保护项目。在一场非常受欢迎的促销活动中，几位名人穿着这款T恤来帮助促销和筹集所需的资金（B）

　　还应强调，每只猩猩都是有自己独特想法和感受的个体。因此，很多动物园会分享每只猩猩的名字，以及它们喜欢什么和不喜欢什么，并讲述关于它们个性化的有趣故事。中国的很多动物园也在这么做，重庆动物园和美国犹他州的霍格尔动物园一样，游客可以看到猩猩的家族图谱，上面显示了动物园猩猩之间的相互关系。在成都动物园，当游客看到动物园对猩猩的关心、努力和展区前精致的雕塑时，会明白"特里"是一个有身份的、广受爱戴的动物园居民。在南京市红山森林动物园，"乐申"被隆重推出作为动物园的动物形象大使（图 11.4）。

　　图 11.4　动物园猩猩保护教育的常见主题。A. 重庆动物园（供图：G L Banes）的猩猩家谱；B. 犹他州霍格尔动物园（供图：K Gallo）的猩猩家谱；C. 成都动物园"特里"的雕像；D. "乐申"形象在南京市红山森林动物园醒目的位置（供图：G L Banes）

扫描二维码，观看南京市红山森林动物园和上海动物园的猩猩举行"婚礼"的视频。此举向公众展示了猩猩对动物园很重要，它们是具有人类情感的独特个体，值得共同保护。

有一些信息可以传达给游客，帮助他们理解猩猩和人类的相似性：

● 邀请游客和讲解员或者志愿者一起观察猩猩。如果游客感受到自己成为保护教育工作者的一员，可能愿意在展区前停留更长时间并询问问题。

● 当游客观察猩猩的行为时可以介绍猩猩的需求和感受。例如，如果猩猩正躲在毯子下面或者收集树叶和树枝，向游客解释它们正在模拟自然行为，因为野外的猩猩会在树上筑巢。这是一个很好的自然过渡，可以解释猩猩在树冠上生活的时间超过 90％，还可以和游客谈及森林砍伐对野生猩猩的影响：没有树，就不再有猩猩。

● 讨论猩猩和人类共同拥有的需求和感受。如果猩猩正在觅食，向游客介绍这说明它饿了：可以接着解释猩猩是如何的聪明，能找到隐藏的食物，描述它们在野外吃的水果和食物的种类（见第九章）。

● 将人类和猩猩在外表、行为、社会结构等方面的相似性进行对应分析，可以解释猩猩和人类非常相似，在动物园中照顾它们时，经常需要人医协助兽医进行护理（见第十二章）。也可以讲述雌性猩猩怎样将它们的后代照顾到 8～10 岁：猩猩母亲可能是动物王国中最勤劳、慈爱的母亲（见第三章）。在野外一只幼年猩猩会待在妈妈身上一直到 2 岁左右：问游客会不会让自己的孩子一直粘在身上这么长时间。

● 分享猩猩个体的故事。用个体的名字和故事，可以关联猩猩最喜欢的食物、游戏或玩具以及它们的家庭关系等。可以开玩笑地跟游客说猩猩不喜欢吃蔬菜，虽然这对它们的健康有好处，这或许也是来访的大多数儿童（和许多成年人）都存在的情况。

2. 标牌和解说系统案例

标牌比起工作人员和志愿者与游客的面对面互动，可以辐射更多的人。因此，标牌是教育和推广计划中至关重要的部分。展区可以通过多种途径传递保育信息，包括插画、图解、地图、声音、气味以及其他很多可以吸引游客注意的媒介。展区使用多媒体进行解说效果更好，而且能吸引更广泛的观众。

最好的展区标牌和解说都是简洁的，传达的主要信息少于 5 个，主题清晰明了。主题应该能引起游客好奇，并愿意参与分享，同时为游客带来娱乐。图11.5 和图 11.6 展示了一些给人印象深刻的解说和标牌。

图 11.5 猩猩行为训练区科普牌与现场解说：南京市红山森林动物园猩猩馆展区设计了一个猩猩行为训练展示区。通过向游客进行日常行为训练及饲养员的现场解说，让公众了解猩猩在配合医疗健康检查时的常态，以及猩猩的聪明程度和个性特点。这种方式不但让游客深入了解了猩猩在动物园里的生活，且真切地感受到了猩猩的聪明以及它们和饲养员之间的信任与默契（供图：南京市红山森林动物园）

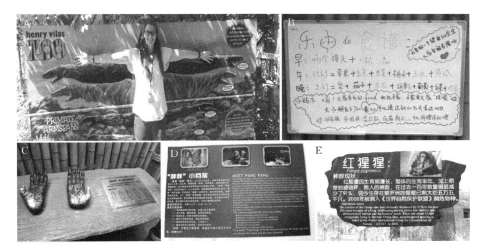

图 11.6 动物园常用标牌。A. 在美国威斯康星州麦迪逊的 Henry Vilas 动物园，游客们被鼓励张开双臂，看看自己与猩猩和其他类人猿的对比（供图：K Anest）；B. 南京市红山森林动物园里，游客还可以了解猩猩吃什么：内容写在白板上，因此可以每天更新，以反映它们不断变化的饮食或营养；C. 在南京市红山森林动物园，游客们可以把他们的手和猩猩的手进行比较，了解人类和猩猩有多相似；D. 北京动物园的标牌上写着：尽管胖胖已经步入老年，而且病着，但北京动物园永远不会放弃她；E. 在济南野生动物园，游客可以了解为什么猩猩会濒临灭绝（供图：G L Banes）

多项研究表明，动物园游客更关注电视屏幕和多媒体展示，而非物理和印刷的标牌。福州动物园在许多标牌上印刷二维码，游客可以通过扫描二维码来了解更多关于动物的信息。在数字化时代，比起在展示墙上阅读，游客可能更习惯于通过手机浏览信息。网络社交平台的重要性无须强调，如微信。很多动物园现在都在这些社交平台上传递自己动物园动物的信息，这是一个轻松便捷的保护教育渠道。

然而，不同的展示媒介都有其局限性。展区的电视屏幕常常会出现故障，需要专业人员进行维护；交互式、网页式设计也需要维护和更新。

3. 与动物园工作人员互动案例

如何传递信息和传递什么样的信息同等重要。虽然标牌对于展示信息很重要，但常常被忽视。因此，一名有爱心、有同理心的志愿者或工作人员和游客进行交谈并帮助他们了解猩猩的感知行为非常重要。饲养员讲解在将猩猩和游客之间建立联结方面特别有用。

美国动物园和水族馆的一项多机构合作研究项目发现，与游客交流保护教育信息最有效的策略是使游客与训练有素、充满激情的工作人员或志愿者进行一对一的交谈。在英国的一项研究发现，与讲解人员的相处为游客创造了机会，让他们对猩猩以及动物园的保护教育信息有了实质性的了解。研究人员发现，与科学相关的交谈特别受到家庭访客和教育人员之间社群互动的影响。他们建议动物园的教育工作者应该通过"提出发人深思的问题，让家庭成员有机会分享他们的知识和经验"来深入交谈。研究人员得出结论："动物园教育人员可以通过有趣且令人兴奋的话题、充满激情的讲解和渊博的知识来激发游客的积极性。"并不是所有的动物园都有足够的时间和资源来和访客进行互动——但是有互动总比没有好。图 11.7 显示了动物园工作人员与公众互动的案例。

图 11.7　上海动物园饲养员在每周六和周日举行的讲解活动，动物园的游客可以在看到幼年猩猩圆圆安全地在头顶上爬行的同时了解更多关于猩猩的信息（A，供图：朱迎娣）。在美国威斯康星州麦迪逊市的亨利维拉斯动物园，孩子们抱着一只编织的猩猩手臂，来体验成年雄性猩猩的手臂伸展后能有多长（B，供图：G L Banes）

4. 集体承诺案例

在猩猩保护上，游客们能采取的最有力的行动，就是支持购买那些以可持续生产棕榈油为原料的公司的产品。为了促进这一点，澳大利亚的维多利亚动物园创建了一个交互式的"Zoopermarket"（动物园超市）展区（英文中与"超市"是双关语）。在这里，顾客可以模拟购物，并扫描标签，看看在他们最喜欢的产品中哪些含有经过认证的可持续生产的棕榈油成分（图11.8）。

图11.8　墨尔本动物园的"Zoopermarket"，顾客可以浏览他们平常在超市最喜欢购买的产品，了解哪些含有可持续生产的棕榈油。这个互动展区旨在改变顾客的消费观（供图：维多利亚动物园）

美国宾夕法尼亚州的费城动物园采取了不同的方法。他们的互动展示让游客去感谢那些只使用非森林砍伐棕榈油的公司，而不是指责那些使用不可持续生产棕榈油的公司。互动屏幕上显示的应用程序清晰而简短地向游客说明棕榈油生产的问题，请游客作为"变革的催化剂"，发送电子邮件以鼓励企业继续使用可持续生产的棕榈油。他们还组织了一些特殊的活动，在这些活动中，游客会在纸质"感恩叶"上签名：游客会写下感谢的话。然后，该动物园将这些树叶邮寄给公司，借以说明有多少人在关心防止森林砍伐，并鼓励公司继续使用或承诺更多地使用经认证的可持续生产棕榈油（图11.9）。

美国科罗拉多州夏延山动物园开发了一款手机应用程序，让用户可以更好地了解棕榈油（图11.10）。该应用程序除了向游客提供有关导致印度尼西亚和马来西亚猩猩栖息地大量减少的油棕榈危机的信息外，游客还可以在当地超市扫描产品的条形码，了解产品是否含有不可持续生产的棕榈油。该动物园还在美国主要节日期间公布对猩猩"安全"的糖果品牌年度名单，特别是在万圣

图 11.9　费城动物园的互动展示鼓励动物园游客写信给公司，感谢他们使用可持续生产的棕榈油（A）。游客还会在"感恩叶"上签名，动物园出资将这些"感恩叶"邮寄给那些对猩猩友好的公司。好时公司——美国宾夕法尼亚州费城附近的一家大型巧克力生产商——的一位经理收到了一片叶子，上面写着："感谢您承诺在产品中使用可持续生产的棕榈油，从而帮助拯救猩猩。"这片叶子上有很多动物园游客的签名（B）（供图：费城动物园）

节期间。这些名单可以从动物园的网站上打印。该动物园还为其他动物园在自己的机构落实棕榈油项目开发了在线工具包和指南，包括动物园游客可以写给那些仍然采购不可持续生产棕榈油的制造商的邮件范本、可以向美国和印度尼西亚总统要求立法保护猩猩的邮件范本，以及让儿童去完成的涂色板、填字游戏、丰富多彩的图片和插图，来推动项目的进展。此外，该动物园还开发了一个"猩猩友好棕榈油"标识，可以供产品仅使用可持续生产棕榈油的公司使用。制造商被鼓励在他们产品的包装上使用这个标识，但必须经过动物园的检查和认可（图 11.10）。

图 11.10　夏延山动物园开发的棕榈油应用程序、标识和涂色板，旨在提高人们对可持续生产棕榈油的认识（供图：夏延山动物园）

丰容是猩猩饲养管理的重要组成部分（见第八章），但也是一种有价值的工具，可以帮助游客和动物园的动物建立联系。南京市红山森林动物园有一个丰容捐赠项目，即游客可以把他们清洁的旧衣服放在专门的收集箱里（图11.11）。动物园工作人员在把这些旧衣服给猩猩前，会检查这些旧衣服对猩猩是否安全。游客会返回动物园，并希望看到他们的捐赠物品被猩猩使用。在美国佛罗里达州沃奇拉的大猩猩研究中心，公众会捐赠旧杂志和书籍给猩猩"阅读"。工作人员在检查确认书钉和其他附着物被清除后，就会交给猩猩作为丰容。这些项目帮助游客在丰容工作中扮演了一定的角色，让他们感觉自己与动物有了更多的联系。

图 11.11　南京市红山森林动物园的猩猩馆，设有长期接收游客送来的丰容物资收集箱，游客可以捐赠毛毯、衣服、废旧车胎等物品（供图：南京市红山森林动物园）

在美国犹他州的霍格尔动物园，饲养员举办了一场"宝宝派对"（专门为迎接宝宝出生而组织的派对），并接受了许多丰容物品的捐赠。饲养员在亚马逊网站上建立了一个宝宝派对的愿望清单，那些特别期待猩猩宝宝降生的动物园游客被邀请去亚马逊网站为猩猩挑选礼物。礼物的照片在社交媒体上备受关注，并作为一项特殊的活动在动物园举行的宝宝派对上展出。美国得克萨斯州韦科市的卡梅隆动物园也举办了一场宝宝派对，当地媒体对此进行了报道。记者对猩猩索要一张多莉帕顿（Dolly Parton，美国著名的乡村音乐歌手）的专辑感到特别神奇。

动物园用丰容和游客建立联系的另一种方式是利用猩猩的画作。许多猩猩喜欢画画，美国的许多动物园鼓励他们的猩猩画画（见第八章）。这是一种非常好的方法向动物园的游客展示猩猩的聪明以及它们和人类的相似之处；动物园一般会通过出售猩猩的画来为猩猩保育项目筹集资金。

南京市红山森林动物园把动物明星乐申的画作在它的生日会上向游客集中展示，并开展爱心义卖活动，筹集的资金用于支持园内动物保育（图11.12）。

在美国的犹他州，一名中学老师让他的学生们用脚隔着模拟的动物园场馆围栏画画（图 11.13）。学生们的画看起来很像猩猩的画作。

图 11.12　南京市红山森林动物园工作人员在动物明星乐申的生日会上向游客展示乐申的画作

图 11.13　为了模拟猩猩绘画，美国犹他州一所中学的老师让学生们用脚夹着画笔，隔着围栏绘画。他们的画看起来很像猩猩的画作

在世界各地，许多动物园都支持举行"猩猩关爱周"，一般在每年 11 月的第 2 周举行。每年"猩猩关爱周"的主题会有所不同，一般会提前向公众做宣传，其间动物园会鼓励游客参加一系列以猩猩及它们在野外面临的威胁为主题的保护教育活动。许多游客在这一周来动物园就是为了更多地了解猩猩。还有一些动物园则在每年的 8 月 19 日举办"国际猩猩日"。动物园可以选择某一周或某一天，或者在动物园自己的特殊日子举办猩猩节（图 11.14、图 11.15）。

图 11.14　美国威斯康星州麦迪逊市的亨利维拉斯动物园在 2017 年 6 月庆祝 "猩猩关爱日"。因为 "猩猩关爱周" 在冬季，那时威斯康星州的天气很不好，动物园决定在一年中更适合的时间举办自己的 "猩猩关爱日"。在这一天，猩猩馆的窗户内侧用无毒的儿童颜料做了彩绘，并用英文写着 "猩猩关爱日快乐！"

图 11.15　南京市红山森林动物园每年 11 月组织"猩猩关爱周"活动。例如，2019 年主
　　　　题为"爱猩同行"主题游园会。参与者可以参加猩猩野外生存挑战游戏、为动
　　　　物园的猩猩配置科学营养早餐、为猩猩制作丰容玩具以及制作可持续生产棕榈
　　　　油手工皂等活动，全面了解猩猩在野外的生活现状以及动物园里猩猩的生活需
　　　　求，鼓励公众通过参与丰容物资捐赠、选择含可持续生产棕榈油的日用品，用
　　　　直接或间接的行动保护猩猩

　　保护教育在不断变化。保护教育应该对文化发展和科技创新对社会大众和游客的影响做出响应。希望本章能够提供一些新的思路和视角，但更鼓励人们结合自己所在动物园的情况和实际经验，开发自己的保护教育项目。一起努力，通过动员游客做出积极和长期的改变，就可以改变猩猩和其他濒危物种的命运。

　　2006 年，中国动物园协会与美国亚特兰大动物园合作在成都大熊猫繁育研究基地和成都动物园创建了动物园保护教育研修班（ACT）。目标是为来自中国各地的动物园、水族馆、非政府组织和自然保护区的教育工作者提供关于保护教育的方法、内容和评估等方面的培训。想了解更多保护教育的资讯，请考虑参加这个保护教育培训班。国际动物园教育工作者协会（IZEA）是另一个传播全球各地保护教育信息和理念的组织。

第
十
二
章

猩猩的医疗护理

　　猩猩与人类有 97% 的基因是一致的，所以在生物学、生理学和解剖学上有很多相似的地方。除本章提到的例外情况，猩猩的医疗管理与人类非常相似。通过利用人类健康管理的生物安全、疾病诊断和治疗的通用原则，可以为猩猩制定非常全面和高质量的健康管理方案。由于针对大型类人猿的医疗技术在全世界范围内都在不断地进步，所以读者应该与时俱进地看待相关问题。

　　由于猩猩和人类之间存在紧密联系，所以传染性疾病非常容易在二者之间传播。圈养环境中猩猩的人兽共患传染病通常来自动物园的员工或者游客。同样，患病的猩猩可以成为人类疾病的传染源，而这些患病的猩猩最初是从人类那里感染了病原。这种疾病的传播存在于圈养猩猩管理的各个方面，因此需要采取良好的生物安全措施。例如，展区设计应防止游客将物品扔进展区，或者避免游客与猩猩有直接接触（见第十章）。饲养员守则中必须包含当饲养员（或他们的家人）患病时，应避免与猩猩接触的管理规定。相反，饲养员必须非常小心，防止将病原体从工作环境中带回家。猩猩的营养必须均衡以确保其拥有强大的免疫系统以对抗传染源（见第九章）。

　　建议对猩猩及其饲养人员建立并执行强有力的预防医学规定。如果动物园管理者、兽医、人医和动物饲养者都支持并践行预防医学规定，那么猩猩就可以在动物园中拥有长久而健康的生活。

一、为猩猩医疗所做的准备

　　在决定把猩猩引入之前，要先为猩猩未来的医疗需求做好全面的准备并添置相应设备。下述内容是引入猩猩前需要考虑的医疗相关的重要事项。

1. 兽医、 人医和兽药供应商

　　饲养猩猩的机构应随时能获得有大型类人猿医疗或培训经验的兽医的支持。最好有一名全职兽医来负责整个饲养区域内全部猩猩的医疗。当无法找到全职兽医时，也可以雇佣一名顾问兽医/兼职兽医，保证可以定期来到饲养机构并能及时应对紧急的医疗问题。另一个解决方法是雇佣一名全职的认证护士，让护士与兼职兽医定期沟通。同时需要与其他饲养猩猩的动物园的兽医团队保持密切的联系，因为其他机构的兽医可能有独特的照顾猩猩的经验，而经验分享对不同饲养机构非常有用。

由于猩猩在生理学和所患疾病上跟人类非常相似，兽医需要与人医合作来处理猩猩的健康问题。除了某些例外情况，人类医学的原则也适用于猩猩医学。因此，人类在手术、放射医学、儿科医学等方面的专家也可以解决猩猩的医疗问题。人医和兽医必须愿意合作，一起探讨猩猩在解剖学和疾病方面的独特之处，以及与人类的不同之处。这种合作关系对双方都是有益的：可以提高猩猩的保健水平，可以获取仅供人类医院使用的诊断仪器和药物，为无法经常参与非人灵长类动物医疗问题的人医提供了难得的临床案例。

猩猩饲养机构还需要与当地的人类医院的临床实验室建立联系。除某些例外情况外，人医实验室进行的常规血液检查、粪便寄生虫检查、微生物学和病理学检查都可用于猩猩的样本检查，所以应尝试寻找一个能够接收非人灵长类动物样本的人类医学或兽医学实验室并建立合作。但应注意，有些人医实验室无法正确地检测猩猩的样本，包括结核病血清学检测、类鼻疽血清学检测、甲状腺激素水平检测等，这就需要兽医时刻关注猩猩的最新诊断技术。

此外，猩猩饲养机构与兽药供应商保持良好的关系是非常重要的。供应商应能够一直稳定地提供饲养机构需要的药品和物品，且不会出现延误。

2. 用于兽医诊疗和尸检的专属空间

一些设备精良的猩猩饲养机构可能会有独立的兽医门诊，在这里可以完成所有的医疗工作，同时可以存放所有的医疗设备和医疗档案。然而，很多机构没有这样的条件，此时需要指定一个特定的区域，配备相应的设备来进行猩猩的医疗处置。这个特定的区域需要满足以下条件：

- 可以安全储存药品、吹管、医疗设备及实验室设备。
- 配备可以存放疫苗和任何需要低温存放的药品的冰箱。
- 有干净和稳定的可消毒区域，用于放置猩猩并进行医疗处置。
- 有实验室设备区域，最好能有一个水池。
- 有存放医疗记录的区域。
- 配备一台连接互联网的电脑，用于记录数据、对外联络和病例调查。

此外，还需要指定一个独立的区域用于尸检。这个区域必须限制非相关人员的出入，且该区域的通风设施不能与其他有动物或人员的区域相连。该区域最好仅用于尸检，否则必须在尸检之后进行彻底消毒。任何地面区域都必须使用不渗水材质，这样才能做到彻底消毒。最经济的方式是使用混凝土，表面以密封剂进行密封，也可以选用瓷砖铺地。尸检区域需要连接冷水和热水系统，同时要求具备：

- 一个户外的无渗漏的连接排水系统的混凝土地面。
- 与排水系统相连的有无渗漏地面的房间，最好有一个金属桌子和金属柜子用于存放尸检工具和物品。

3. 专门的隔离区域

需要一个单独的隔离区域专门用于饲养刚刚抵达或者患病的猩猩。这个区域可能是猩猩展区的附属区域（但需要有独立的空气循环系统和排水系统），或者是一个完全独立的建筑。隔离区域的所有空间都必须能够消毒并且连接排水系统。该区域应至少包含由移动门连接的两个笼舍，以方便在打扫卫生的时候对猩猩进行转移。隔离区域应经特殊设计防止液体流进非隔离区域，反之亦然。详细的展区设计建议见第十章。

4. 消耗品

在常规猩猩诊疗和紧急情况下通常会用到以下消耗品，应时刻保持有存货：

- 注射器：1毫升，3毫升，6毫升，12毫升，20毫升，35毫升，60毫升。
- 针头：0.5毫米，0.7毫米，0.9毫米，1.2毫米，1.6毫米。
- 紫头（EDTA）采血管：2毫升或4毫升。
- 红头（血清分离）管：4毫升和10毫升。
- 无菌液体：乳酸林格液和生理盐水溶液（0.9%），至少保证5袋1升装的存货。
- 可吸收缝线：型号5-0号至1号的聚二噁烷酮（PDO）缝线，或型号5-0号至1号的Vicryl（polyglactin 910）缝线。
- 非可吸收缝线：型号4-0号至2号的聚丙烯（Prolene）缝线，或型号4-0号至2号的尼龙线。
- 静脉留置针：0.7毫米，0.9毫米，1.2毫米，2.54厘米和5.08厘米。
- 一次性乳胶检查手套：各种型号配备数盒。
- 无菌手术手套：6号，6.5号，7号，7.5号各数盒。
- 手术口罩。
- N95生物防护口罩。
- 消毒擦洗液：4%洗必泰溶液或7.5%聚维酮碘。
- 异丙醇：70%。
- 医用胶带：2.54厘米，5.08厘米。

- 纱布：12.9 厘米^2，25.8 厘米^2，无菌和非无菌。
- 绷带：自黏性弹性绷带（如 Elasticon），非黏附性敷料（如 Telfa）。
- 试管：1～3 毫升的用于血液学检测的试管（包含抗凝剂），3～10 毫升血清分离试管。
- 一次性移液管：3～5 毫升。
- 玻片染色试剂盒：用于血液涂片和细胞学诊断。
- 载玻片：一面为磨砂面。
- 盖玻片。
- 用于血液涂片和寄生虫检查的实验室物品，包括贝尔曼粪便检测。
- 用于粪便寄生虫漂浮的硫酸锌漂浮溶液或 Sheather's 糖溶液。如果这些溶液无法购买，可以自己制作 Sheather's 糖溶液：加热 335 毫升自来水至接近沸腾状态，加入 454 克砂糖搅拌至糖溶解；待溶液温度降至室温时，加入 6 毫升浓度为 37％ 的甲醛溶液防腐。

5. 基本医疗设备

不同动物园可以提供给兽医的资源是不同的。基本的仪器设备和物品可以保障兽医的诊疗工作。以下医疗器械是必备的，应该在饲养猩猩之前就配备齐全：

- 远程药物注射系统：可以购买商品或者手工制作。商品包括各种容量的吹管针管（3 毫升），一个吹管，一个手枪和一个手枪枪管。在美国常见的品牌包括 Telinject 和 Daninject。在大多数猩猩饲养机构仅使用吹管。这对于那些不能使用手枪的地区至关重要。
- 吹管针管：可以购买或手工制作吹管针管，但是手工制作的吹管针管难以对质量进行控制。可以使用手工制作的吹管来发射商品化的吹管针管。
- 带灯喉镜，弧形和直形：7.62 厘米和 17.78 厘米。
- 气管插管：4 毫米，5 毫米，6 毫米，7 毫米，8 毫米，9 毫米，10 毫米。插管的末端必须有一个可充气套囊。气管插管在人医上是一次性使用的，但是在兽医上通常多次使用。每次使用之后要使用气管插管管刷彻底清洁气管插管的内部。每次使用之后需要对气管插管进行灭菌处理，如有可能应使用气体灭菌器。将气管插管浸没在洗必泰溶液中也可以灭菌，但要注意应彻底冲洗经浸泡消毒的气管插管，因为洗必泰对气管黏膜具有刺激性。
- 具备调节阀/流量计的便携式供氧器。
- 麻醉监护用血氧监护器。这个仪器用于测量血氧饱和度（SaO_2）。
- 听诊器。
- 检耳镜/检眼镜。

● 高压灭菌锅或压力锅：用于手术器械的消毒。

● 双筒显微镜：至少配备 40×、100× 和 400× 放大倍数的显微镜。1 000× 放大的显微镜是理想的进行细胞学和血液学检查的配置。

● 用于离心采血管的离心机：转速至少为 900 g。

● 用于测量血容比的离心机：转速至少为 10 000 g。

● 手持折射仪：用于检测总蛋白和尿相对密度。

以下手术器械也应备齐：

● 与刀片相匹配的手术刀柄，至少配备 2 把。

● 有齿镊和无齿镊。

● 止血钳：蚊式止血钳（12.70 厘米）4 把，凯利止血钳（17.78 厘米）4 把。

● 梅奥剪刀：直剪（22.86 厘米）。

● 梅岑鲍姆剪刀：弯剪（15.24 厘米）和直剪（22.86 厘米）。

● 牵开器。

● 持针钳 2 把。

● 巾钳 6 把。

● 无菌腹部手术包。

如有可能，无菌腹部手术包应包含额外的剪刀、医用镊子和止血钳等，可以在医院获取并准备好以供随时使用。

6. 理想的医疗设备

任何饲养猩猩的动物园应该配备以下医疗设备，但并不是必需的：

● 用于麻醉监护的二氧化碳分析仪：用于监测呼气末二氧化碳（$ETCO_2$）。

● X 线设备和至少 35.56 厘米×43.15 厘米的成像板（如果是非数字化 X 线机）。数字化 X 线机是最理想的，但是价格昂贵。

● 上方有良好照明的诊疗台。

● 用于个体识别的芯片和识别器。

● 血压监测设备。

● 心电图仪。

7. 药品储备列表

至少需要配备的药物包括口服和注射用广谱抗生素、镇痛药、麻醉剂、驱虫药和用于伤口护理的外用软膏。需要备齐够几天治疗所需要的药品数量，直到额外的药品供给能够到位。表 12.1 列出了在饲养猩猩前需要配齐的药品。

表 12.1   任何机构饲养猩猩前需要配备的药品清单

分类	药品英文名	英文品牌名	药品中文名	剂型
麻醉剂	Tiletamine/Zolazepam	Zoletil®，Telazol®	舒泰	注射剂
麻醉剂	Ketamine	Ketaset®	氯胺酮	注射剂
麻醉剂	Lidocaine		利多卡因	注射剂和局部使用
麻醉剂	Xylazine	Rompun®	赛拉嗪	注射剂
麻醉剂	Yohimbine		育亨宾	注射剂
麻醉剂	Atropine or Glycopyrrolate		阿托品或胃长宁	注射剂
肾上腺素受体激动剂	Epinephrine		肾上腺素	注射剂
抗生素和抗菌药	Azithromycin	Zithromax®	阿奇霉素	口服片剂和口服悬浊液
抗生素和抗菌药	Levofloxacin or Ciprofloxacin		左氧氟沙星或环丙沙星	口服片剂，注射剂（如有可能）
抗生素和抗菌药	Amoxicillin/Clavulanic acid	Augmentin®，Clavamox®	阿莫西林/克拉维酸钾	口服片剂和口服悬浊液，注射用阿莫西林（如有可能）
抗生素和抗菌药	Chloramphenicol		氯霉素	口服片剂、口服悬浊液、注射剂
抗生素和抗菌药	Metronidazole	Flagyl®	甲硝唑	口服片剂、口服悬浊液（注射剂如有可能，但是注意要缓慢给药）
驱虫药	Ivermectin	Ivomec®	伊维菌素	注射剂
驱虫药	Fenbendazole	Panacur®	芬苯达唑	口服剂
驱虫药	Albendazole		阿苯达唑	口服剂
抗炎药	Paracetamol		对乙酰氨基酚	口服剂
抗炎药	Ibuprofen	Advil®，Motrin®	布洛芬	口服片剂、口服悬浊液
抗炎药	Dexamethasone		地塞米松	注射剂
抗炎药	Prednisolone		泼尼松龙	口服片剂
眼科用药	Triple antibiotic ointment		三联抗生素软膏	外用药膏
伤口护理用药	Silver sulfadiazine cream	Silvadene®	磺胺嘧啶银乳膏	外用膏剂

注：任何饲养猩猩的机构必须保证这些药品在任何时候都有存货。

8. 参考资料

兽医需要始终能够获得必要的参考资料。兽医可以通过互联网来查找医疗资源和药品，并与同行保持联系。以下资料也是必需的：

● 中文版《猩猩饲养管理手册》：这是专门为饲养猩猩的中国动物园和中国野生动物定制的权威的参考资料。兽医以及动物园所有员工非常有必要拥有这本书的纸质版或电子版。

● 兽医药物处方集：《普拉姆兽药手册》由 Donald C Plumb 撰写，是目前可获得的最完整的动物医药信息资源。该书英文第 8 版最近已经发布，但只有第 5 版被中国农业大学出版社翻译出版。

● 人医医药处方集：英文版《内科医生的案头参考书》是 70 年来处方药使用的权威资源，几乎在每个内科医生的办公室、药房、诊所和图书馆都能找到这本书。这本书还没有被翻译成中文并在中国出版。

● 兽医教科书：英文版《默克兽医手册》是最广泛使用的兽医教科书。2016 年出版了第 11 版。

● 人医医学教科书：《默克诊断和治疗手册》（通常称为《默克诊疗手册》）是世界上很畅销的医学教科书。2018 年 4 月此书的第 20 版出版。

建议参考的其他书籍如下：

●《小动物外科学》，由 Theresa Fossum 撰写。第 5 版已于 2018 年 6 月由 Mosby 出版。

●《McCurnin 兽医技术人员手册》，由 Joanna M Bassert 撰写。第 9 版已于 2017 年 4 月由 Saunders 出版。

●《Hacker & Moore's 妇产科精要》，由 Neville F Hacker、Joseph C Gambone 和 Calvin J Hobel 编纂。第 6 版已于 2015 年 11 月由 Elsevier 出版。

●《英国小动物兽医协会兽医护理手册》，由 Barbara Cooper、Elizabeth Mullineaux 和 Lynn Turner 编纂。第 5 版已于 2011 年 12 月由英国小动物兽医协会（BSAVA）出版。

●《动物园动物和野生动物保定与麻醉》，由 Gary West、Darryl Heard 和 Nigel Caulkett 编纂。第 2 版已于 2014 年 9 月由 Wiley - Blackwell 出版。

●《福勒动物园和野生动物医学和最新治疗》，由 R Eric Miller、Nadine Lamberski 和 Paul Calle 编纂。第 9 期已于 2018 年 6 月由 Saunders 出版。

二、接收猩猩前的准备工作

在计划要接收一只猩猩时，发出方和接收方都要为猩猩的运输做好相应的准备工作。这可以确保猩猩足够健康以应对转运压力，也可以降低传染病在饲养机构和猩猩之间的传播风险。在转运前需要完成以下步骤：

1. 回溯被转运猩猩的病史

● 是否有任何现存的健康问题会影响运输？或者是否有任何问题需要与接收方的兽医进行探讨？

● 有哪些曾经发生的/已经解决的健康问题？这些问题是否会影响猩猩转运或者是否会带到新的群体里？

● 被转运的猩猩曾经被诊断为患有结核病吗？如果是，需要关注是如何诊断的，如果进行过治疗，要关注是否进行过后续检测。

2. 回溯被转运猩猩的行为记录

猩猩在每天一致的饲养管理下和稳定的种群中会保持良好的状态。将一只猩猩从一个群体中移出并将其转移到不同的饲养机构可能是这只猩猩经历的最易产生应激的一段时间。

如果需要转运的猩猩个体一直很紧张和谨慎，那么转运意味着会给它造成巨大的压力。使用抗焦虑药物可能有所帮助，如口服地西泮（成年雌性 10 毫克，成年雄性 15～20 毫克；小于 12 岁的猩猩为每千克体重 0.25 毫克）或阿普唑仑（成年雌性 0.5～0.75 毫克，成年雄性 0.75～1.25 毫克；小于 12 岁的猩猩为每千克体重 10～15 微克）。

如果猩猩尚年幼且仍由其母亲照料，转运会极具应激压力。

3. 回溯现有猩猩的病史

● 动物园现有猩猩是否患过寄生虫病？也许需要对现有的猩猩进行治疗以防止这些寄生虫病感染新的个体。

● 动物园现有的猩猩是否有结核病患病史？是否曾经检测出结核病？如果有，应仔细回溯患病情况，并利用这些信息来指导转运前的健康评估工作。

4. 转运前的健康评估

猩猩转运到新的饲养机构前需要完成一次完整的健康评估和疾病监测（表12.2）。评估结果、个体病史和群体病史应该汇总在一起，分享给接收猩猩的机构的兽医和管理人员，以提醒他们该转运个体可能会出现的任何健康问题。细节记录需要包含整个医疗评估的内容，包括体格检查、样本采集、样本实验室检测和自行检查的结果。转运兽医和接收兽医可以在猩猩转运前根据病史记录认真分析可能出现的问题。

表 12.2　猩猩转运前的检查和疾病监测

程序	检查内容
体格检查	进行全身系统性检查。从头部开始，到脚部结束，评估项目如下：被毛质量；皮肤健康度；眼部检查；耳部检查；是否流鼻液；口腔、牙齿、舌和咽部检查；淋巴结触诊；气囊检查；肺部和心脏听诊；腹部触诊；外生殖器、四肢、关节检查
牙齿检查	口腔检查，检查所有的牙齿和牙龈。如有需要应施行洁牙术
体重监测	称量体重并记录
核实永久性个体标识	彻底检查整个身体，记录任何文身或者独特的身体特征。检测并记录芯片号。猩猩在不同机构转运时通常会被更改名字，芯片是唯一可用的永久性身份核实方式。如果该猩猩无芯片，应该在其后背肩胛骨之间皮下注射一枚芯片
粪便寄生虫检查	需要在显微镜下对直接涂片法制作的粪便涂片进行寄生虫检查。尤其应注意检查贾第虫和纤毛虫。应该使用粪便漂浮法，并在显微镜下检查线虫，如类圆线虫、鞭虫和蛲虫（蠕形住肠线虫）。将粪便样本送往人医实验室，通过粪便沉降和贝尔曼技术检测类圆线虫的幼虫
粪便细菌性病原体筛查	将新鲜的粪便样本或直肠拭子送至人医实验室以培养沙门菌、志贺菌和弯曲菌
血液采集	采集 2 份紫头 EDTA 抗凝的血液样本和 3 份甚至更多红头管（血清分离管）血液样本。将一份紫头 EDTA 抗凝的血液样本和一份红头管样本送至实验室进行全血细胞检查和血清生化检查。离心其他红头管将血清移出用于进行病毒学研究。将 2 毫升血清冷冻储存以备其他检测所需。将另一份紫头 EDTA 抗凝的血液样本冻存于 −20 ℃ 或更低的温度，以备 DNA/遗传检测，包括子代检测和亲缘关系测试等，见第一章
尿液检查	使用导尿管采集尿液或者自由采集。将尿液样本送到实验室进行尿相对密度检测和包括尿沉渣的尿检，如果可能应检查尿蛋白和尿肌酐比值
病毒筛查	将血清送至专门的病毒实验室进行以下病毒学检测： ● 甲、乙、丙型肝炎病毒 ● 单纯疱疹病毒 1 型和 2 型 ● 猴腺病毒 ● 水痘-带状疱疹病毒 ● 爱泼斯坦-巴尔病毒
免疫接种	检查猩猩的疫苗接种史，如有需要进行免疫。完整的免疫程序见本章相关内容
影像学诊断	如果可以进行放射性诊断，优先考虑诊断胸部，尤其注意判断是否有结核病病灶或慢性肺炎

（续）

程序	检查内容
结核病测试	解读猩猩分枝杆菌的检测结果很具有挑战性，很多分枝杆菌的检测方法在猩猩上的有效性还不确定，尤其是结核菌素皮内试验在猩猩上并没有用。代替的方法是，使用肺部灌洗液进行分枝杆菌分离培养，如有可能，进行聚合酶链式反应（PCR）诊断。将样本送往人医实验室进行检测。如果培养结果为阳性说明该猩猩最近感染了结核分枝杆菌，必须立刻采取治疗措施（见本章相关内容）
心脏疾病筛查（针对大于 20 岁的成年猩猩）	进行完整的心脏听诊。如有可能，与人类心脏学专家合作进行心脏超声波检查，这是对猩猩进行的最佳的心脏健康检查。但要注意，与典型的人类心脏疾病相比，猩猩的心脏疾病经常会有不同的临床表现

　　可能需要在猩猩全身麻醉的情况下才能进行全面的健康检查。完整的麻醉原则和指导方案将在本章其他部分进行阐述。整个麻醉过程需要提前计划和安排，这样可以最大限度地缩短麻醉时间。

　　转运前除了对传染病进行检测外，以下检测结果也应仔细评估：

　　● **寄生虫学**：粪便寄生虫检测阳性并不会影响猩猩的转运。少量纤毛虫感染在猩猩上是正常的。这类寄生虫与猩猩属于共生关系，猩猩粪便中滋养体的含量每天都会有所变化。如果猩猩没有临床症状，就不需要对纤毛虫进行治疗，除非滋养体的含量非常高。通常，如果 40 倍物镜视野下有多于 5 个滋养体，需要给猩猩使用 5 天量的甲硝唑或四环素（剂量见用药处方）。如果 40 倍物镜视野下有少于 5 个滋养体，需要将检验结果记录下来但不用进行治疗。类圆线虫需要用伊维菌素治疗，剂量为每千克体重 300 微克。鞭虫应用甲苯咪唑治疗，单次剂量为 500 毫克。检测到少量的（40 倍物镜视野下少于 5 个滋养体）蛲虫需要记录下来但并不需要治疗。大量（40 倍物镜视野下多于 5 个滋养体）蛲虫感染需要治疗 2 次，每次使用 100 毫克甲苯咪唑（大于 2 岁的猩猩），2 次治疗间隔 14 天。在第 2 次治疗之后 1 周，再进行一次粪便检查以确保粪便中的虫卵数已经下降。如果没有下降，重复上述 14 天的治疗程序，并再次进行粪便检查。如果治疗效果依然不佳，尝试使用双羟萘酸噻嘧啶，每次每千克体重 11 毫克，间隔 14 天再用药一次。

　　● **细菌检测**：如沙门菌、志贺菌或弯曲菌培养阳性，则该猩猩不应进行转运，直到这些细菌被治疗至阴性才可以转运。可以咨询传染病专家的意见。猩猩转运前应达到复查培养阴性结果。

　　● **病毒检测**：经检测甲、乙、丙型肝炎阳性的猩猩不能转运至新的饲养机构，也不能引入给其他猩猩个体，除非其他猩猩同样为检测阳性的个体。避免将肝炎传染给健康的猩猩。然而，要注意猩猩可以携带它们自己的（内生性的）猩猩乙型肝炎病毒变体，有的实验室可以区分猩猩源性变体和人源性变体，有的则不能区分，应明确实验室能否鉴别猩猩携带哪种病毒变体。有一些特定的检查可以对病毒性肝炎进行"分期"，同时判断猩猩是否有保护性的免疫反应并产生足够的抗体，以及猩猩是否有传播疾病的可能。其他病毒检测的结果可以作为猩猩种群的基础数据资料。阳性检测结果不应影响转运。

● **分枝杆菌检测：**更多关于分枝杆菌检测的细节请见本章相关内容。这里必须要提醒一下，当猩猩的痰液或肺灌洗液出现分枝杆菌阳性结果的时候，这只猩猩不能进行转运或者不能引入给其他未感染的猩猩。结核病是一种慢性的潜伏性疾病，可以悄无声息地在动物园的员工、猩猩和其他动物之间蔓延。

理想的情况是，在猩猩转运前 12 周进行分枝杆菌培养。因为分枝杆菌的生长速度极为缓慢，甚至在 12 周之后才会有结果。最好在转运前确定猩猩的检测结果为阴性。如果检测结果为阳性，则需要取消转运。

有些转运根本没有满足 12 周的检测期。在这种情况下，被转运的猩猩需要在新饲养机构进行隔离，等待样本培养时间达到 12 周。双方机构需要遵循这个原则，如果猩猩在隔离期内的培养结果为阳性，则该猩猩必须送还给原来的机构。但是并不建议这样的操作，因为多次转运给猩猩造成的应激压力太大。

如果可以将细菌培养和 PCR 诊断相结合，也许可以将获得检测结果的时间缩短至 4～6 周。

5. 提前探望即将转运的猩猩

饲养员需要提前去饲养机构探望即将转运的猩猩，还应在那里待几天。在此期间，猩猩的新饲养员需要有机会跟即将转运的猩猩相处，跟原先的饲养员了解这只猩猩的个性特点和目前的饲养方式。原先的饲养员应该跟着猩猩一起去新的饲养机构：这样的操作模式可以最大限度地减少转运期间猩猩的应激压力。

三、隔离检疫：猩猩到达之后的工作

猩猩需要在特定的场所进行最短 60 天的隔离检疫，即使是这只猩猩有来自输出机构的结核病检测阴性报告。如果没有进行结核病检测，需要立刻进行该项检测，并且隔离检疫期需要延长到至少 12 周，直到样本培养测试完成为止。

当猩猩安全抵达隔离检疫区后，即使运输前分枝杆菌培养呈阴性结果，也需要立刻安排第二次结核病检测。如果转运前分枝杆菌培养为阴性，那么猩猩可以在第二次结核病检测结果出来之前离开隔离检疫区。从长远来看，两次检测结果均呈阴性，结合 X 线胸部检查也无结核病病灶，可以增加结核病阴性结果的准确性。

如有可能，在隔离检疫区饲养猩猩的饲养员不能同时饲养动物园的其他灵长类动物。这样做可以降低病原体从隔离检疫区的猩猩传播给其他灵长类动物的风险。如果无法实现这样的人员安排，那么这名饲养员需要先去饲养现有的灵长类动物，之后更换隔离检疫区专用的服装和鞋子，再去饲养隔离检疫的猩猩。饲养员需要彻底洗澡和更换衣物后才能离开隔离检疫区去另一个动物区域。

让固定的饲养员照顾猩猩可以帮助猩猩建立信任并减少应激。

1. 隔离检疫的最低标准

在健康检查结果出来之前，需要假定隔离检疫的猩猩都患有寄生虫病、细菌病和病毒病，并且这些疾病都有传染员工和其他灵长类动物的风险。因此，需要保持高的卫生标准：

● 在饲养猩猩的时候，饲养员需要穿着专用的服装，佩戴口罩和防护性手套。这些服装必须与普通衣服分开洗涤，且不能带回家清洗，避免儿童或其他人接触这些专用服装。

● 饲养员在离开饲养区域时应经过含有氯消毒剂或其他消毒剂的足部消毒池。消毒池内的消毒剂应每天更换。

● 需要彻底清理粪便和猩猩吃剩的食物。整个笼舍、丰容物品、毯子和喂食器等需要定期消毒。

● 很多寄生虫不能被消毒剂杀死。因此，采用机械清粪并对残余的粪便进行刷洗可以将寄生虫卵从饲养环境中清除。

2. 隔离检疫健康评估和传染性疾病检测

如果猩猩在转运前没有进行完整的或充分的健康评估，那么在隔离检疫期需要进行一次完整的健康评估和传染性疾病检测，并需要把详细的信息记录下来。完整的检查程序见本章"接收猩猩前的准备工作"。强烈建议进行重复健康评估，因为猩猩输出机构的评估结果并不总是值得信赖。

3. 在转运和隔离检疫期间控制压力

猩猩经过转运之后表现高强度的压力是很常见的。它们可能会拒食，拒绝更换笼舍，拒绝互动而躲在角落里。压力对免疫功能有消极影响，可能会导致疾病恶化或者亚临床疾病复发。因此非常有必要在隔离检疫期间监控猩猩的行为和食欲状况。一旦发现问题，需要尽快进行处理。

就像上文所建议的那样，一个最简单的减少猩猩应激压力的方式是让新饲养员在转运前去猩猩原来的饲养机构，用几天的时间跟这只猩猩相处，去了解这只猩猩的行为特点和日常饲养方式。当猩猩抵达新饲养机构的时候，原先的饲养员要跟着一起去，以帮助猩猩适应新的环境。

隔离检疫期间需要坚持猩猩原有的饲养方式，保持原先的饲养员和相似的食物，让猩猩远离噪声和突然的惊吓。猩猩在熟悉的人员和饲养方式下会保持良好的状态。

隔离检疫期间需要一直给猩猩提供丰容以最大限度地减少其无聊和压力。这些丰容物品可以包括毯子或一大堆可以用来筑巢的材料。其他丰容方式包括食物种类变化、音乐、电视、供玩耍的平台或吊床，还可以在饲养员的主导下完成一些行为训练。需要让猩猩在寻觅、解决问题或者与饲养员良性互动的情况下获得食物。详细的关于丰容方面的建议见第八章。

四、猩猩的预防医学

在适当的饲养管理、营养供给、疾病预防和完整的福利管理下，猩猩可以拥有长久而健康的圈养生活。大多数致死性疾病可以通过适当的健康管理计划进行预防。一个适当的猩猩健康管理计划包括高质量的饲养和医疗保健以及全面关注猩猩的生理和行为健康。预防疾病是最好的投资，这对其他圈养动物来说同样适用。

然而，一个强有力的预防性健康管理计划不是从兽医开始的。猩猩饲养管理的其他各方面在维持猩猩长久而健康的生活中都起着重要作用，如社群管理（见第五章）、丰容（见第八章）、营养（见第九章）和展区设计（见第十章）。通读本书可以获得全面的猩猩健康管理的信息。

从兽医角度出发，以下问题也非常重要。

1. 免疫

由于疾病有在人类和猩猩之间相互传播的风险，所以猩猩饲养员需要接受完整的且最新的中国健康管理体系建议的免疫接种。然而，猩猩也必须接受免疫接种以预防传染性疾病。虽然人类疫苗对猩猩的安全性还没有得到有效研究，但是很多人类疫苗已经在世界范围内的圈养大型类人猿上应用。总体来说，疫苗预防传染性疾病所带来的益处要高于副作用的风险。

人类的免疫计划可能适用于猩猩，但是不容易实现。因此，没有任何一个免疫计划可以适用于所有饲养机构。如果猩猩经过行为训练后可以接受肌内注射，那么免疫操作会变得容易，因此建议饲养机构对猩猩进行行为训练，如注射训练（见第七章）。如果猩猩未经训练，或者猩猩母亲不允许人类接近其幼崽，那么只能找机会进行免疫操作，如对猩猩进行麻醉时。不提倡单纯为接近幼崽进行免疫注射而重复性化学保定成年雌性猩猩。

建议饲养机构选择完整的预防性健康管理计划，包括每5年进行1次完整的猩猩健康评估。这样的操作让猩猩可以有机会接受最新的疫苗免疫。与当地的儿科医生和公共卫生人员进行沟通，可以根据当地流行的传染病制定最适合饲养机构的免疫预防计划。圈养猩猩接种的疫苗详见表12.3。

表 12.3   圈养猩猩接种的疫苗

疫苗	接种次数	接种时间
强制接种疫苗		
甲型肝炎疫苗	2次	间隔1年，最早满1岁后开始接种
乙型肝炎疫苗	3次	出生，2月龄，6月龄
破伤风疫苗	每5年1次	最早满2月龄后开始接种
乙型脑炎疫苗	2次	间隔28天，最早满8月龄开始接种
流行性脑脊髓膜炎A型和C型疫苗	3次	出生，3月龄，6月龄
轮状病毒疫苗	3次	出生，1月龄，4月龄
B型流感嗜血杆菌疫苗	3次	出生，2月龄，12月龄
建议接种疫苗		
麻疹、腮腺炎和风疹的混合疫苗	2次	12月龄，4～6岁
脊髓灰质炎疫苗	3次	2月龄，4月龄，6～12月龄
流感疫苗	每年1次	最早满6月龄开始接种
肺炎球菌疫苗	1次	2月龄

2. 清洁与消毒

清洁的环境对于保证猩猩健康十分重要。清洁的环境可以让猩猩有健康的毛发和皮肤，减少室内外环境中寄生虫的数量，减少病毒和细菌疾病传播的风险。

需要每天把粪便和吃剩的食物从猩猩的室内或室外活动空间中清理出来。筑巢材料需要定期进行更换。硬质表面需要每天清理，并且每周彻底消毒一次。最好是将猩猩移出之后再清理某个区域，这样可以在清洁的过程中减少猩猩肺部和气囊吸入细菌气溶胶。有很多产品可以用于消毒：

● 家用氯漂白剂（次氯酸钠）是效果很好且价格适中的消毒剂。家庭使用浓度（5.25%）的产品可以按照 1：50 稀释，但由于这种消毒剂不稳定，所以需要现用现配。该消毒剂需要跟待消毒的表面接触至少 10 分钟才能起到消毒作用。因为其具有腐蚀性，在消毒后必须进行彻底冲洗。该消毒剂会快速被有机物灭活，所以使用前必须彻底清理粪便和食物残渣。因为同样的原因，不建议将这种消毒剂用于室外的土地和植被消毒。但是，氯漂白剂不能杀死结核杆菌、线虫卵和原生动物。

● 季铵盐类消毒剂是常见的效果良好的消毒剂。跟氯漂白剂一样，季铵盐类消毒剂与待消毒表面作用至少 10 分钟后才可以杀死大部分细菌和多种病毒，并且售价也不高。与其他消毒剂相比，季铵盐类消毒剂的腐蚀性更小，但是使用后仍需要进行彻底冲洗。跟氯漂白剂一样，季铵盐类消毒剂不能杀死结核杆菌、线虫卵和原生动物。

● 酚类和醛类消毒剂可以杀死分枝杆菌和大部分病毒。因此这两类消毒剂可以用于已确定或怀疑猩猩为结核病阳性的饲养机构。这两类消毒剂腐蚀性较强，使用时应注意个人防护，使用后必须彻底冲洗。与其他消毒剂相比，这两类消毒剂价格较高。

3. 害虫防治

营造一个没有害虫的环境几乎不可能。但是，在饲养机构中执行一套彻底的害虫防治程序可以有效控制传染性疾病，如必须将食物储存在干燥清洁的区域、每天清理食物残渣。

蟑螂是很多感染猩猩的寄生虫和细菌的中间宿主或机械性媒介。除了维持良好的卫生状况以外，如有需要可以使用蟑螂诱饵。但是诱饵不能放在猩猩活动区域，也不能被猩猩接触到。

大鼠和小鼠可以携带多种病原体，包括汉坦病毒、肾综合征出血热病毒、拉沙病毒、螺旋体、淋巴细胞性脉络丛脑膜炎病毒、鄂木斯克出血热病毒、鼠疫耶尔森菌、鼠咬热螺旋体、沙门菌、土拉弗朗西斯菌、脑心肌炎病毒和类鼻疽假单胞菌。由于大鼠是夜行性的，可能难以被发现。尽管如此，鼠类控制在猩猩健康防护上是至关重要的一环。在每一个鼠类可能的入口设置金属网是防止鼠类入侵饲养区域的有效方式。可以使用化学性诱饵和捕鼠器，但是只能放置在猩猩活动区域以外的地方。鼠类会被食物所吸引，所以在捕鼠器上放置食物可以提高抓捕率。每天要将猩猩活动区域产生的废弃物移走。

蚊子是潜在的致命性病毒和原生动物的携带者，包括疟原虫、登革病毒、黄热病毒、乙型脑炎病毒、圣路易脑炎病毒、西尼罗河病毒、基孔肯亚病毒和塞卡病毒。上述所有病原体都可以感染人类和大型猿类。因此防蚊对维护员工、游客和猩猩健康都是非常重要的。防蚊是非常有挑战性的工作，需要各种方法相结合，包括：

● 清除动物园内的死水。蚊子只能在死水中繁殖，减少死水可以显著减少动物园中蚊子的数量。在雨后，所有动物园的员工要检查工作区域是否有死水形成，如水桶、园林景观器具、垃圾桶等都可以积水，这足以让蚊子的幼体孵化成熟。

● 在动物园的水域中饲养食蚊性鱼类。大多数动物园都有隔离动物和游客的水域，这些水域也是蚊子繁殖的场所。可以将食蚊性鱼类饲养在这些水域里。

● 在水中安装搅拌机和通风设备以抑制蚊子幼虫的发育。蚊子幼虫无法在流动的水中发育，因此安装水泵和通风设备可以让池塘中的水保持流动，抑制蚊子幼虫生长。

● 利用二氧化碳吸引器捕捉蚊子。这种捕蚊器含有一个电动单元，可以产生二氧化碳吸引蚊子，蚊子飞进捕蚊器后就会被杀死。

4. 压力管理

慢性压力会对猩猩健康造成较大的负面影响。对可能在圈养环境下生活60多年的猩猩而言，减少压力对提高它们的福利、健康和生活质量是非常重要的。

在群体中的等级地位是造成圈养大型类人猿压力的常见原因。理想的情况是让性格温和的不同个体生活在一起。大多数猩猩群体会有一只强势个体，这只强势个体的行为会对群内的其他成员造成压力。强势猩猩通常会挑弱小者欺凌，或者阻止其他群内成员获得足够的营养性食物。也许有必要把强势猩猩分隔饲养以保护被欺凌猩猩的健康和福利。成年雄性猩猩倾向于跟婴儿和亚成体和谐相处。猩猩母亲会保护自己的后代，通常会对其他尝试靠近其婴儿的雌性个体表现出攻击性。完整的引入和社群管理建议见第五章。

不恰当的营养是慢性压力的一种形式，因为会影响猩猩的免疫功能、个体间互动、成长和整体健康状况。饲养员可以控制的压力形式包括恐惧和不确定性。当猩猩饲养在可预见的相似的环境中时可以保持健康。熟悉的饲养员和饲养管理操作可以减少猩猩的压力并维持它们的健康。

如果有疾病发生或个体不相容，则有必要将某只猩猩单独饲养。如果这只猩猩已经习惯了与族群生活在一起，那么单独饲养对它而言就是一种压力。如果一只猩猩不得不被单独饲养一段时间，一定要尽可能让这只猩猩与原来的群体保持视觉和听觉接触。还需要给它提供种类繁多的丰容，让它免于因无聊产生的压力（见第八章）。

研究已经证实，新鲜的空气和光照可以促进猩猩心理和身体健康。延长猩猩在室内的时间会因无聊、前后不一致的光照周期和缺乏刺激等产生压力。在室外的时间和直接接触自然光照是日常饲养管理工作的一部分，除非有其他特殊的原因而不得不把猩猩饲养在室内。

5. 防止人兽共患病在猩猩和人之间传播

类人猿的所有疾病都可以传播给人类，反之亦然。最有效的减少传染性疾病传播的手段是限制人与猩猩的接触。在动物园环境中人和猩猩的密切接触会不可避免的导致猩猩患病。

动物园的类人猿有记录的患病信息包括人单纯疱疹病毒 1 型感染、流感嗜血杆菌感染、副流感病毒感染、甲型流感、偏肺病毒感染、肺炎球菌性肺炎和肺结核，这其中的有些疾病是致命的。反向人兽共患病（从人类传染给动物）的风险是切实存在的，需要通过笼舍设计（见第十章）和良好的人员操作方式来尽可能减少。

需要规定一些操作准则来保护猩猩，以防止饲养员携带的病菌传染给猩猩。以下操作准则非常重要：

● 仅允许必要的饲养员出入猩猩饲养区域。

● 有患病症状或者近期接触过患病人员的饲养员在痊愈之前不应该继续照顾猩猩（或其他灵长类动物）。

● 饲养员在清理猩猩笼舍、与猩猩互动和准备猩猩食物时需要穿戴口罩和一次性乳胶手套等个人防护用品（PPE）。理想的口罩是 N95，这种口罩可以滤过 95％的微粒，包括在清洁过程中产生的悬浮性病原菌气溶胶。

● 照顾猩猩的饲养员需要每年筛查结核病。他们每年都需要接种流感疫苗，并接种其他所有建议人类接种的疫苗，包括甲型肝炎疫苗和乙型肝炎疫苗。

● 设计公共参观区域时需要保持游客和猩猩之间的距离不少于 7 米，除非有玻璃隔离猩猩和游客，这样游客就不能把物品扔进猩猩的展区。

减少病原菌从一个饲养群体传播到另一个饲养群体（在同一个建筑物中或者不同的建筑物中）也非常重要。最常见的病原菌传播方式是通过每天需要照顾不同群体的饲养员进行传播。饲养员可以通过很多途径将病原菌从一个区域"携带"到另一个区域，如他们的手、鞋子、清洁工具或丰容物品等。这些物体都被称为"污染物"。

需要有操作准则来控制污染物，防止污染物储存在某个区域。以下操作准则非常重要：

● 饲养员在不同动物群体或区域内活动之前必须洗手。

● 需要为一个猩猩群体准备一套丰容物品、饲料调制工具、毯子和清洁工具。在彻底消毒之前不可以把这些器具用于其他区域。可以使用 1∶100 稀释的氯漂白剂浸没物品来进行消毒，或者按照制造商提供的说明书来使用其他经稀释的消毒剂消毒。

● 足部消毒池应为底面水平的容器，含有 3 厘米深的消毒剂。每一名进入或离开动物区域的人员需要在足部消毒池中消毒鞋子。可以使用 1∶100 稀释的氯漂白剂作为足部消毒池的消毒剂，或者按照制造商提供的说明书使用其他经稀释的消毒剂。足部消毒池内的消毒液必须每天更换，因为重复使用后消毒液的消毒性能会下降。

● 废弃物（粪便、干草、吃剩的食物等）应打包处理，直接由动物饲养区丢弃至废物箱。

五、日常观察

存在健康问题的猩猩可能会表现下列症状：昏睡时间延长、社交活动减少和食欲下降。一般而言，任何暗示人类健康问题的表现在猩猩上也适用。有一点需要引起饲养员的重视，猩猩会掩饰疼痛和疾病，以防止向其他动物示弱，因此如果观察到任何明显的患病表现，可能意味着猩猩正在经受剧烈的不适，需要立刻进行干预。

兽医需要定期对猩猩进行观察，评估猩猩的行为和状态。然而，饲养员才是动物健康管理中最重要的一环。饲养员必须接受关于猩猩生物学、行为学和动物照顾准则的高质量培训。最好由固定的饲养员照顾猩猩，避免经常更换饲养员。猩猩是非常聪慧和情绪化的动物，可以与饲养员建立强有力的纽带。始终如一的日常关系可以在饲养员和猩猩之间建立信任，有利于促进管理工作和兽医治疗工作的实施。

经验和观察技巧可以挽救动物的生命。对猩猩健康和行为的日常观察对保持猩猩健康至关重要。饲养员需要了解每一只猩猩正常的行为，并每天记录猩猩的以下情况：

● **状态**：猩猩应该是警觉的。它们的眼睛应该是明亮且充满好奇的。猩猩应该对饲养员和其他动物有反应。

● **行为**：每只猩猩应该与群体中的其他猩猩有正常的互动，不应该离开群体独处。

● **呼吸**：猩猩正常的呼吸跟人类相似。呼吸应是安静的，且不易察觉。呼吸系统疾病在猩猩中是常见疾病，所以应确保每天都观察猩猩的呼吸情况，注意猩猩是否在努力呼吸以及能否听到呼吸的声音。当猩猩患有呼吸系统疾病时呼吸声湿黏或刺耳。还要注意猩猩是否咳嗽、气喘和流鼻液。

● **粪便**：腹泻和便秘是圈养猩猩常见的问题。饲养员需要知道每一只猩猩正常粪便的状态，这样才能立刻分辨不正常的粪便。猩猩便秘时，粪便颜色变深，质地紧实至坚硬，会形成小圆球，有臭味或没有臭味，有时看到猩猩排便时努责。猩猩腹泻时，粪便是松散的。建议使用粪便评分体系对猩猩每天的粪便进行评估，详见第九章。

● **尿液**：不正常的尿液在猩猩上并不常见，但如果饲养员知道猩猩正常尿液的状态就能轻易辨别不正常的尿液。要注意尿液颜色（如暗色或红色）以及气味和尿液量。如果尿液看起来不正常，应收集 10 毫升尿液，并送实验室检测（见本章"定期的身体检查和健康评估"）。

● **身体**：观察猩猩身体的外观。注意任何突起或不对称，看是否有可见的伤口，尤其注意观察气囊。气囊感染很常见，气囊变大或者下垂严重是感染的征兆。

日常观察需要手写记录并可供兽医和动物管理者查阅。发现猩猩有可见的伤口，行为、食欲或排泄物的变化，昏睡以及咳嗽等需要立刻向兽医报告。

六、传染性疾病的筛查

动物园猩猩应该进行每 5 年 1 次的健康检查。每次进行健康检查的时候，需要对传染性疾病进行彻底筛查。不要在猩猩发病后再去检查致病原因。除了每 5 年 1 次的健康评估外，还应在猩猩转运前检查、隔离检疫（见本章"接收猩猩前的准备工作"和"隔离检疫：猩猩到达之后的工作"）以及患病时检查传染性疾病。利用任何采血的机会进行分枝杆菌分离培养测试。通过这些工作可以针对猩猩建立一个传染性疾病数据库，这对于管理患病猩猩非常有价值。

苏州西山生物技术有限公司运营的灵长类动物实验室是一个能提供全方位服务的动物健康实验室，可以进行病毒、细菌和血液检测，该公司网址为：http://www.vrlchina.com/。

血清学病毒筛查可以显示某只猩猩是否曾经暴露于该病毒（参见表 12.2 的检查内容）。但是对每一只猩猩进行所有的实验室检测是不现实的，应着眼于当地主要流行的疾病和猩猩可能感染的疾病。

可以每年进行一次粪便细菌培养，以筛查沙门菌、志贺菌、弯曲菌和其他肠道致病菌，也可以在每 5 年 1 次的健康检查中进行这项操作。这可以帮助了解某只猩猩是否是以上病原体的亚临床携带者。

七、定期的身体检查和健康评估

对临床表现正常的猩猩进行定期的健康检查是健康计划的重要一环。很多饲养机构、动物管理者和兽医对麻醉健康的猩猩会犹豫不决，因为麻醉存在风险。然而，只要有良好的麻醉计划和训练有素的员工，那么定期健康评估的好处就会远大于麻醉带来的风险。

麻醉有助于评估猩猩的体况和体重。如果猩猩没有接受过称重训练，那么体况评估是重要的早期发现猩猩健康问题的方式。例行身体检查包括对传染性疾病的筛查，检查幼年猩猩的成长和发育情况，检查成年个体的生殖健康情况，评估并监测老年个体的健康状况，找到一些通过肉眼观察无法发现的健康问题，如牙科问题、心脏疾病、潜在呼吸疾病、糖尿病等。例行身体检查还提供了给猩猩注射疫苗的机会（见本章"猩猩的预防医学"）。

猩猩每5年需要接受一次完整的健康检查和健康评估。如果猩猩患有需要监控的慢性疾病则健康检查的频率应该提高。

猩猩是聪慧的（见第四章），很容易在经过训练之后接受很多医疗项目（见第七章）。如果动物接受了称重训练、血液采集训练、气囊触诊训练、口腔内部检查训练和肌内注射训练，那么经麻醉后进行的定期健康检查的频率就可以下降。虽然行为训练并不能完全代替麻醉后的完整的健康评估工作，但很多定期的健康评估可以通过行为训练的方式完成。

不应单纯因为猩猩年老就不考虑麻醉检查，老年个体可能会在身体检查和健康评估中获得更多益处。贯穿动物一生的多次身体检查可以帮助兽医给每一只猩猩调整麻醉方案。以往麻醉检查的数据记录可以大大提高今后麻醉操作的安全性。

在对猩猩进行身体检查操作时，所有参与人员必须穿着防护设备，包括口罩、手套以及干净的衣服，操作完成后需要立即更换。

以下将列出每5年进行一次的猩猩健康评估所需要完成的检查清单。

1. 确认个体标识

确认猩猩的身份。文身、芯片、特殊的身体特征如多出或缺少的拇指指甲以及在胸部/腋下腹侧是否有气囊洞等，都是可以确认个体的标识。

2. 进行身体检查

进行健康评估需要完整的系统性的身体检查：

● 评估体况和被毛质量。检查皮肤是否有损伤、外寄生虫或是否有掩藏的伤口。

● 使用手电筒或检眼镜检查双眼。注意任何角膜上的不正常或晦暗表现。检查晶体是否存在白内障。在有条件的情况下进行眼底检查。

● 使用检耳镜进行耳道检查。耳道应该呈粉红色且干燥，没有脓性分泌物或过多的耳垢。鼓膜应该呈白色且干燥。

● 检查口腔。口腔黏膜应呈粉红色，湿润。如口腔黏膜呈浅粉色至白色，则猩猩可能患有贫血。检查毛细血管再充盈时间。仔细查看血细胞比容的检测结果。牙齿根部的齿龈不应发炎或红肿。如果齿龈有红肿发炎的表现，仔细检查牙齿周围是否有排脓表现或者是否有松动的牙齿。检查舌下，检查咽喉处是否有肿块、变色或是否有化脓灶。

● 进行彻底的牙齿检查。猩猩牙齿表面染色是正常的。然而，牙齿上不应有牙结石。如果可见牙结石或牙龈炎，应清理牙结石和抛光牙齿。牙齿折断、牙根管暴露和牙周病在猩猩中很常见。断裂的牙齿或牙根管暴露需要牙科医生评估是否需要拔牙或治疗牙根管。注意拔牙或牙齿修饰术不能用于社群管理或者减少种内攻击。

● 对心脏进行听诊，诊断心杂音和/或心律失常。与人类心脏病学专家建立良好的合作关系可以有效帮助诊断，因为他们可以使用超声心动图和心电图以检查潜在的心脏疾病，这些心脏疾病在圈养猩猩上很常见。

● 彻底检查呼吸道，从鼻窦开始一直检查至膈肌。使用检耳镜检查鼻道。检查是否流鼻液、鼻内结痂和鼻黏膜潮红。这些都是鼻炎和/或鼻窦炎的表现。

● 在检查口腔的时候，详细检查咽部。对扁桃体的状态进行评估。检查咽喉背面是否有排脓表现（常伴随鼻窦炎产生，如鼻窦炎导致的脓液排至咽喉背侧）。触诊气囊，判断手感是否增厚，气囊内是否有液体或有可以被塑形的像黏土的物体。需要进行胸腔听诊检查整个肺区的肺音。

● 需要对腹部进行触诊以检查是否有肿块、液体或变大的器官。触诊对于个体较大的猩猩可能是无效的诊断方式，但是对雌性和幼年猩猩可能有诊断价值。

● 触诊外周淋巴结以检查淋巴结是否有肿大或肿块。

● 触诊四肢的长骨和关节，屈伸所有关节，检测关节的活动范围，以此对四肢进行评估。骨摩擦音或活动范围下降可能意味着损伤或退行性疾病，需要借助影像学进行诊断。

● 检查外生殖器是否有外伤、分泌物，检查睾丸的大小/形状、是否有发情表现等。触诊睾丸评估睾丸的对称性和是否有肿块。可以使用扩阴器对雌性猩猩进行彻底的阴道和子宫颈检查。直肠检查可以辅助评价骨盆结构，包括雄性猩猩的前列腺。

3. 体重和体况评分

肥胖症是圈养猩猩常见且严重的健康问题。理想状态下，动物园的猩猩在经过行为训练后应可以自己走上称重台，这样在猩猩的一生中都可以定期监测体重情况。体况评分的详细内容见第九章。

4. 诊断试验：血液分析

通常可以在猩猩的股静脉、臂静脉或胫后静脉采集血液。臂静脉（前臂腹侧部）和胫后静脉（后肢末端后侧部）是理想的静脉穿刺和放置静脉留置针的位置。猩猩可以在经过行为训练后将手臂伸入特殊的臂部套筒，在它们清醒的时候允许工作人员对臂静脉进行静脉穿刺。股动脉位于腹股沟区域，可以在双腿向后侧拉伸时触摸到，股静脉就在股动脉的内侧，一般不需要按压股动脉血管进行静脉穿刺。静脉穿刺后则需要进行适当按压以防止形成血肿。

● 使用紫头 EDTA 抗凝采血管采集至少 2 毫升血液。以猩猩的个体信息标记该采血管。将此血样提交至实验室进行全血细胞计数（CBC）。应确保 CBC 含有血容比的检测。

● 使用多个红头促凝采血管采集至少 15 毫升血液。让采血管竖直静置至少 15 分钟，但是总时间不要超过 1 小时。900g 离心红头管 5 分钟以分离血清。从采血管中吸出血清并转移至至少 2 个空的红头管中。以猩猩个体信息标记采血管。将一个采血管提交至实验室进行血清生化分析。将另一个采血管送病毒分析实验室进行传染病筛查，检测项目见表 12.2。

● 在云南省和海南省，请使用血涂片进行疟疾检测。血涂片通常可以在猩猩饲养机构内的实验室完成，或者可以在提交紫头全血样本进行全血细胞计数时委托实验室进行血涂片疟疾检测。

● 如果猩猩的年纪大于 25 岁，需要检查血脂、胆固醇、甘油三酯和脑钠肽（或 B 型尿钠肽）以评估心脏的健康状况。这些检查需要跟人医实验室合作完成。血脂检查需要 1 毫升血清来完成，脑钠肽检查需要 2 毫升 EDTA 抗凝的全血来完成。

5. 诊断试验： 尿液分析

肾脏疾病是圈养猩猩最主要的发病和死亡原因。尿液分析是一个重要的评估动物肾脏和膀胱健康状况的工具。尿液检查的结果通常可以与全血细胞计数和血液生化检查的结果进行互补，以提示猩猩是否存在尿道感染，评估肾脏功能，并且检测糖尿病。

● 采集至少 10 毫升尿液。可以采集笼舍地面上干净且新鲜的尿液。如果猩猩接受过训练可以在它们清醒时通过口令进行尿液采集（如把尿液尿在杯里）。也可以在猩猩麻醉的状态下通过导尿管进行尿液采集。可以使用标准人类导尿管。

● 注意尿液的颜色。尿液应该是干净且呈淡黄色的，不应出现红色或深棕色。

● 如果要进行尿液细菌培养则需要无菌尿液样品，可以使用超声波介导的膀胱穿刺术。如果尿液性状不正常，则需要进行尿液细菌培养。上泌尿道如膀胱和肾脏细菌感染在猩猩上是常见的。

● 将尿液样本提交至人医实验室或兽医实验室进行完整的尿液分析。需要进行尿相对密度、尿生化和尿沉渣检测。

6. 粪便病原体筛查

可以在任何时候进行粪便病原体筛查，只要是新鲜的粪便即可进行细菌培养。至少要在每次健康评估的时候进行一次粪便病原体筛查。

● 对直肠进行无菌拭子采样，采集直肠黏膜和粪便样本。使用实验室提供的细菌培养采样拭子采集样本，或者将新鲜的粪便置于无菌容器中暂存。可以使用红头采血管代替无菌容器。

● 将粪便样本提交至实验室进行细菌培养，以检查是否有志贺菌、沙门菌和弯曲菌。

7. 影像学诊断

如果饲养机构有影像学诊断设备，应对猩猩胸部和腹部进行 X 线诊断。X 线诊断是评估猩猩呼吸道健康、心脏健康以及检测结核病（见本章"结核病"）和腹部肿块的重要组成部分。

● **胸部前后位照**：将猩猩仰卧，将 35.36 厘米×43.18 厘米大小的成像板置于猩猩的背部中间位置。将双侧手臂对称地放在身体两侧。在猩猩吸气末尾时拍摄 X 线片。

● **胸部侧位照**：将猩猩右侧卧，成像板固定于肋中部。拉直手臂越过猩猩的头部。在猩猩吸气末尾时拍摄 X 线片。

● **腹部前后位照**：将猩猩仰卧，将成像板置于猩猩背部，固定于箭状软骨的远端位置。在猩猩呼气末尾时拍摄 X 线片。

● **腹部侧位照**：将猩猩右侧卧。使用支撑物支起猩猩的左腿使大腿与桌面平行（这样操作可以减少旋转）。将成像板固定于肋骨下缘。在猩猩呼气末尾时拍摄 X 线片。

任何兽医怀疑的骨骼异常区域或之前受伤的部位都应进行 X 线诊断。随着猩猩变老，这一点尤其重要，因为年老的猩猩经常患退行性关节炎。

8. 心脏健康评估

心脏疾病是导致圈养猩猩死亡的主要原因。大多数病例在疾病发展到非常严重或死亡前才被诊断出来。如果在猩猩年幼时就开始进行心脏健康检测可以提高它们的存活时间和质量。这种健康检测需要与能够在猩猩例行健康检查时进行超声心动图检测的人类心脏病学专家合作。然而，需要注意的是，猩猩大多数的心脏疾病表现都跟冠状动脉粥样硬化不相关，这跟在人类医学上的经验是不一致的。在猩猩上最常见的心脏问题是心肌病，因为心肌纤维化导致充血性心力衰竭。

猩猩心脏病的症状包括精神沉郁、活动减少、轻度用力后努力呼吸和水肿，在雄性猩猩中可以观察到气囊变大。大多数心脏病的症状跟呼吸系统疾病是非常相似的，如果出现水肿可能是心脏疾病、肝脏疾病或肾脏疾病所致。要通过全身系统性的检查去区分影响猩猩健康的不同疾病。

心脏健康评估：

● 心脏听诊。辨别心律失常和心杂音。

● 检查皮肤、口腔和气囊是否有水肿。如果按压皮肤，皮肤应该迅速弹起。如果手指压进皮肤后抬起，皮肤上留有印记，那么这只猩猩很可能有水肿。

● 通过胸部 X 线诊断的结果评估心脏大小是否异常。

● 如果条件允许，提交至少 2 毫升 EDTA 抗凝血给人医实验室以测定 B 型尿钠肽（BNP）。

● 提交 1 毫升血清进行血脂分析。

● 如果怀疑或发现猩猩有任何心脏异常，向可以进行超声心动图检测的人类心脏病学专家咨询。

● 如果被诊断为心脏疾病，建议按照人类心脏病学专家治疗人相应心脏病的方法进行管理。

八、定期检查肠道内寄生虫

内寄生虫感染曾是导致北美动物园的亚成体猩猩死亡的首要原因。有必要对所有圈养猩猩进行常规的寄生虫检查。在猩猩粪便中检测到的寄生虫包括类圆线虫、纤毛虫、结肠内阿米巴、贾第虫、蛲虫、芽囊原虫、蛔虫、鞭虫和球虫。注意这些寄生虫也可以感染人类。饲养员可能是猩猩的感染来源，猩猩也可能成为饲养员和其他员工的感染来源。较好的做法是让猩猩的饲养员在医生的帮助下接受定期的粪便寄生虫检查和治疗。

对于没有发生过肠内寄生虫病的饲养机构或者没有圈养亚成体猩猩的饲养机构而言，例行寄生虫筛查应该每年进行一次。饲养年轻猩猩（年龄在 15 岁以下）的饲养机构，或者猩猩曾经因寄生虫感染导致腹泻的，需要每年进行 4 次寄生虫筛查工作。如果粪便检查结果呈阳性则需要进行治疗，并且在治疗 1 周后再次进行寄生虫筛查，直到连续两次检查呈阴性时才能判定治疗结束。对新来的处于隔离检疫期的猩猩，需要在隔离检疫期间进行至少 4 次粪便检查，每次采样间隔时间为 1 周。寄生虫检查呈阳性的猩猩需要接受肠内寄生虫治疗，并且连续两次粪便检查（间隔时间至少为 1 周）呈阴性时才可以解除隔离。

在检测寄生虫时，应确保粪便样品是新鲜且潮湿的。粪便样品不应在阳光下长时间暴露，且不应该干燥。先对粪便进行眼观评估，评估粪便的颜色、质地和气味；观察是否有血迹；观察是否有线虫或者绦虫。当眼观评估结束后，在动物园的实验室进行检查，或者将粪便样品送至其他实验室进行以下检查：

1. 直接涂片检查

这是检查有运动细胞器的原虫的理想方式，如检查纤毛虫和贾第虫：

（1）取少量新鲜粪便置于载玻片上，加 1～2 滴生理盐水，将二者充分混匀后盖上盖玻片。

（2）在显微镜上使用 100× 和 400× 放大倍数进行观察。

（3）纤毛虫是大而圆的，在整个虫体外围有纤毛（图 12.1）。纤毛会旋转摆动但是不能前进太远。

（4）贾第虫的原虫具有单一的鞭毛和波动状的头，可以快速前进。贾第虫的运动通常被描述成像叶子一样快速落下。

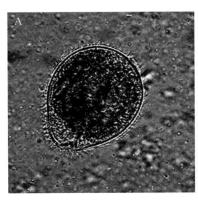
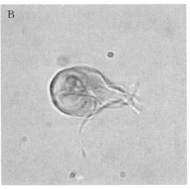

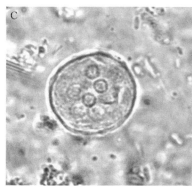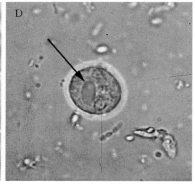

图 12.1　肠道寄生虫检查（一）。A. 纤毛虫滋养体，未染色涂片。四周有纤毛，纤毛摆动多但是移动距离短（图片来源：Euthman）；B. 贾第虫滋养体，经碘染的涂片。仅有一个鞭毛，呈梨形，波动状，在载玻片上快速移动（图片来源：美国疾病控制与预防中心）；C. 结肠内阿米巴包囊，未染色涂片。此为非致病性原虫，与溶组织内阿米巴不同，溶组织内阿米巴有侵袭性阶段（图片来源：美国疾病控制与预防中心）；D. 溶组织内阿米巴，未染色涂片。注意箭头所示的末端钝圆的拟染色体（图片来源：美国疾病控制与预防中心）

2. 粪便漂浮检查

很多用于粪便漂浮检查的方法已被报道。这些方法的关键是选择高浓度的溶液让线虫的虫卵漂浮起来。粪便漂浮检查适用于检测蛲虫、蛔虫、鞭虫和球虫，但是不适合检测类圆线虫和绦虫。

使用粪便漂浮法检查粪便寄生虫的步骤：

（1）收集大约 1 克新鲜的粪便样本。

（2）将粪便样本转移到检测管中，将检测管置于试管架上，防止翻倒。

（3）将粪便漂浮液加入检测管中，直至漂浮液没过粪便达到检测管体积的一半。

（4）使用一个长而细的木制或塑料制搅拌棒搅拌粪便，使粪便均匀地悬浮在漂浮液中。

（5）以漂浮液将检测管加满至管口形成半圆形液面。液体不应该溢出，只应在管口处形成半圆形凸起的液面。

（6）将玻璃盖玻片盖于半圆形液面处。

（7）静置 15 分钟。这段时间内线虫卵会漂浮到盖玻片上。

（8）将玻璃载玻片置于检测管旁边。

（9）小心地将盖玻片从检测管上拿起，将盖玻片湿润的一面放在载玻片上。所有被漂浮起来的虫卵现在都应该位于盖玻片和载玻片之间。

（10）将载玻片置于显微镜上观察，从左上角到右下角按照顺序对整个玻片进行 100× 和 400× 观察。

（11）辨认出现的所有虫卵（图 12.2）。

请记住无法使用漂浮法检查能运动的原虫如纤毛虫和贾第虫。需要使用直接涂片法检查这类寄生虫。类圆线虫很难通过粪便漂浮法检查出来，因为其幼虫不会漂浮。可以使用贝尔曼漏斗法检测类圆线虫。

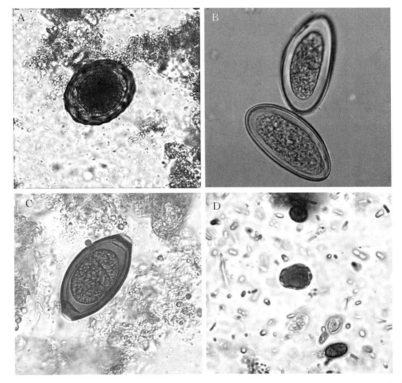

图 12.2　肠道寄生虫检查（二）。A. 蛔虫的受精型虫卵，未染色涂片；B. 直接涂片法下的蛲虫卵；C. 鞭虫卵，未染色涂片；D. 人芽囊原虫包囊样体，经碘染的涂片（图片来源：美国疾病控制与预防中心）

3. 贝尔曼漏斗法检测

贝尔曼漏斗法在动物园中并不常用，但却是猩猩肠道寄生虫检测的重要方法，因为这项检测可以检查类圆线虫。这项检测方法可以让类圆线虫的幼虫游到漏斗的底部，将样品吸出后可以在显微镜上镜检。向人类诊断学实验室咨询是否进行这项检测。如果人类诊断学实验室没有这项检测，请查阅相关指南后在饲养机构建立这项检测技术。

九、寄生虫的防治措施

防治寄生虫必须是多方面同时进行的，而不仅仅是使用驱虫药。需要每天将笼舍中的粪便清理干净，包括笼舍的笼网也需要清理干净。展区中的用品需要刷洗干净，或者每 3 个月更换一次，不透水的表面需要每周刷洗和消毒一次。可以通过各种丰容和行为管理（见第七章和第八章）大大减少猩猩的食粪行为。

在给猩猩使用驱虫药时，可以参照人类的治疗方式进行。常用的驱虫药剂量见表 12.4。要注意驱虫药的有效剂量，以确保疗效，并且要在适当的时间间隔后再次用药。用药后的粪便检查对于决定长期治疗方案十分必要。完全消除猩猩体内的寄生虫是不现实的，应尽量控制临床症状和感染程度，减少内寄生虫的总量。

表 12.4　驱虫药常用剂量

英文名	中文名	给药方式及剂量
Ivermectin	伊维菌素	每千克体重 0.2～0.4 微克。可以 2 周内重复给药一次，口服或皮下注射，治疗类圆线虫可以提高剂量
Mebendazole	甲苯咪唑	单次治疗剂量为 100 毫克。每千克体重 10～25 毫克，每天 1 次，口服，连用 3 天
Albendazole	阿苯达唑	每千克体重 25 毫克，口服，连用 5 天
Fenbendazol	芬苯达唑	每千克体重 8～25 毫克，1 天 1 次，口服，连用 3 天
Pyrantel pamoate	双羟萘酸噻嘧啶	每千克体重 5～10 毫克，1 天 1 次，连用 3 天。2 周内重复给药一次
Praziquantel	砒喹酮	每千克体重 8～15 毫克，口服或皮下注射

1. 类圆线虫

虽然类圆线虫是导致亚成体猩猩死亡的主要原因之一，但是很多动物园的兽医都没能将其检测出来或者对其足够重视。这是因为使用常规的粪便漂浮法无法检出类圆线虫，而大多数动物园又不具备贝尔曼漏斗法检测技术。

类圆线虫分为游离型和寄生型。感染性幼虫（图 12.3）可以穿透皮肤，移行至肺部和其他组织器官，之后定殖在肠内。在肺脏和其他组织器官移行过程中导致的严重损伤和出血可能很快对幼年猩猩造成致命危害，而且没有有效的治疗方式。通常无法在受感染的亚成体猩猩粪便中检出幼虫，就像临床症状的出现通常早于肠道中成虫的出现。

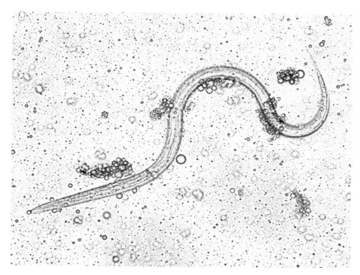

图 12.3　类圆线虫的感染性的三期丝状蚴（L3），长度可达 600 微米，
图片为未染色镜检片（图片来源：CDC）

掌握寄生虫的生活史非常重要，这样才能在幼年猩猩的环境中对寄生虫进行控制。最有效的控制寄生虫的方式是消除成年猩猩的寄生虫感染，目的是避免成年猩猩把感染性幼虫排泄到环境中，这样幼年猩猩就不会感染。

当猩猩 3 岁时，给它们口服 300 微克/千克（按体重计）剂量的伊维菌素，每 3 个月 1 次，包括妊娠、哺乳期的成年猩猩和幼年猩猩。伊维菌素应该作为常规预防性用药的一部分，尤其是饲养群体中有正在成长的猩猩时。当群体中所有猩猩的年龄都大于 20 岁后则停止使用伊维菌素。

除了规律性的治疗以外，需要对每只成年猩猩每年使用贝尔曼漏斗法进行 1 次粪便筛查，亚成年猩猩需要每年检查 4 次。偶尔会在镜片中观察到幼虫，可以看到细而长的虫体来回摆动，有时会向前移动。这时需要使用伊维菌素进行连续治疗。

2. 结肠小袋纤毛虫

结肠小袋纤毛虫是在猩猩上常见的非致病性的原虫性寄生虫。这类寄生虫被认为是正常的有机共生体，但是在某些情况下可以导致猩猩腹泻，在幼年猩猩上会导致严重的致死性疾病。由于结肠小袋纤毛虫是肠道菌群的一部分，在粪便样品中检出该寄生虫无须特别关注，除非该寄生虫的数量特别多（显微镜的每个高倍视野中有 5 个以上），或猩猩表现腹泻和精神沉郁，或猩猩年龄小于 5 岁。

结肠小袋纤毛虫有能力形成包囊，可以对抗极端的温度条件和常规的消毒，导致无法在环境中彻底清除该寄生虫。防治该寄生虫应以控制包囊的总量为目标。出于这个原因，治疗大量携带寄生虫的猩猩可以控制整个环境中的寄生虫数量。治疗的目的不是消灭寄生虫而是减少寄生虫的数量，如果寄生虫导致猩猩患病还可以抑制寄生虫的繁殖。

● **使用四环素治疗**：成年猩猩按 500 毫克口服，每天 3 次，连用 10 天。8 岁以上的亚成体猩猩按每千克体重 20 毫克口服，每天 2 次，连用 10 天。

● **使用甲硝唑治疗**：成年猩猩按 500～750 毫克口服，每天 3 次，连用 5 天。非成年猩猩（年龄小于 12 岁）按每千克体重 15 毫克口服，每天 3 次，连用 5 天。注意甲硝唑味苦，如果猩猩拒绝服用，则必须使用四环素进行治疗。对于病重的婴儿或亚成体猩猩，可以使用人用的注射用甲硝唑进行治疗，但应避免出现严重的副作用。该药不可接触金属（所以必须通过塑料静脉留置针给药，不能用针或金属静脉滴注设备），必须缓慢给药，且通常在猩猩麻醉后进行。

3. 蛲虫

蛲虫属于线虫动物门，包括 *Enterobius vermiculus*，蛲虫成虫寄生于大肠，在肛门周围产卵。被感染猩猩很少出现除肛门瘙痒以外的其他临床症状。蛲虫具有高度传染性，所以社群中有一只猩猩感染，就可以假设这个群体中所有的猩猩都已经感染此寄生虫。虽然蛲虫很少导致肠道疾病，但它们可以大量增殖且难以控制。如果虫卵的数量达到 40 倍显微镜下每个视野中有 5 个以上，建议对所有 2 岁以上的猩猩进行治疗。每一只年龄在 2 岁以上的猩猩需要口服 100 毫克甲苯咪唑。

4. 其他有鞭毛的原生动物

感染原虫如贾第虫和结肠内阿米巴可以导致猩猩出现临床疾病。猩猩感染有鞭毛的原虫如毛滴虫通常是无症状的，无须进行治疗，除非原虫感染已导致腹泻。在这种情况下，治疗方式与治疗纤毛虫的方式相同。

虽然猩猩感染球虫的案例曾多次报道，但是临床意义却不完全清楚。很可能球虫感染是非致病性的，且不需要进行治疗。

十、实际接触猩猩应明确的问题

某些时候饲养员有必要去实际接触猩猩。这种必要性可能是由于以下原因：提供兽医治疗、方便转移猩猩到其他机构、进行常规健康评估以及对新生幼崽进行管理等。可通过物理保定或者化学方法（镇静或麻醉）接触猩猩。无论什么原因和目的或选择何种接触方法，都应该遵循同样的原则，并清楚以下问题：

- 这个过程的目标是什么？
- 这个过程需要物理或化学（麻醉）保定吗？
- 哪些工作人员将参与其中，每个人将分配到哪些任务？
- 谁是这个过程的团队领导？
- 一个安全的操作过程需要什么样的设备？是否已有这些设备，并且处于良好的工作状态？
- 现有工作人员是否在使用这些设备方面受过培训或者很有经验？
- 这一过程中的每一个步骤可能会发生什么问题？如何应对这些问题？

人员的安全是首先要考虑的因素。其次要考虑猩猩的安全和舒适。一定要做风险评估，以确保保定带来的利益大于风险。

十一、物理保定

采用物理保定可以避免对猩猩使用药物，不过这取决于猩猩的性格、年龄、健康状况以及它们与工作人员的关系（信任程度）。处于安静和没有压力状态下的幼年猩猩和年轻的猩猩可以由一个人保定。保定人员必须技术娴熟。如果是老年猩猩，或者猩猩表现出恐惧或者攻击性行为，则应当使用化学镇静或者麻醉。当没有施加化学保定时，不要对成年猩猩采用物理保定的方式，因为成年猩猩实在过于强壮。

以下是物理保定技术：

- **摇篮**：幼年猩猩可以放在舒适的婴儿用的背带里。如果兽医需要接触幼崽的头或胳膊，这个方法可以确保保定过程安全。
- **怀抱**：幼崽或年轻的猩猩需要快速处置时，如进行肌内注射，可以采取抱住猩猩、让它的手臂环绕抱住保定人员的方式，来获得物理保定。
- **跨坐**：对于较长的处置过程，年轻猩猩可以采用由两个人保定的方法。猩猩仰卧，一个人跨过它的胸部，两脚分别放在猩猩的腋下，把猩猩的手臂绕在自己的腿上。第二个人应当控制住猩猩的腿和脚。如果有必要，第三个人可以控制住猩猩的头。

如果猩猩变得焦躁不安、有攻击性或者好斗，应当立即停止保定。或许可以在一段时间后重新保定，或者考虑采取化学保定。

十二、镇静

镇静能够使猩猩精神放松，从而使猩猩不太可能对可怕的情形做出异常反应。然而，镇静并不能减少疼痛，所以在疼痛处置过程中不能只使用镇静剂。

镇静对于年轻的猩猩相当有用。通过镇静，物理保定对保定人员和猩猩来说变得更容易、更安全。然而，绝对不要妄图通过镇静让不安全的猩猩变得安全！只有那些在没有使用镇静剂的情况下也能安全处置的成年猩猩才可以对其进行镇静，并且镇静只能用于一些简单的处置，如采血、检查或接种疫苗。

应注意，口服镇静剂并不总能得到可靠、可重复的结果。如果猩猩刚进行采食，则药物的吸收程度将会是可变的。如果猩猩在给药前处于焦虑或者兴奋的状态，药物的作用也有可能比预期的差。表 12.5 展示了口服镇静剂的剂量。可以根据猩猩的状态按需要来调整药物剂量。在保定前至少 30 分钟使用镇静剂，让猩猩在安静、不受刺激的环境中放松。

表 12.5　口服镇静剂剂量

药物名称及剂型	给药方案
阿普唑仑，0.25 毫克，片剂	7～12 岁猩猩 1～2 片（0.25～0.5 毫克）；成年雌性猩猩 2～3 片（0.5～0.75 毫克）；成年雄性猩猩 4 片（1 毫克）
咪达唑仑 2 毫克/毫升，糖浆剂	年轻的猩猩按每千克体重 0.5 毫克
安定 2 毫克，5 毫克，10 毫克，片剂	小于 12 岁的猩猩按每千克体重 0.2～0.3 毫克；成年雌性猩猩给药 10 毫克；成年雄性猩猩给药 20 毫克
乙酰丙嗪 10 毫克，25 毫克，片剂	按每千克体重给药 0.5～1 毫克

十三、全身麻醉

麻醉通常被认为是一个危险的过程，可能会危及猩猩的生命。然而，如果有适当的计划和设备，并且在适当的情况下使用，可以预见并大大减少猩猩麻醉的风险。减少麻醉手术风险的首要手段就是饲养机构增加对兽医培训、麻醉工具和生理监测设备的投资。除此之外，一些具体准则也有助于降低风险：

● 不要麻醉过度肥胖的猩猩。因为过度肥胖会导致猩猩咽部赘肉形成褶皱，这可能会在诱导和苏醒时阻塞气道，同时由于难以看清会厌还会使气管插管变得困难。在尝试麻醉之前，应确保猩猩保持在健康的体重。

● 在麻醉前 12 小时内不要提供食物或水。这可以确保猩猩处于空腹状态，从而减少呕吐和吸入异物的风险。

- 使用舒泰（替来他明和唑拉西泮）作为麻醉药物。舒泰是安全可靠的。
- 快速将猩猩侧卧摆放，脸微微朝下倾斜，将下巴从胸部抬起，将头向后仰，这样可以打开气道。
- 给猩猩用有套囊的气管插管。这可以方便人员操作，并使猩猩能够充分呼吸。
- 如果选择不插管，让猩猩侧卧，手臂放在两侧且稍向前。
- 诱导的过程中，准备好喉镜、气管插管、吸引器和氧气。对于成年雄性猩猩，需要长且直的喉镜片；对于成年雌性猩猩，则可以使用弯或直的喉镜片。
- 在插管和拔管之前，需要静脉注射利多卡因（每千克体重 0.5 毫升）或者在声带附近喷涂利多卡因（1 毫升）。这可以减少声带的肌肉痉挛。
- 在整个过程中，需要预先计算并准备好急救药物，保证随时可用。
- 手持型或手指脉搏血氧计对于监测心率和血氧饱和度是相当有用的。对于体型较大、肤色较深的猩猩，需要仔细放置设备并调节好位置，以便获得较好的读数。
- 应注意，当麻醉有气囊炎的猩猩时，应该采取特别的预防措施。

1. 全身麻醉前给药

通常将口服镇静剂作为全身麻醉前的给药，其能够使猩猩放松，在全身麻醉的过程中提高心肺功能的稳定性。最常用的口服镇静剂是安定或咪达唑仑。

2. 麻醉诱导

通常是肌内注射麻醉药物。这种给药途径可以产生平滑而缓慢的诱导过程。对于猩猩麻醉最可靠且安全的联合用药是替来他明＋唑拉西泮（在美国的商品名为"特拉唑尔"和"舒泰"），给药剂量为每千克体重 4 毫克，也可以使用其他药物（表 12.6）。

表 12.6　一般的猩猩麻醉药物联用和给药方案

药物联用	每千克体重给药剂量（毫克）	给药途径	备注
替来他明＋唑拉西泮	4～5	IM	非常好的诱导和维持药物。即使在高剂量的情况下也很安全。但恢复比其他任何药物联用都要慢
舒泰（Z）＋氯胺酮（K）	Z：2～4；K：4～6	IM	很适合长时间的手术和侵入性或疼痛的手术

（续）

药物联用	每千克体重给药剂量（毫克）	给药途径	备注
舒泰（Z）＋氯胺酮（K）＋赛拉嗪（X）或右美托咪定（D）	Z：2；K：4；X：0.75 或 D：0.01	IM	对于任何一个持续一个小时或更长时间的手术来说，都是一个非常好的、可靠的药物联用
氯胺酮（K）＋赛拉嗪（X）或右美托咪定（D）	K：2～4；X：0.75～1.5 或 D：0.015～0.025	IM	对于短时间手术（30 分钟或者更短）有用。应预期会自发苏醒
氯胺酮（K）＋赛拉嗪（X），或右美托咪定（D）	K：1；X：0.2 或 D：0.004～0.006	IV	对于年轻的、容易处理的动物的短时间手术有用
丙泊酚	2～5	IV	对于年轻的、容易处理的动物的短时间手术有用
延长麻醉时间补充药物剂量			
替来他明，唑拉西泮＋氯胺酮	0.5 1～2	IV IM	静脉注射给药可以产生 15 分钟效果。肌内注射给药可以产生超过 30 分钟的效果

注：如果心脏功能评估是手术计划的一部分，那么在心脏检查前不要使用赛拉嗪或者右美托咪定，这些药物会显著改变心脏参数和血压。IM，肌内注射；IV，静脉注射。

对于体型较小和温顺的猩猩，可以在物理保定的情况下进行肌内注射，但也有可能需要静脉注射麻醉药物。抗焦虑药物（如咪达唑仑：每千克体重0.05～0.75毫克）和诱导药物（如丙泊酚：每千克体重2～5毫克）都可以让猩猩在快速、非侵入式的手术中放松，且复苏快而平滑。不要静脉注射舒泰或氯胺酮，除非需要紧急控制住猩猩。

对于体型较大或者有攻击性的猩猩，肌内注射需要采用飞针。在用飞针给猩猩注射麻醉药之前，必须将它与其他猩猩隔离。因为当猩猩和它的同伴在一起时进行麻醉很不安全。飞针操作的注意事项如下：

● 飞针系统应被当作武器对待。所有的兽医都应该接受良好的训练，并且知道如何安全地使用飞针，防止误伤猩猩和工作人员。

● 飞针设备应当进行妥善的保养维护，以减少失败的频率。飞针失败会导致需要更多的飞针来诱导麻醉，这将增加猩猩的压力和危险。兽医每周都需要练习飞针射击目标物，这对于保持技能的熟练度和准确性是必要的。

● 猩猩身上适合射击的位置为四肢的大肌肉群。应当以肱二头肌、肱三头肌、股四头肌或者腘绳肌（股后肌群）为目标。

● 飞针射击要足够有力，保证针头穿透皮肤和肌肉，但要防止用力过大而使针头反弹。兽医需要通过不断练习和射击目标，且考虑飞针飞行的距离，从而掌握飞针的力度。

● 飞针必须快速完成，以减少猩猩的压力和焦虑。焦虑会增加猩猩的心率和儿茶酚胺水平，这会抵消药物的作用，降低诱导的深度，很可能只能部分麻醉，导致操作的危险性增加，而不得不给予额外的药物。

● 猩猩很聪明，它们能够意识到陌生人与吹管的存在。当准备飞针的时候，应尽量避免违反日常操作流程——仅仅是操作者和兽医靠近笼子，操作者应当尽可能地隐藏吹管。

● 一旦飞针成功，应该监测整个诱导过程中猩猩的状态和呼吸。工作区域应该保持安静，灯光调暗，猩猩昔日最信任的饲养员需要留守，尝试让它保持安静。

● 在理想的情况下，猩猩会侧卧或者面朝下入睡。猩猩最信任的饲养员应当鼓励它在笼子内保持靠前和较低的位置，这可以减少猩猩攀爬和仰卧入睡的可能。侧卧可以防止食物返流/吸入。如果猩猩仰卧，任何气囊里的脓液都会流入气管，再向下进入肺，这对于那些患有气囊炎的猩猩非常不利。

麻醉诱导是心肺系统快速而广泛变化的时期。安全和成功的诱导可以使猩猩有充足的自主呼吸、较强的脉搏和稳定的心率，以及高水平的血氧饱和度。

3. 补充药物

猩猩有可能通过药物诱导而没有达到完全麻醉，通常发生在药物没有完全注入（飞针失败）、飞针前猩猩非常兴奋或者体重被低估的情况下。此时，需要注射额外的药物。如果无法安全地接近猩猩，则仍然需要飞针给药。如果猩猩昏昏欲睡，则额外的药物可以由兽医肌内或者静脉注射。

手术过程中经常需要补充药物，尤其是在无法使用呼吸麻醉的时候。补充的药物是为了控制即将苏醒的猩猩，减小猩猩的疼痛，延长手术时间，或者控制猩猩从诊所移回展区的过程。补充药物的选择和剂量见表12.6。

如果在诱导药物中使用舒泰，则推荐使用氯胺酮加（或不加）安定作为补充药物。这可以避免舒泰中唑拉西泮成分延长药物作用的问题。除非猩猩需要紧急控制，否则肌内补充注射可以提供更平滑、更长的麻醉效果。静脉注射可以实现快速控制，但是仅仅可以提供5~15分钟的麻醉效果。应记录任何注射药物的剂量以及作用时间。

4. 安全地完成诱导过程

一旦动物失去意识，并且可以安全地处置，应检查它的脉搏、呼吸质量和呼吸频率。触诊脉搏和计算心率的位置包括股动脉（可以在腹股沟三角区的深处感受到）和肱动脉（可以在腋窝处，即肱二头肌肌腹的下面感受到）。可以用听诊器听诊胸部或者通过脉搏血氧饱和度仪上的读数来评估心率。

确保气道畅通，空气流动良好。胸部起伏并不意味着猩猩在呼吸。应把手放在猩猩的鼻孔前，检查每一次胸部起伏是否有空气流过。气管插管可以确保手术过程中猩猩气道通畅。

如果有脉搏血氧仪，把它连接到猩猩身上。

5. 选择和插入气管导管

猩猩的解剖学结构为气管插管增加了许多挑战。猩猩从声带到气管分岔的距离很短（4～6 厘米），很容易把导管插进主干支气管，导致一侧的肺丧失功能。插管应足够深，可以把套囊穿过声带，但不能太深，否则会导致一侧的肺丧失功能。判断导管是否正确插入的方法是把气管导管插入一定深度，然后听诊胸部两侧肺的空气是否都流动良好。如果气管导管插入过深，则只能听到一侧肺的空气流动。

对于成年雄性猩猩，气管导管的长度为 9～12 毫米，插入的深度从下门齿测得为 26 厘米。对于成年雌性猩猩，气管导管的长度为 7～9 毫米，插入的深度大约是 22 厘米。对于年轻的猩猩，气管导管的长度需要适合猩猩的体型，一般为 3～7 毫米。

气管导管的远端应该有一个充气套囊，且必须有一个探针，探针可以延伸到胚胎移植（ET）管的末端（图 12.4）。用一个有充足光源的喉镜来获得咽部和声门的良好视野。应注意咽部区域的任何异常情况（鼻窦液、化脓性物质或扁桃体肿胀等）

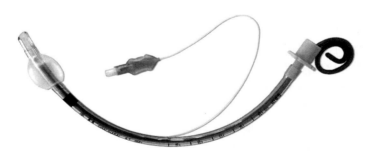

图 12.4　气管导管。注意使用探针、球囊和充气细管来帮助维持导管的形状

6. 插管技术

插管比较难，每一名操作人员都要完善他的插管技术，并根据情况改变插

管方法。以下是侧卧位猩猩插管步骤：

（1）选择可以占据大部分气管管腔的导管（成年雌性猩猩 7 或 8 毫米，成年雄性猩猩 9 或 10 毫米）。

（2）将猩猩侧卧，头部伸展。

（3）准备两根粗 0.5 厘米、长 60 厘米的柔软绳子。其中一根绳子放在猩猩上犬齿的后面，向上在鼻子的周围打圈。另一根绳子放在下犬齿的后面，向下在下颌打圈。一个人控制住这两根绳子，轻轻地使绳子互相分离来打开猩猩的口腔。

（4）用一块纱布捏住猩猩的舌头并轻轻地向外拉出。

（5）插入一个弯曲的带灯泡的喉镜片，轻轻地压在猩猩的舌根上，这样可以看到会厌。将喉镜片的末端放置在会厌上，向下调整角度按压会厌，即可看到声带。

（6）用注射器抽 1 毫升 2% 利多卡因注射液，喷洒在声带上。取下喉镜片，让猩猩张开的嘴放松，等待 2 分钟。

（7）重复同样的操作使声带可见。让探针从导管的末端伸出约 2.5 厘米，将气管插管沿着喉镜片的弧度向前推进，直到探针穿过声带。继续推进气管导管，使其末端超过声带约 2.5 厘米，然后取出探针，同时轻轻地向前推进气管导管。

（8）如果猩猩的声带夹紧，与一名助手合作对胸腔施加快速而轻微的压力来迫使空气打开喉头，供插入导管。应注意每只猩猩的头和颈部的最佳呼吸位置是非常独特的。

（9）可以通过听诊器听诊胸部的左侧和右侧来检查气管导管的深度。胸部两侧都应该有良好的空气流通。一旦确定气管导管的深度合适，应注意导管上的厘米刻度，然后打结固定，这样可以保证手术过程中导管的深度不变。要做到这一点，可以用一根细长的绳子、纱布条或者胶带，先在猩猩的口腔内绑紧导管，然后将绳子绕过头部并绑在头的后面。

（10）给球囊充气到适当程度。球囊应当是充气且柔软的，而不是坚硬的。

（11）根据手术需要摆放猩猩，然后将气管导管连接氧气机或者吸入麻醉机。

猩猩可以在侧卧位或者仰卧位下进行插管，除猩猩患有气囊炎外，这两种体位都一样推荐。当猩猩患有气囊炎时，插管猩猩应侧卧以降低脓液流入气管的风险。

7. 插管技术： 仰卧位

仰卧位是人类插管的标准方法。除上述所有步骤外，还应注意：

（1）将猩猩置于仰卧位，头部从桌子的末端向后倾斜。通过把头向后仰，可以更好地观察声门。

（2）将舌头向前拉出，然后用喉镜片压住舌头的根部，暴露声门。

8. 维持麻醉的稳定状态

维持麻醉稳定状态的理想方式是进行气管插管和放置静脉留置针。通过气管插管，可以很好地控制通气，防止猩猩吸入任何返流的胃液或感染气囊的渗出液。放置静脉留置针可以输入液体来维持水合状态和血压，在需要的时候给予治疗药物，并在需要的时候给予麻醉补充药物。静脉留置针可以放置在前臂静脉或者两条后腿上的胫后静脉（图 12.5）。

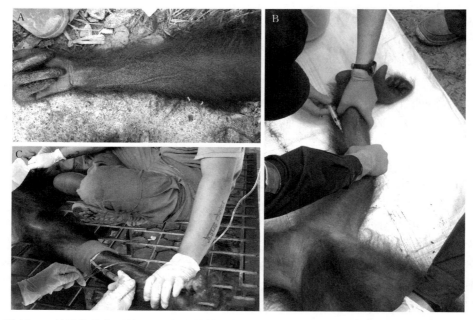

图 12.5　放置静脉留置针。A. 猩猩的前臂静脉是采血或者放置静脉留置针的较佳位置；B. 沿着小腿后部的胫后静脉采血或放置静脉留置针（供图：J Wood）；C. 猩猩前臂静脉留置针（供图：N P Lung）

9. 麻醉监护

一旦完成猩猩的诱导过程，并且状态相对稳定，即可开始手术。但应持续监测猩猩的麻醉状态。手术的前 30 分钟内，每 5 分钟要评估并记录一次以下内容，之后如果猩猩状态稳定，每 10 分钟评估并记录一次以下内容：

● **体温：** 直肠温度是最精确的。如果体温降至 36 ℃ 以下，应该补充热量（如提供毯子、暖水瓶或静脉输注加热的液体）。

● **心率：** 可以通过感受股动脉或者肱动脉脉搏、用听诊器听诊或者通过脉搏血氧仪或心电监护仪来测量。心率应当大于 70 次/分钟但小于 130 次/分钟。在用舒泰麻醉期间，诱导过程中猩猩的心率会升高，手术过程中会逐渐下降，然后稳定在 70～80 次/分钟。

● **呼吸频率：** 可以通过计算胸部起伏的次数、观察麻醉机的气囊或者呼气末二氧化碳监测仪测得。自主呼吸应当有足够的深度。如果猩猩的呼吸浅而快，有可能通气不好。在这种情况下，应当进行气管插管并人为控制它们的呼吸，每分钟手动辅助呼吸 8 次，气管导管应连接到呼吸麻醉机。

● **黏膜颜色和毛细血管再充盈时间（CRT）：** 当血氧饱和度和血压正常时，黏膜应该是粉色的，毛细血管再充盈时间应该在 2～3 秒。要测试 CRT，应暴露口腔中没有色素的黏膜区。用手指末端牢牢地按压这个区域，当移开手指时，该区域应该是白色的（因为血液从毛细血管中挤出）。在这个过程中计算该区域恢复正常粉色的时间，正常应为 2～3 秒。

● 麻醉深度：见本章相关内容。

如果具有相关设备，应记录以下内容：

● **血氧饱和度（SPO_2）：** 可以通过脉搏血氧仪测得。该设备可以测量携氧血红蛋白的百分比。在整个麻醉过程中这项数据都应该在 90% 以上。由于猩猩的皮肤颜色较深，该设备很难精确显示血氧饱和度。精确测量的位置是在嘴唇、舌头、耳朵、阴蒂或者阴茎上。

● **呼气末二氧化碳（$ETCO_2$）：** 可以通过二氧化碳分析仪测得。该设备可以测量猩猩每次呼吸呼出的二氧化碳分压。在整个麻醉期间，这项数据都应该在 4.66～6.65 千帕。如果 $ETCO_2$ 超过 6.65 千帕，应当增加猩猩每分钟呼吸的次数。如果猩猩可以自主呼吸，且 $ETCO_2$ 超过 6.65 千帕，则应当每分钟提供 4 次辅助呼吸直到 $ETCO_2$ 下降至 6.65 千帕以下。如果为猩猩提供呼吸，$ETCO_2$ 低于 4.66 千帕，则表明辅助呼吸的频率过高或者过深。这时应每分钟提供辅助呼吸减少 25%，直到 $ETCO_2$ 升高超过 4.66 千帕。

图 12.6 展示的是稳定麻醉状态下的猩猩，有几个注意事项：

● 猩猩保持着温暖，并且头部有支撑。

● 提供氧气补充。

● 连接麻醉气体，在需要的时候可以使用。

● 气管导管插入适当的深度，并固定在适当的位置，因此在手术的过程中导管不会改变深度。

● 猩猩由脉搏血氧仪和二氧化碳监测仪监护。

● 猩猩眼睛闭合，以避免角膜干燥。对于长时间的手术，可以使用眼药膏来帮助解决这个问题。

● 准备一张记录药物剂量、给药时间、生理参数值和并发症的表格。

● 准备一个静脉留置针，提供输液支持和血压管理（在图 12.6 中没有显示）。

● 麻醉气囊充气不足，这个问题需要解决。这可能是由于猩猩正好处于吸气结束时，或者可能是这只猩猩的氧流量太低，需要增加。

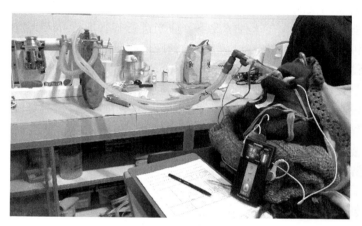

图 12.6　稳定麻醉状态下的猩猩（供图：N P Lung）

10. 麻醉深度

随着诱导的药物缓慢代谢，麻醉的水平也会变低。麻醉水平过低会导致猩猩自发苏醒，且会变得有侵略性、难以控制。猩猩会感到疼痛，作为身体反应儿茶酚胺水平会激增，这样会使麻醉更加有挑战性。在轻度麻醉的情况下，一定要及时补充吸入剂或者注射药物。然而，如果麻醉过深，会由于血压过低、心脏和呼吸受到抑制而造成猩猩死亡。因此，为了保证工作人员和猩猩的安全，兽医需要在评估麻醉深度方面积累经验。

频繁地评估麻醉深度是非常重要的，这能够判断猩猩麻醉是否过浅或者过深：

● 每隔几分钟就要摸一下眼角。眼睑（眨眼）反射反映猩猩麻醉过浅。

● 下颌骨向下拉并打开口腔，应该可以自由移动且没有肌肉张力。有肌肉张力表明麻醉过浅。

● 当重新摆位、翻转或者用有害物质刺激猩猩时它会移动手臂、腿或下巴，表明麻醉过浅。

● 当猩猩受到以上任何一种刺激时心率和或呼吸频率增加，也表明麻醉过浅。

● 心率下降、血压下降、触诊时脉搏衰减以及黏膜失去原有的粉色（会呈现苍白和轻微的灰色），表明猩猩麻醉过深。

可以通过间歇性补充注射麻醉药或者将猩猩连接到呼吸麻醉机（如异氟烷、七氟烷）来维持适当的麻醉深度（表12.6）。气体麻醉是很好的选择，因为可以根据猩猩的状态和需要的麻醉深度随时调节输入量，并可以随时停止输送麻醉气体。气体麻醉可以为手术提供适宜的麻醉深度，用于长时间手术（数小时）也非常平稳安全，且麻醉深度不会像注射麻醉药一样不断变化。

气体麻醉可以在诱导之后通过面罩来输送，用于改善猩猩放松状态和便于气管插管。用于短暂麻醉时（3～5分钟），常用3%～4%的异氟烷。然而，用于长时间维持麻醉时，使用异氟烷的安全剂量为0.25%～1.5%，需要通过气管插管来输送麻醉气体，这可以帮助兽医控制猩猩呼吸的深度和频率。由于异氟烷会造成低血压，所以长时间麻醉的剂量超过2%是很危险的，甚至是致命的。兽医可以通过触诊猩猩股动脉来评估血压。如果可能的话，使用血压仪监测血压也非常理想。收缩压应当保持在80毫米汞柱*以上。舒张压应该保持在40毫米汞柱以上。如果血压变得过低，异氟烷减少0.5%，并在3分钟内再次检查血压。如果血压仍然很低，通过静脉迅速给予500毫升液体，并将异氟烷再减少0.5%。观察猩猩麻醉的深度，以防其苏醒。

11. 麻醉复苏

如果猩猩诱导麻醉后需要进行转移，那么在将它送回时仍然需要保持麻醉状态。因为移动也是一种刺激，可能会降低麻醉的水平。因此，在将要转移猩猩的时候可以注射舒泰（每千克体重0.5～1毫克静脉注射，或者每千克体重2毫克，肌内注射），或者静脉注射丙泊酚（每千克体重1～2毫克）。猩猩麻醉苏醒的地方需要提前准备好，并要保持清洁、干燥、温暖，地面要铺厚厚的垫料。垫料可以包括干草、毯子或者床垫。当猩猩苏醒时，灯光保持昏暗，环境保持安静。

把猩猩放在一个斜坡上，使它的头和肩膀比腿稍微高一些。理想的苏醒体位可以是侧卧位或者趴卧位。如果是趴卧位，手臂可以放在下颌下方，以保持头部伸展和气道畅通。如果是侧卧位，拔管之后要保持猩猩头和颈部伸展，以确保其苏醒时气道畅通。如果在麻醉期间使用了赛拉嗪或右旋美托咪定，那么使用一种拮抗药物来抵消这些长效药物的作用是很有帮助的。以每千克体重0.125毫克肌内注射育亨宾，可以逆转赛拉嗪的作用。以给予的右旋美托咪定的10倍剂量注射阿替美唑，可以逆转右旋美托咪定的作用。拮抗药物应始终

---

* 1毫米汞柱≈0.133千帕。——编者注

肌内注射给药，而不要静脉注射，并且只有当猩猩安全地在笼子里时才给予。拮抗药物通常在 5～10 分钟内生效，呼吸频率和深度增加，接着猩猩有自主运动表明药物已生效。不要静脉注射拮抗药物，这会导致猩猩血压和心率快速波动。

在等待猩猩从麻醉中苏醒时，气管插管留在原来的位置，直到猩猩开始咳嗽。一旦拔除气管插管，并将猩猩安全地放进笼子后，应继续观察它的呼吸直到它可以坐起来。如果没有针对赛拉嗪和右旋美托咪定使用相应的逆转药物，猩猩也可以安全地苏醒，但是会很慢。猩猩苏醒后不要停止观察，应保持观察直到它能够坐起来。在猩猩坐起来，恢复警觉以及可以正常吞咽前都不要提供食物和水。

十四、外伤处理

圈养猩猩的外伤可能是由于意外事故、正常的社交、等级争端或引进新猩猩时造成的。咬伤可以发生在任何部位，但通常是手部。在大多数情况下，伤口都是浅表性的。大多数暴露皮下组织或肌肉的伤口可以通过局部伤口护理来自然痊愈，不需要麻醉或者其他干预。如果伤口已经切断动脉，如在 15 分钟内大量流血且没有停止，则兽医必须立即进行干预。如果伤口已经暴露肌腱和/或骨头，兽医应在 6 小时内进行干预治疗。

只有最严重的伤口才需要手术缝合。这是因为猩猩很可能会拆掉缝线，导致伤口开放。不论是手术缝合还是使伤口开放愈合，彻底清洗伤口都是很有帮助的。可以用洗必泰轻轻地清理伤口，移除碎片，清除坏死的组织，然后涂一层薄薄的外用抗生素软膏或乳霜。为了防止伤口感染，可以给猩猩使用 7 天抗生素：阿莫西林，每千克体重 10 毫克，口服，每天 2 次；或阿莫西林/克拉维酸，每千克体重 15 毫克，口服，每天 2 次；或头孢氨苄，每千克体重 20 毫克，口服，每天 2 次，这些药物对于软组织伤口都是很好的抗生素选择。

请注意，猩猩有拆掉任何伤口缝合材料的倾向（缝线、皮钉、钢丝、手术胶等），这会使腹部和其他大型手术出现问题。因此，要确保手术切口采用间断缝合（不是连续缝合），缝线之间要间隔很近，多层缝合，并采取皮下缝合，保证在皮肤表面没有裸露的线结。

十五、呼吸道疾病

呼吸道疾病在圈养的猩猩中很常见，并且是所有年龄段中一个主要的死亡原因。对于兽医来说，学习猩猩的呼吸道解剖结构、呼吸道疾病的临床症状以及恰当的治疗技术是非常重要的。猩猩呼吸综合征的特点是上呼吸道和下呼吸道（包括鼻窦、气囊和肺）的复发感染。病原菌培养时可能会出现多种条件致病菌，包括肠道革兰氏阴性菌、革兰氏阳性球菌和铜绿假单胞菌。该综合征可能会表现为急性或亚急性疾病（肺炎、明显的气囊扩张）或者慢性疾病（鼻炎、鼻窦炎、支气管炎）。该综合征的确切病因尚不清楚，具体的影响因素也尚未确定。强烈建议咨询呼吸道疾病专家和/或传染病专家。咨询对治疗囊性纤维化有经验的人医医师是特别有帮助的，因为猩猩的慢性呼吸道疾病与人的囊性纤维化之间非常相似。

与其他猿类相比，猩猩的呼吸道疾病更为常见。其病因尚不清楚，但可能是由于遗传易感性所致。治疗人的囊性纤维化的方法也适用于猩猩的慢性呼吸道疾病。囊性纤维化是由囊性纤维化跨膜传导调节蛋白（CTFR）基因发生突变导致的一种致命性疾病。这种情况在白种人中最为常见，但是在亚洲人群中却不常见。然而，已经发表的关于长期管理囊性纤维化患者的呼吸系统疾病的文献，为治疗和长期管理猩猩的慢性呼吸道疾病提供了很好的参考资料。最近的研究表明，如果采取人的囊性纤维化的治疗方案，猩猩的慢性呼吸道疾病可以得到成功的治疗。

猩猩中最常报道的三种疾病是鼻窦炎、气囊炎和肺炎。然而，不要把鼻窦、气囊和肺看作是三个独立的系统：它们都是相互连接的，一个器官发生问题会影响其他器官，很少只有其中一个器官发生疾病。如果猩猩表现出鼻窦炎的症状，那么它的气囊和肺也很有可能被感染。一只猩猩如果有明显的气囊炎，它也很有可能有鼻窦炎和肺炎。这是因为整个呼吸道都是相连的。细菌和脓性物质可以从一个区域转移到另一个区域。在特慢性病例中，感染也会转移到颅骨上，尤其是乳突骨。

1. 猩猩呼吸系统解剖结构

猩猩鼻窦的解剖结构与人的非常相似。然而，猩猩没有额窦和筛骨空气细胞。它们的上颌窦和蝶窦与人的类似，但更大。

除人以外，所有的猿类都有一个气囊，是近端气管的延伸，其作用是发声。在大猩猩、黑猩猩和倭黑猩猩中，该气囊很小，完全充气的时候直径小于20厘米。在猩猩中，该气囊是更大的，尤其是在完全成熟的雄性中。当猩猩肥胖时，该气囊就会特别突出，这是因为脂肪储存在气囊周围的皮下组织所致。超重的猩猩需要调整饮食（见第十章）。

在气管内，即声带下方、气管前侧，有两个开口与气囊相通。空气可以通过这些开口从气管进入气囊，使气囊充满气体，这样野生猩猩的叫声可以传得很远。在成年雌性猩猩中，当气囊充气时，会出现在颈部的前面和下颌的下方，也有可能会延伸到腋窝处；在成年雄性中，气囊会从颈部的前面一直延伸到胸部的前方，进入、到达腋窝周围的下方，在背侧一直延伸到头骨基部背面；在年轻的猩猩上，气囊很小，其形状会随着猩猩年龄的增长和性成熟而变得复杂（图 12.7）。图 12.8（彩图 10）显示的是气囊的解剖结构。

图 12.7　成熟雄性猩猩的气囊（A）要比雌性的（B）更加明显。甚至是在猩猩幼年期（C）都有较小的气囊，并会随着年龄增加而增大（供图：G L Banes）

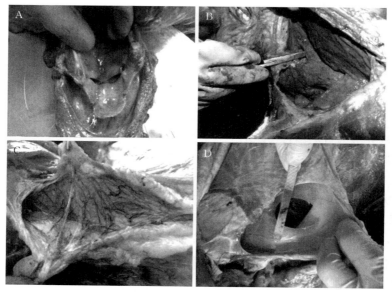

图 12.8　猩猩气囊的解剖结构。A. 从喉进入气囊的气管开口；B. 在气管内部的开口；C. 健康气囊的黏膜是薄而透明的；D. 发炎气囊的黏膜很厚、不透明，而且有血管浸润（供图：N P Lung）

2. 猩猩呼吸系统疾病的临床症状

呼吸系统疾病最常见的症状，通常也是首先被饲养员注意到的症状是流鼻液，且该症状可能是单侧的或者双侧的，也可能是透明的或者伴有黄色/绿色混浊鼻液的。长期流鼻液是鼻窦炎的一个指标，如果发现及时，感染可以被清除。如果它变成慢性疾病，即使治疗也可能永远无法治愈，但可以通过控制疾病的严重程度来使猩猩保持舒适。发生鼻窦炎时大多数猩猩会用手捂着头，表示头疼，但不是所有的猩猩都会这样做。

猩猩呼吸系统疾病的另一个常见症状就是间歇性咳嗽。在肺炎的早期阶段，猩猩正常活动的过程中会意外地伴发咳嗽。咳嗽听起来可能是湿的或有痰的。在肺炎的晚期阶段，猩猩会由于缺氧而引起疲劳，变得较少活动。咳嗽是刻意的，猩猩会弯腰用力咳嗽。通常咳嗽会导致有脓性物质被带进口腔里。如果偶尔听到一只猩猩咳嗽，特别是当它流鼻液的时候，说明它发生了肺部感染（尽管咳嗽也可能与心脏疾病有关）。肺炎常伴有口臭、昏睡和发热。另一个气囊疾病的典型症状是腹泻，尤其是在年轻的猩猩中。腹泻被认为是由于猩猩咳出并吞咽被感染的黏液或分泌物造成的。

猩猩呼吸道疾病最显著、最容易辨别的症状是气囊中有液体积聚。饲养员知道猩猩气囊的正常外观，并且能够识别气囊是否变大。由于液体积聚，所以气囊会变得沉重，并垂到胸部。这强烈提示猩猩发生气囊炎，并通常伴有流鼻液和/或咳嗽。

3. 鼻窦炎

鼻窦炎是猩猩的鼻窦中有炎症和细菌感染的一种疾病。其可能会以鼻炎的形式影响鼻腔通道。仔细观察猩猩是否流鼻液，以及是否用手捂住头。如果出现了这些现象，最好在2周内治疗，这样就可以消除感染而不是转变为慢性感染。应特别注意：

（1）记录流鼻液是单侧的还是双侧的，是透明的还是混浊的。
（2）记录猩猩是否有打喷嚏或者因为头疼而捂住头的情况。
（3）记录气囊大小是否正常。
（4）记录是否听到猩猩咳嗽。
（5）如果可能的话，在猩猩没有化学镇静的情况下，听诊肺的所有区域，记录是否有爆破音或者喘鸣音。
（6）收集鼻液拭子。在显微镜载玻片上涂薄薄一层样品，采用 Diff - Quik 染色（或者选用另一种罗氏染色液），并在显微镜下观察。如果看到大量的白细胞（主要是中性粒细胞）和细菌，表明猩猩感染了鼻窦炎/鼻炎。

如果已确诊鼻窦炎，气囊正常，没有咳嗽，那就让猩猩口服 21 天抗生素进行治疗。使用阿奇霉素，剂量为 250 毫克，1 天 1 次。在抗生素治疗的前 5 天，还应提供止疼药；布洛芬每千克体重 5 毫克，1 天 2 次，或者对乙酰氨基酚每千克体重 5 毫克，1 天 2 次。

如果可以在没有化学保定的情况下采集到猩猩血液，则将血液放入紫头管，并在治疗开始的时候做全血细胞计数，在治疗结束后再做一次全血细胞计数。预计猩猩患鼻窦炎时其白细胞计数会轻微升高，可能会达到 12 000～15 000 个/微升。如果白细胞计数非常高（＞25 000 个/微升），那么这只猩猩也可能有潜在的肺炎。如果在 21 天治疗期结束之后，猩猩的白细胞计数仍然大于 15 000 个/微升，或者症状发生恶化，则应在继续口服阿奇霉素的同时，每天补充服用左氧氟沙星 500 毫克。在患病猩猩体重小于 50 千克的情况下，以每千克体重 8 毫克服用左氧氟沙星，每天最大剂量为 250 毫克。

唯一能够确诊鼻窦炎的诊断方法是猩猩头部 CT 扫描（图 12.9）。当唯一的临床症状是流鼻液时，建议直接进行治疗而不一定要继续深入检查，因为检查带来的好处并不会超过麻醉和手术的风险。

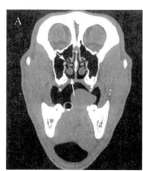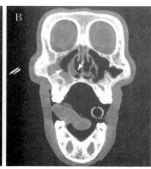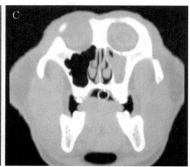

图 12.9　CT 扫描的猩猩鼻窦影像。A. 正常鼻窦。注意黏膜没有增厚，也没有液体积聚（箭头所示），鼻窦之间开口通畅可以清除黏液；B. 右上颌窦炎，中度。注意有液体积聚（箭头所示，供图：S Aronson）；C. 左上颌窦炎，严重。注意左上颌窦的气体空间已经完全闭塞，而右上颌窦很清晰，没有液体也没有黏膜增厚（供图：N P Lung，经 BOSF 许可）

4. 气囊炎

气囊炎是猩猩上一种常见的、严重的疾病。雄性比雌性更易感，但两种性别都是易感的。小到 4 岁的猩猩都有病例报道。最常见的症状就是气囊肿胀。然而，猩猩可以自己用空气把气囊填满，让气囊看似肿胀，这必须与液体积聚引起的肿胀相区分。此外，液体积聚引起的气囊肿胀也必须与由慢性肥胖导致的脂肪沉积而使气囊突显相区分。气囊填满空气可以在 1 天之内反复出现，但是液体积聚引起的气囊肿胀会保持不变。可能导致气囊增大的原因如下：

- 自发的充气行为。
- 肥胖，通过在气囊的组织内积累脂肪。
- 气囊炎，脓液积聚在气囊中。
- 伴有气囊组织水肿的心脏或肝脏疾病。
- 有些猩猩的气囊增大也是正常的表现。

为了诊断气囊炎，应该：

（1）记录猩猩是否打喷嚏或者像头疼一样捂住头。

（2）如果能在没有化学保定的情况下检查猩猩，可以触诊气囊。如果气囊充满了空气，推它时会"反弹"；如果气囊充满脓性液体，推它时会产生波动；如果气囊充满了厚厚的、面团状的物质，用手指按压它时会保持原状。

（3）记录任何猩猩的咳嗽声。

（4）如果可能的话，在没有化学镇静的情况下，听诊肺的所有区域，记录是否有爆破音或者喘鸣音。

（5）检查猩猩身体的其他部位，寻找全身性水肿的证据。有心脏或肝脏疾病的猩猩会发生水肿，这会使气囊看起来肿胀。在这种情况下，必须将猩猩全身麻醉才能进行全面的医学评估。

如果通过眼观和/或体格检查确定猩猩的气囊内有液体积聚，那么必须在全身麻醉的情况下进行手术，使气囊内的脓液排出。应注意对有气囊炎的猩猩的麻醉。

5. 患气囊炎的猩猩麻醉时的注意事项

对患气囊炎的猩猩进行麻醉时有些特殊的注意事项。这些猩猩很有可能已患或将来会患肺炎。这是因为气囊通过开口与气管相连，当猩猩患气囊炎时，在开口的下面会积聚脓性液体，当猩猩躺卧时液体会通过开口流入气管和肺，导致感染。在麻醉状态下这种风险会增加，必须提前为这种情况做好准备：

（1）准备用吸管和抽吸机吸出气管内的液体。

（2）准备在需要的时候给猩猩进行气管插管。

（3）在麻醉诱导的过程中，最好让猩猩侧躺或者趴卧。如果它们仰卧，脓液会被动地流过气管开口进入咽部，然后进入肺。这对于猩猩来说是危险的，会导致肺炎的发生或者恶化，并使气管插管变得困难。帮助猩猩身体前倾的最好方法是，有它们最信任的饲养员在场，在给予麻醉药之后轻声地安慰它们。饲养员可以为猩猩提供极少量的果汁（2～4 毫升），以保持猩猩的注意力，使它们的头面向墙壁。

（4）当猩猩麻醉足够深时，让它们侧卧，并让它们的头伸展，确保空气可以通过它们的鼻孔流通。如果猩猩的每次呼吸都可以听到很多刺耳的声音，就用绳子打开它的口腔，拉出舌头，使用喉镜，暴露咽部。如果咽部看起来干净而且没有脓液，说明状况良好，此时再听一遍呼吸音。通常当猩猩口腔张开，舌头伸展的时候，呼吸音会得到改善，变得安静。

（5）安置脉搏血氧计，记录血氧饱和度水平。在诱导过程中，血氧饱和度通常是85%以上，但在插管稳定后，应恢复到95%以上。否则，就需要吸氧。

（6）如果呼吸音仍湿且粗粝，行气管插管，通过气管内导管抽吸气管。提供氧气补充。

（7）在麻醉复苏的过程中，将猩猩保持侧卧位或者趴卧位。尽可能长时间将气管插管留在原位，以减少气囊分泌物进入气管的机会。

6. 打开和排空气囊的手术（袋形缝合术）

打开和排空气囊的手术称作袋形缝合术。手术的目的是尽可能排出气囊内的脓性物质，以及收集样本进行细菌培养，手术时用大量无菌的生理盐水冲洗气囊，沿着切口的整个圆周将气囊的黏膜缝合到皮肤切口上，使切口开放以便脓液持续排出。在进行袋形缝合术前，应准备以下工具和用品：

- 手术器械：梅奥剪刀，手术刀柄，♯10手术刀片，镊子，持针钳。
- 缝合材料：粗细为3-0到2-0的任何可吸收缝线。
- 盛装脓性物质和冲洗液的容器。
- 至少4升的无菌冲洗液（生理盐水或乳酸林格氏液）。
- 60毫升带导管的注射器。
- 消毒用的手术洗涤液。
- 收集液体用的无菌注射器或细菌培养拭子。

要进行袋形缝合术，应该：

（1）诱导麻醉和固定好气管插管之后，将猩猩置于仰卧位或端坐在一个塑料椅子上（这有助于脓液停留在底部，并更彻底地排出）。这时候让猩猩处于仰卧位是可以接受的，因为气管插管可以阻止脓性物质流入肺部。如果无法进行气管插管，就让猩猩侧卧，或者端坐，直到大部分的脓性物质被排出。

（2）确定麻醉进展顺利。脉搏血氧计应当连接好并且提供持续的读数。静脉留置针应安置在合适的位置，以5~10毫升/（千克·小时）的速率输入乳酸林格氏液或生理盐水。心率应该是稳定的，每分钟超过60次。如果心动过慢，则肌内注射阿托品0.025毫克/千克（按体重计）。呼吸应当是自主且稳定的，而不是浅而快的。如果能够使用二氧化碳分析仪，那么$ETCO_2$应该在35毫米汞柱以上，但低于50毫米汞柱。如果猩猩是自主呼吸，而$ETCO_2$大于50

毫米汞柱，应开始补充呼吸，每分钟额外补充呼吸 4 次，保持 ETCO₂ 低于 50 毫米汞柱。如果补充呼吸使猩猩 ETCO₂ 低于 35 毫米汞柱，则减少每分钟补充呼吸的次数，保持 ETCO₂ 在 35 毫米汞柱以上。检查呼吸麻醉机，氧流量应是 2 升/分钟，异氟烷的浓度应该在 0～2.5％（根据所需麻醉深度进行调节）。

（3）对整个气囊的前部和邻近的胸部进行无菌的手术擦洗。手术擦洗至少 5 分钟，可用 4％的洗必泰或者 7.5％的聚维酮碘，或用 70％的酒精清洗泡沫混合物。

（4）确定咽气囊最尾侧部分（与胸部近端相连处）。在气囊尾侧做一个全层皮肤切口，切口呈椭圆形，大约长 6 厘米。

（5）找出皮肤切口下气囊黏膜的位置。在一个健康的气囊中，黏膜是薄而透明的。在有气囊炎的情况下，黏膜是变厚的、不透明的，也可能是纤维状的。继续分离皮下组织，找到并切开黏膜。黏膜的切口与皮肤切口大小相同。

（6）如果脓性物质呈液体状，一旦黏膜被切开，它就会倾泻出来。应在切口的下方放置一个容器，以盛装这些脓性物质，防止污染。用无菌注射器收集 3 毫升脓性物质，用于细菌培养。如果脓性物质很黏稠，像黏土一样，则需要从猩猩颈后向前按摩气囊，把脓性物质从气囊中挤出（图 12.10，彩图 11）。

（7）一旦通过按摩挤出了尽可能多的脓液（并收集了一份样本用于细菌培养），即可进行冲洗。先确保气管插管位置不变，气囊也已充气，这可以确保冲洗液和脓液不会通过开口进入气管。使用 60 毫升的注射器或者吸引管，彻底冲洗气囊的内部，这在年轻的猩猩和雌性猩猩中很容易实现，但在成年雄性猩猩上很有挑战，因它的气囊腔空间很大。可以向气囊内部注入几百毫升的生理盐水，按摩，搅动，将脓液排出。重复这个过程多次，直到流出的液体是干净的。

（8）沿着皮肤切口的整个圆周，采用 3 - 0 PDS（聚对二氧环己酮，可吸收，单股）或 3 - 0 VICRYL（polyglactin 910，可吸收，编织）缝线将黏膜缝到皮肤上。整个圆周大约需要缝合 12 针。通过将皮肤的边缘缝合到黏膜的边缘，就可以制造出一个瘘管，接下来的几天脓液会持续流出。在大多数的猩猩中，瘘管会在 10～14 天内逐渐收缩并完全闭合。在部分猩猩中，瘘管不会收缩和愈合，会变成一个永久性开口。

（9）如果已经做好了袋并冲洗之后，仍然可以触诊到没有排出来的脓性物质，这可能是因为形成了不同的腔室（图 12.11，彩图 12）。此时需要在其他的腔室上再做一个袋。这种情况并不常见。

（10）送检样本做细菌培养和药敏试验。

（11）如果可以的话，可以通过静脉注射抗生素来治疗猩猩。头孢曲松钠或头孢他啶（雌性 1 克，成年雄性 2 克）。

（12）在猩猩处于全身麻醉时，进行一个全面的医学评估。

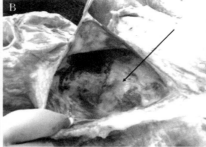

图 12.10 气囊内脓性物质的类型。A. 液态的脓汁在重力的作用下从一个袋口的位置排
　　　　出；B. 糨糊状的物质黏着在气囊的黏膜表层。这种类型的脓性物质不会导致
　　　　外部的气囊扩张，所以可能表现为无症状的气囊炎（供图：N P Lung）；C. 黏
　　　　稠的脓性物质，像牙膏一样，可以从袋口的地方按压出来，但不会像液体脓汁
　　　　一样容易排出，可以用生理盐水冲洗至稀薄后排出（供图：J Woods，经
　　　　BOSF 许可）

图 12.11 在慢性感染的气囊内，黏膜会形成不同的腔室，而且腔室之间有不同大
　　　　小的孔洞。这些腔室使得排出浓液和冲洗气囊变得复杂

　　如果无法进行袋形缝合术，若脓性物质是液体的话，可以从气囊中将其吸
出。进行这种操作时，需要对气囊中最底部进行无菌擦洗。将大口径的针与静
脉注射管的一端连接起来，另一端与一个大的注射器相连。针至少应该是 16G
或者 14G，10G 或 12G 的更好。操作时让猩猩端坐，身体稍向前倾斜，这样
在重力作用下就可以使脓液在气囊的底部和前部聚集。进行无菌操作，将针插

入气囊的脓液中，然后将脓液吸入注射器。持续抽吸，吸出越多脓液越好。针头不要取下，吸管末端连接无菌生理盐水，将几百毫升的生理盐水注入气囊内。轻轻按摩气囊，反复抽吸。这个过程可以一直持续，直到吸出的液体大部分都是清澈的。

　　袋形缝合术的手术照片见图 12.12。

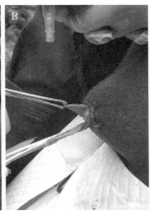
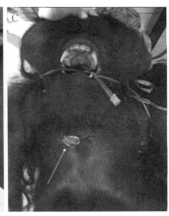

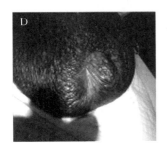

图 12.12　气囊袋形缝合术。A. 在气囊最靠下的位置做一个瘘管，以便排脓；B. 注意红肿的黏膜，需要将其切开才能暴露脓性物质（供图：J Woods，经 BOSF 允许）；C. 袋口的最终外观，留了一个开口进行引流；D. 3 周后袋口的外观，已经愈合，在气囊的皮肤上留下了一个褶皱的瘢痕组织（供图：N P Lung，经 BOSF 许可）

7. 肺炎

　　肺炎在猩猩中很常见，但经常未被诊断。兽医通常把注意力集中在扩大的气囊上，而没有关注鼻窦和肺。然而，如果猩猩有鼻窦炎或者气囊炎的症状，应当怀疑有肺炎发生，并做筛查或治疗。

　　急性细菌性肺炎使猩猩呈现生病状态。患病猩猩会昏睡、发热、厌食，可能咳嗽，并可能听到呼吸音且伴有用力呼吸。患病猩猩应当立即治疗，因为延迟治疗可能会导致败血症和死亡。最好是在猩猩全身麻醉状态下进行诊断性检查。如果无法进行诊断性检查，或者猩猩还不够强壮来进行这项操作，那么应立即开始用广谱抗生素治疗。

　　与其他猿类相比，猩猩更容易患肺炎。这种易患病体质原因尚不清楚，目前正在研究基因倾向性的可能性。猩猩患肺炎的一个特征性病变是有可能转变为慢性，并引发支气管扩张，导致肺结构的永久性改变，缩短它们的寿命。

支气管扩张是肺炎发展的结果，会导致大气道失去坚硬的结构。气管壁会变得松软、易坍塌，大大减弱黏液、碎片和细菌的清除能力。当肺充满黏液和细菌，肺炎就会继续发展，同时继续向支气管扩张，最终导致肺衰竭和猩猩死亡。尽管还没有建立起呼吸系统疾病和心脏疾病之间的直接统计学联系，但似乎有理由认为，在这两种系统中，一个系统发生疾病会给另一个系统带来额外的压力。

治愈患有慢性肺炎和慢性气囊炎的猩猩是不太可能的。然而，通过针对性的治疗，疾病可以得到控制，进展可以减缓，猩猩的生活质量也可以得到改善。

8. 麻醉状态下呼吸系统疾病的诊断性评估

要在麻醉状态下对猩猩呼吸系统疾病做诊断性评估，应当注意以下事项：

进行一次彻底的身体检查。确保用检耳镜或明亮的光源来观察猩猩鼻孔，寻找鼻液和发炎的鼻黏膜。如果猩猩患有呼吸系统疾病，可能会发现黏液样的鼻液，听诊到湿啰音，发热，脱水，触诊气囊有液体或面团样物质。

抽血做全血细胞计数和血清生化检查。需要一个紫头的和一个红头的采血管来进行全血细胞计数和血清生化检查。可以的话，多采集一管紫头和三管红头的血液，用于以后的研究。将紫头管和分离出的血清储存在冰箱里。白细胞计数不总是遵循预期的结果。然而，大多数患有气囊炎的猩猩，白细胞计数都在 15 000 个/微升以上，中性粒细胞超过 80%。如果气囊炎是最近发生的，猩猩就不会发生贫血，但在慢性呼吸系统疾病病例中，血象可能会因慢性疾病表现出轻微的贫血。血清生化检查可能会显示蛋白质、尿素氮（BUN）和肌酐升高，这与猩猩急性患病导致的脱水一致。如果疾病是慢性的，那么水合作用可能是正常的。只有球蛋白会由于慢性感染而升高。

拍摄前后位（AP）和侧位（L）胸部 X 线片。请人医放射科医生或肺科医生阅片。充满液体的气囊会在胸腔近端形成软组织密度影像。重要的是要寻找肺炎的证据，气囊炎通常会伴发肺炎。肺可能看起来很正常。可能会在一些肺叶看到肺炎病灶，也可能会看到胸腔积液。心脏的大小/形状通常是正常的。在慢性呼吸系统疾病的晚期，肺将会显现出轻度到重度的支气管型肺炎，有支气管扩张区域，也可能出现脓肿和/或肺叶实变。此外，可能会看到继发于肺动脉高压的右心室肥厚。

进行气管-支气管冲洗。将一根无菌吸管插入气管插管内，直到超出气管插管末端几厘米。注入生理盐水（少年和成年雌性猩猩注射 30 毫升；成年雄性猩猩注射 60 毫升），用手轻拍猩猩的胸部几次，将生理盐水与黏液和脓汁混合。用一个 60 毫升的注射器，通过吸管将液体抽回，直到抽不出为止。送检部分肺冲洗液样本进行分枝杆菌培养；部分送检至人医实验室进行细胞学检查和细菌培养；再取部分样本涂片，用罗氏染液染色（如瑞氏-吉姆萨、Diff - Quik 等），并在显微镜下观察评估。如果猩猩有肺炎，细胞学和有氧培养的结果会显示典型的与许多细菌感染有关的中性粒细胞性炎症，包括铜绿假单胞菌、混合的革兰氏阴性肠杆菌（如克雷伯氏菌）和/或革兰氏阳性球菌（如葡萄球菌、β溶血性链球菌）。

　　可以的话，进行 CT（计算机断层扫描）扫描。扫描猩猩头部和胸部。如果时间允许，还要扫描腹部。如果猩猩流鼻液，则很有可能在头部 CT 上看到鼻窦炎，表现为鼻窦腔不透明以及黏膜增厚。如果猩猩有气囊炎，会在气囊区域看到一些空气和液体。在检测肺部变化时，CT 会比 X 线片更加敏感。如果存在肺炎和/或支气管扩张，可以在 CT 扫描中看到（图 12.13）。

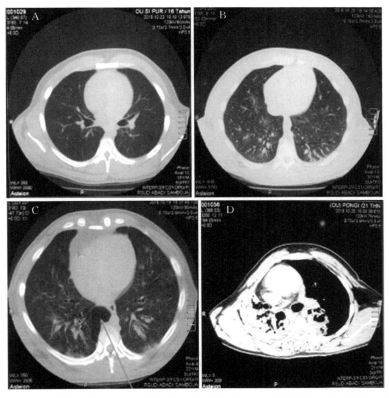

图 12.13　计算机断层扫描（CT）鉴别呼吸系统病变。A. 正常的肺；B. 肺野中部区域浸润/肺炎的早期迹象；C. 双侧肺炎，支气管扩张，继发于支气管扩张的肺气肿（箭头处）；D. 继发于慢性肺炎的严重晚期右肺实变（供图：N P Lung，经BOSF 许可）

9. 急性/亚急性细菌感染性呼吸系统疾病的治疗

许多抗生素以及抗生素联合，已经用于治疗猩猩细菌感染性呼吸系统疾病。治疗方案应当根据患病猩猩的状态进行调整。急性、严重的系统性疾病的治疗方式与食欲良好的慢性感染病例不同。之前健康的猩猩患急性肺炎，并且没有气囊炎和鼻窦炎，很可能口服 3 周抗生素后便可治愈。复发病例、疾病涉及整个呼吸系统的病例以及慢性肺炎的病例，可能需要数周至数月的治疗，并且应将其看作终身患者。

抗生素治疗和维持疗法对于患有呼吸系统疾病的猩猩来说非常重要。患病猩猩可能会发展成败血症，出现发热、厌食和脱水。在这些情况下，治疗就是在挽救生命，应当包括注射抗生素、提供抗炎镇痛药、输液疗法（静脉、皮下和口服均可）以及营养支持，直到猩猩稳定下来并可以进食。

（1）水合 对于危重/败血症病例，静脉输液治疗是首选。生理盐水、乳酸林格氏液以及 Plasma - Lyte® M 都是很好的选择。在麻醉期间以 10 毫升/（千克·小时）的速度输液。在没有镇静和麻醉的情况下可以继续静脉输液治疗，以 2～4 毫升/（千克·小时）的速度进行输液治疗，直到患病猩猩状态稳定。除了在麻醉期间静脉输液以外，皮下注射液体也是一种很好的给麻醉猩猩补液的方法。可以在腋窝和腹股沟的皮下补充近 1 升的液体。在静脉输液器的末端连接一个 16G 或 18G 的针头，把针插入皮肤下面，让液体流入。在数小时内，猩猩将会缓慢地吸收这些液体。即使患病猩猩很虚弱没法自主喝水，这个方法也能逐步补液。如果患病猩猩足够强壮，可以自主喝水，则单用口服液体（水、电解质液等）来维持水合。补液目标量是 50～100 毫升/（千克·天）。应根据需要补充液体，以纠正脱水、酸/碱和电解质异常。

（2）抗生素 对于病情危重的猩猩，在诊断检查的期间应进行静脉注射抗生素治疗。对于严重疾病的猩猩，选择药物包括：头孢曲松钠（成年雌性 1克，成年雄性 2 克，静脉给药）；或者阿米卡星或庆大霉素每千克体重 5 毫克，静脉给药。两种抗生素联合应用是首选。肠外抗生素应在麻醉状态下给予，并持续口服至少 8 周。一旦猩猩稳定下来能接受口服药物，就可以使用阿奇霉素（体重>40 千克，口服 400 毫升，每天 1 次；体重<40 千克，口服每千克体重15 毫升，每天 1 次）加左氧氟沙星（体重>40 千克，口服 500 毫升，每天 1次；体重<40 千克，口服每千克体重 8 毫升，最大剂量 250 毫克）。

（3）抗感染治疗 呼吸系统疾病的病理表现是由机体对感染的反应引起的。白细胞、细胞因子和炎性化学物质大量涌入造成肺组织、鼻窦内壁和气囊内壁损伤。控制这个炎性过程可以减少慢性呼吸系统疾病的长期后果。在呼吸系统疾病的急性期，静脉、肌内、皮下注射或口服泼尼松或泼尼松龙 0.5 毫克/

千克（按体重计），每天 2 次，持续 2 天，接着以 0.25 毫克/千克（按体重计）再使用 2 天。在这之后，如果猩猩趋于稳定，从类固醇药物转为非甾体抗炎药治疗。以每千克体重 5～8 毫克每天口服 2 次布洛芬，可以缓解疼痛并提供抗炎作用。也可以使用美洛昔康、对乙酰氨基酚或者阿司匹林。人用的剂量对于猩猩也是合适的。

（4）雾化疗法　在急性病例中，抗生素局部雾化给药是非常有益的。通过雾化，治疗药物如抗生素、支气管扩张药、抗炎药和化痰药可以直接输送到肺和气囊。这需要专门的设备和药品，但对于饲养猩猩的机构这项投资是值得的。妥布霉素（吸入剂，不是注射剂）或庆大霉素（100 毫克/毫升大型动物制剂），以每千克体重 5 毫克，每天 2 次，通过雾化的方式给药，有显著效果。布地奈德（商品名 Pulmocort），同样可以用雾化的方式给药，能够提供极佳的抗炎活性。沙丁胺醇或左旋沙丁胺醇通常以雾化给药来扩张气管，让猩猩可以更舒服地呼吸。

（5）营养支持　对于急性病例，如果猩猩厌食的话，就不太可能提供口服营养支持。在这种情况下，每天可以在一袋要输注的液体中添加复合维生素 B。可以肌内注射维生素 E。一旦猩猩进食，就可以提供日常的维生素补充剂。儿童用维生素软糖对猩猩很有用。在生病期间，很多猩猩也会服用液体膳食补充剂或者蛋白质以及富含维生素的饮品。

10. 慢性细菌感染性呼吸系统疾病的治疗

与其他猿类不同的是，患有鼻窦、气囊或肺的急性呼吸系统疾病的猩猩，有很大的可能性会转变成慢性、终身的呼吸系统疾病患者。这似乎在雄性猩猩中更常发生，对这一领域的研究仍在进行中。最常见的情况是，工作人员发现了猩猩的呼吸道感染，进行了短时间的治疗，患病猩猩的表现、行为和食欲都好转，此次治疗就结束了。然而，鼻窦和肺的慢性炎症和感染的亚临床过程可能仍在继续。这种情况可能很多年都不会被发现，当确诊时猩猩已经变得非常虚弱，并且肺由于慢性炎症而发生了不可逆的变化。猩猩呼吸系统疾病的保健目的是识别和控制亚临床疾病，从而防止肺的不可逆损伤，并延长猩猩的健康生活时间。值得注意的是，患有慢性呼吸系统疾病的猩猩会长时间保持健康，偶尔会复发，需要进行干预，但都在预料之内。这也是典型的囊性纤维化患者的症状，跟猩猩有相同的疾病模式。

注意观察亚临床疾病的外在症状。两种最常见的症状是间歇性流鼻液和间歇性咳嗽。如果存在任何一种症状，那么猩猩应当进行呼吸系统医学检查或者开始进行治疗。

慢性细菌感染性呼吸系统疾病的治疗应包括：

（1）**抗生素治疗** 如果护理人员观察到猩猩有鼻腔分泌物和/或咳嗽，特别是这些症状近期在发生频率上有所增加，应每天口服 1 次阿奇霉素 400 毫克，加每天口服 1 次左氧氟沙星 500 毫克，服用两种药物持续 4 周。4 周后（假设流鼻液和咳嗽已经消失），继续服用阿奇霉素 400 毫克，连续 2 个月每周服用 3 次。值得注意的是，目前治疗囊性纤维化的建议是，口服阿奇霉素治疗，每周 3 次，患者需要终身用药，在疾病"暴发"期间改变治疗方案。

（2）**治疗气囊炎** 在慢性病例中，应当预期气囊炎会有发病周期。有些猩猩可能持续数年也不需要人为干预，而另一些猩猩可能每年要干预好几次。通过适当的观察和快速的治疗，可以减少发病频率。当气囊因脓液增大时，应该采取袋形缝合术来让分泌物排出。

（3）**气管开口的闭合** 气管开口为脓性物质从气囊向肺流动提供了一条直接路径，反之亦然，因此许多猩猩已经接受外科手术来闭合气管开口。这个手术可以在任何年龄段的猩猩上进行。如果猩猩已经在麻醉状态下进行袋形缝合术，那么开口闭合手术也可以同时进行。开口闭合并不是必需的，但它可以作为减少在暴发气囊炎期间并发肺炎的一个很好的手段。应该从气囊内接近气管找到开口。可以在咽部区域切开气囊，并向后延伸。一旦找到开口，可以将其夹住、切开并缝合。建议进行双层缝合，加一个荷包缝合并划开组织刺激瘢痕形成。请注意，一些开口闭合手术后会重新出现孔道，因此可能需要在几年后重复这个手术。

（4）**雾化疗法** 雾化疗法对于急性治疗和慢性治疗同样重要。抗生素局部雾化给药是非常有益的。通过雾化，治疗药物如抗生素、支气管扩张药、抗炎药和化痰药可以直接输送到肺和气囊。这需要专门的设备和药品，但对于饲养猩猩的机构这项投资是值得的。对于长期维持用药，最常使用的方案是，每天 2 次妥布霉素雾化（吸入剂，而不是注射剂）。对于那些慢性和肺功能受损的病例，也推荐使用左旋沙丁胺醇雾化，每天 2 次。为了帮助稀释呼吸道黏液，并提供更舒适的呼吸，雾化吸入 7% 的高渗盐水是有帮助的。一旦疾病发作得以控制，每天雾化高渗或等渗生理盐水维持治疗，将会使猩猩适应雾化过程，使护理人员可以更好地关注猩猩，并将有助于保持猩猩呼吸系统健康。

（5）**体位引流法** 囊性纤维化患者和有呼吸系统疾病的猩猩的共同问题是，无法将黏液和碎片从肺中有效清除。受损松弛的呼吸道积聚了大量的黏液，细菌可在其中繁殖。一种可以帮助肺内液体排出的简单方法是，训练猩猩倒过来悬挂着（图 12.14）。这是一项有趣的训练活动，同时也可以提供医疗帮助。

（6）**环境、设施以及饲养管理的改善** 圈养的猩猩在它们的生活环境中，会比野外生活的猩猩更可能暴露在更多的微粒物质和病原体中。室内的空气是

图 12.14 训练可以帮助解决猩猩各种各样的医疗问题。A. 训练猩猩倒悬，可以利用重力清除呼吸道分泌物（供图：diego_cue，通过维基共享［CC BY - SA 3.0］）；B. 自愿采血（供图：俄克拉荷马城动物园）；C、D. 患慢性呼吸系统疾病的猩猩的雾化（供图：丹佛动物园）

循环的；像干草这样的垫料在空气中制造了大量的碎屑；圈舍清洁方式导致细菌和微粒悬浮于空气中的水分中，这些都对猩猩的呼吸道过滤和清除碎屑功能构成了挑战。饲养机构可以通过投资一些设备以及改善饲养环境来帮助猩猩。应允许尽可能多的新鲜空气进入猩猩的饲养环境中，以保证空气可以更频繁地过滤和循环。垫料可以换成毯子或者低颗粒的产品，如木丝。在猩猩返回笼舍之前，应保持笼舍清洁、干燥。所有这些改变对于患有慢性呼吸系统疾病的猩猩尤为重要。

在早期就开始正强化训练（见第七章），这对于所有饲养猩猩的机构来说是明智之举，因为猩猩可以训练学习许多医疗手段。特别要关注雾化、肌内注射和采血训练，这可以减少猩猩麻醉的次数，并可以改善提供给猩猩的医疗护理的质量（图 12.14）。

11. 呼吸系统疾病预后

从长期存活的角度来看，猩猩呼吸系统疾病的预后整体上是从一般到较差，特别是对于年轻的猩猩。庆幸的是，抗生素治疗可以抑制细菌感染，防止呼吸系统疾病最终发展为支气管扩张、肺动脉高压和复发性肺炎。目前正在进行研究，以了解慢性呼吸系统疾病的遗传倾向，完善诊断技术以正确评估呼吸系统的各个部位的情况，并制定治疗策略以延长患有这种疾病的猩猩的寿命。鼓励圈养猩猩的机构及时查阅相关兽医文献，并随时掌握最新研究进展。

十六、心脏疾病

心脏疾病是成年圈养猩猩死亡的主要原因．大多数病例在猩猩病情严重或死亡之前都没有得到确诊，因为目前对该病病因和易感危险因素知之甚少。然而，如果从幼年时期就开始监测心脏健康状况，则可改善其生活的质量和寿命。这需要与人类心脏病专家建立关系，在猩猩常规健康评估期间帮助进行超声心动图检查。

猩猩中最常见的心脏病类型是伴有心肌纤维化的心肌病，最终导致充血性心力衰竭。可以看到的症状包括昏睡、活动减少、中度运动后呼吸增强以及水肿，雌性猩猩的水肿看起来像一个增大的气囊。值得注意的是，大多数心脏病的症状与呼吸系统疾病的症状非常相似，但水肿的存在可能是由心脏病、肝病或肾病引起。在检查中仔细评估所有的身体系统以区分不同的疾病是很重要的。

评估猩猩的心脏健康状况，应该：

● 听诊心脏。识别心律失常和心杂音。

● 检查皮肤、口腔和气囊是否有水肿。正常情况下按压皮肤会回弹。当用手指按压皮肤后形成凹痕，则猩猩可能有水肿。

● 通过胸部 X 线检查来评估心脏大小是否异常。

● 将全血放入紫头 EDTA 管中检测脑钠肽（BNP）的含量，前提是当地的人医实验室可以提供这项服务。

● 检测血清中脂质的情况。

● 当怀疑或发现任何心脏异常时，可以咨询人类心脏病专家。

● 当诊断为心脏病，那么患病猩猩应该由人类心脏病专家以类似治疗人类的方式进行管理。治疗类人猿的纤维化心肌病通常一开始使用血管紧张素转换酶（ACE）抑制剂和肾上腺素能阻滞剂。

十七、肠道疾病

猩猩的营养和饲养管理在第九章中有详细的描述，强调人工种植的水果与自然生长的水果有很大的不同。强烈建议读者采纳为中国动物园制订的饮食计划，否则，动物园里饲养的猩猩极有可能出现胃肠问题，包括无症状肠寄生虫病（如类圆线虫、纤毛虫、贾第虫、鞭虫和阿米巴）；不明原因的腹泻；细菌性肠炎（如沙门菌病）；非传染性疾病（如溃疡性结肠炎、异物摄入、慢性返流、阑尾炎和腹部脓肿）。

便秘和腹泻是仅次于肠道寄生虫病的最常见的胃肠道紊乱。但在相同饲养环境和饮食情况下，一些猩猩表现出慢性腹泻，而另一些则表现出慢性便秘。似乎每只猩猩对低营养食物的反应都不一样，因此高质量的营养非常重要。应鼓励兽医与饲养员一起工作，以确保记录猩猩每天粪便的得分情况（见第九章）。通过这样做，兽医将能够发现猩猩身体状况的变化趋势，评估个体情况，并对异常粪便的变化做及时处理。

腹泻是肠道异常的一种表现。腹泻的诊断和治疗方法将取决于许多因素。

1. 急性腹泻并伴发不适

许多急性疾病可导致腹泻和猩猩的不适。例如，感染性疾病包括肠道病毒、冠状病毒、沙门菌、致病性大肠杆菌、志贺菌、弯曲菌和艰难梭菌等的感染；寄生虫疾病可能包括突然暴发的结肠小袋纤毛虫、贾第鞭毛虫和类圆线虫等的感染；代谢方面的疾病可能包括炎症性肠病、胰腺炎、异物摄入或肠套叠等。腹泻应在 72 小时内进行调查。

急性腹泻的诊断应在出现临床症状后尽快进行，以便在猩猩变得过于虚弱或脱水之前进行干预。每天 1 次，连续 3 天，向实验室提交 1 克新鲜粪便进行细菌培养；确保培养肠道病原体。进行直接涂片（湿贴），观察大肠杆菌的数量，并寻找类似贾第鞭毛虫和/或类圆线虫的幼虫。在粪便上用潜血检查来判断是否有肠道出血。在紧急情况下将粪便进行冷冻保存，当所有检测结果均为阴性，且持续腹泻时，则可将新鲜或冷冻粪便进行病毒 PCR 或电子显微镜检查，以筛选肠病毒，如轮状病毒和冠状病毒。

大多数急性腹泻的猩猩在没有治疗的情况下会自行痊愈。然而，要防止腹泻的猩猩变得虚弱。需要提供温暖的室内笼舍。如果猩猩要喝水，可以用电解质饮料或医用补水液（如电解质水）等形式进行口服补充电解质。如果猩猩嗜睡且拒绝口服液体，应通过评估血清生化指标来监测水合作用和电解质情况。如果有脱水的迹象，或血清生化指标显示电解质异常，则应开始静脉输液治疗。与腹泻相关的最常见的电解质异常是低钾，因此需要喂猩猩电解质水和富含钾的食物。猩猩应该能经常获得干净的饮水。

可以通过向猩猩腋下或腹股沟区域的皮下注入 1 升的液体，这是一种短时间内提供大量液体的方法（如当猩猩处于麻醉状态时）。具体操作方法见本章附录中表 1 的相关信息，根据体重计算液体的需求量。至少按照 24 小时的需求量来进行计算。如果猩猩脱水严重，补液量可以比计算出的需求量增加 50％。

2. 慢性腹泻

在圈养的猩猩中，慢性腹泻很常见，可以持续几十年，且很容易被忽视。慢性腹泻可能会导致蛋白质持续丢失、电解质失衡、生殖率降低、不能分泌乳汁、健康状况普遍欠佳等症状。应尽可能对猩猩的慢性腹泻进行评估，并设法控制该病。

尽管进行了全面的医学检查，但大多数猩猩的慢性腹泻病例仍然是自发性的。可能的原因包括慢性应激、膳食纤维不足、慢性寄生虫感染、生物失调（胃肠道菌群失调）、炎症性肠病和慢性肠炎。慢性腹泻猩猩的医学评估应包括多次粪便细菌培养、多次直接镜检以及通过漂浮法、沉淀法和贝尔曼漏斗法对多种粪便寄生虫进行检查。这些检查中发现的任何问题都需要得到适当的解决。

如果不能通过实验室检测确定慢性腹泻的原因，就无法采取特定的治疗方法。慢性腹泻不建议使用如洛哌丁胺（一种止泻药）等延缓胃肠运动的药物，因为它们只是短期的对症治疗药，不能长期使用。可以通过系统的方式进行饮食控制。饮食上的任何改变都应该持续 4～6 周的时间，并且在此期间其他方面不做改变。饮食改变可以包括增加膳食纤维、提供高纤维绿叶蔬菜，如羽衣甘蓝、白菜或青豆；其他改变包括减少人工种植水果的数量，因为这些水果含糖量高，纤维含量低；或者去除任何含有麦麸的食物。然而，改善某只猩猩粪便质量的方法可能对其他猩猩没有同样的作用，所以需要针对每一个病例进行系统的处理。

确保猩猩的饮食含有高质量的蛋白质和电解质。确保它们总能获得新鲜、干净的水。考虑使用甲硝唑进行试验性的治疗，每天口服 250 毫克，持续 30 天。据报道，一些猩猩使用了甲硝唑后粪便质量会有所改善。还可以使用益生菌产品。选择高质量含有活菌的益生菌，如益力多（活性乳酸菌饮料），因为这些物质对微生态失衡特别有帮助。虽然很少有科学证据表明使用益生菌有帮助，但一些兽医和人类医生相信它们是有效的。

如果以上方法都失败了，建议咨询能够进行结肠镜检查的人类胃肠病学专家通过结肠镜进行活检，可以鉴别炎症性肠病和/或慢性结肠炎。可以按照人类胃肠病学专家的建议治疗。

3. 慢性间歇性便秘

一些猩猩排出坚硬、干燥的粪便，这样的粪便很难排出，可能会看到猩猩用尽全力去排便。猩猩可能会有腹部不适，表现为将前肢包裹在腹部，将身体蜷起来，在地上打滚，不想吃东西，以及其他类似人类腹部疼痛的症状。对于一些猩猩来说，便秘并不常见，有时会发生，有时会自行解决，或者只需要短期治疗。然而，对于许多猩猩来说，长期便秘是一个终生的问题，需要饲养员和兽医每天找到软化粪便的方法。如果不及时治疗，便秘会导致严重的并发症，如巨结肠、结肠破裂和厌食症。

在相同饮食的情况下，一些猩猩有慢性腹泻，而另一些则有慢性便秘，其中的原因尚不清楚。慢性便秘的原因可能包括膳食纤维不足、水合不足和结肠粪便滞留时间过长。需要注意的是，巨大的腹部肿块会压迫结肠，造成猩猩排便困难，此时粪便是正常的，只是在排出时必须通过一段因腹部肿块压迫的结肠，所以造成排便困难。如果之前长期排便正常的猩猩却发生了慢性便秘，则需要考虑是否是腹部肿块所造成的。

没有哪一种治疗方案是对所有便秘患者都有效。兽医和护理人员必须通过试验找到理想的方案，使不健康的猩猩保持"正常"，即规律地、容易地排出正常的粪便。

使用第九章详细说明的每天粪便评分系统，来跟踪患病猩猩的粪便情况，这样能够保证数据的一致性。应记录治疗时间及治疗方法。通过这些数据可以制订猩猩的长期健康维护计划。通常采用单独或联合的治疗方法，包括使用梅子（每天5～6颗）、矿物油（每天口服5～10毫升）或新鲜南瓜，增加膳食纤维以及使用大便软化剂（按照人类用量）。不同的治疗方法对不同的猩猩效果不同：一只猩猩可能用梅子和大便软化剂效果好；而另一只可能吃南瓜和矿物油才有效。饲养员和兽医应该共同努力，为每只猩猩找到最佳的治疗方法。

十八、疟疾

疟疾是一种血液寄生虫病（疟原虫），由雌性按蚊传播。如果猩猩生活在疟疾流行地区，就有感染疟疾的风险。因此，云南和海南的动物园应该在控制蚊虫以及对类人猿进行疟疾筛查方面做更多的工作。通过血液涂片对寄生虫进行实验室鉴定，并结合临床症状，如果高度怀疑是疟疾，应该立即治疗。

疟疾的临床症状包括无症状感染、全身虚弱、发热（通常在下午和夜晚）和食欲下降。发热通常是周期性的、高热的、持续的，而且使用解热药效果不理想。临床体征是非特异性的，可能在许多疾病中也会出现。因此，兽医或饲养人员必须意识到所在地区的疟疾感染风险，并检测患病猩猩是否感染疟疾。其他和疟疾症状相似的疾病包括登革热和伤寒。

疟疾的诊断主要是采取血液涂片的方式，用显微镜来检查血细胞中的疟原虫。收集新鲜血液，最好是在猩猩发热期间，因为此时寄生虫被释放到血液中。做两个厚涂片和两个薄涂片。用血液学标准进行血液涂片染色，在 400 倍和 1 000 倍下仔细检查血液涂片。为了证实阴性结果，应该连续做 3 天，每天采集和分析新的血液样本。如果怀疑为疟疾，不要仅仅依赖单一的阴性血液涂片，需要检查更多的视野。世界卫生组织建议对一个厚的血液涂片要检查 100 个以上的视野，然后才能确定为阴性。

疟原虫感染可导致三种特定的病理变化。当肝细胞受损时导致肝损伤；当红细胞被破坏时会发生贫血；当感染破坏毛细血管的内壁时就会发生出血。使用与涂片相同的全血样本，进行全血细胞计数以筛查贫血和评估白细胞数量。使用单独的样本进行血清收集，通过血液生化指标评估胆红素和肝酶谱。值得注意的是，间日疟原虫可以在对机体其他部位造成损害后返回肝细胞。这种内部再感染可能每 48 小时重复一次，导致许多病例出现循环临床症状。

疟疾是一种严重且可能致命的疾病，其最佳管理措施是预防。当猩猩被诊断为疟疾阳性时，应增加该地区的蚊虫控制力度。原则上，治疗疟疾的最佳方法是使用几种抗疟疾药物的组合。这将非常有效，并能降低猩猩产生耐药性的风险。蒿甲醚、蒿乙醚、磺胺多辛乙胺嘧啶（Suldox / Fansidar）都可以用于治疗猩猩疟疾；伯氨喹尤其适用于预防间日疟原虫感染的复发。然而，治疗猩猩疟疾的最佳方法是使用几种抗疟疾药物联合治疗，如青蒿素联合治疗（ACT）（表 12.7）。但这类药物往往是口服制剂，临床运用较为困难。

表 12.7　治疗猩猩疾病的青蒿素联合疗法（包括 40 毫克双氢青蒿素和 320 毫克磷酸哌喹）

体重（千克）	年龄	1～3 天剂量（片）
<5	0～1 月龄	0.25
6～10	2～11 月龄	0.5
11～17	1～4 岁	1
18～30	5～9 岁	1.5
31～40	10～14 岁	2
41～59	≥15 岁	3
≥60	≥15 岁	4

注：表中剂量为双氢青蒿素哌喹（DHP）的剂量。

十九、结核病

结核病是由结核分枝杆菌感染引起的肉芽肿疾病。非致病性分枝杆菌种类很多并且在环境中普遍存在，结核分枝杆菌对几乎所有哺乳动物和几种鸟类具有致病性，而灵长类动物——尤其是类人猿——则高度易感。结核病是圈养猩猩的一个重要问题，特别是在那些人类中依然流行此病的国家的动物园里。结核病是一种缓慢的、潜伏期长的疾病，可能多年不被发现，而受感染的猩猩会将其传播给其他动物和人。因此，动物园结核病的监测是非常重要的，并在发现病例时做出适当的处理。由于结核病是通过空气传播的，在进行任何调查操作时，都应该戴上 N95 口罩。

结核病是最常见的肺部疾病，感染仅存在于肺部和局部淋巴结。这种结核病的症状包括持续咳嗽，持续发热尤其是在夜晚，全身无力，体重减轻，颈部、腋窝和胸部的淋巴结肿大。肺外结核病比较少见。细菌也会感染骨组织、消化道、皮肤、肾脏和其他器官。症状会因感染组织的不同而不同。

1. 猩猩的结核菌素试验

对于人类来说，结核菌素试验（TST）是相当可靠的，并且在世界范围内使用。TST 也被用于检测包括猩猩在内的非人灵长类动物的结核病，但前提是这些动物没有接种过卡介苗。这是因为猩猩对结核菌素试验有很高的非特异性反应，它们有可能对产品中其他的非结核菌素的物质发生反应，从而出现假阳性的结果。这使得在猩猩身上使用 TST 变得不可靠，造成兽医很难知道猩猩的真实情况。因此，了解当地的公共卫生标准以及接种疫苗是否合适是非常有必要的，因为如果猩猩接种了疫苗，就需要采取其他监测和检测方法。

对于未接种疫苗的猩猩，建议在常规体检时定期（每 5～8 年）进行结核菌素试验（TST）。使用结核菌素注射器，用 25～27 号针头，以非创伤的方式皮内注射 0.1 毫升的哺乳动物旧结核菌素。尽管其他注射部位如腹部或前臂也有报道，但最常见的注射部位是上眼睑。注射后 24 小时、48 小时和 72 小时观察该部位是否有肿胀和红斑。任何肿胀（表明阳性结果）都应结合其他检测进行谨慎判读，详见下文。不建议给猩猩接种卡介苗或其他结核病疫苗，由于这些疫苗的效果尚未被证实，且 TST 的假阳性发生率很高。

无论疫苗接种状况如何，结核病的理想检测方法是通过肺冲洗/痰标本（支气管肺泡灌洗）来培养结核杆菌。由于需要收集肺深处的黏液碎片并进行细菌培养，所以猩猩应该在气管插管下进行稳定的麻醉。要执行此项操作，应该：

（1）使用无菌手套，将无菌小口径管（长度大于 60 厘米）插入气管插管中。将插管尽可能向前推进肺中。

（2）将 30 毫升（成年雌性猩猩）或 60 毫升（成年雄性猩猩）的生理盐水注入肺部，同时助手轻拍胸部几下，使黏液与生理盐水充分混合。

（3）将所有液体/黏液抽回注射器。高质量的样品应该是絮状物与盐水的混合物。

（4）样品可以通过抗酸染色来评估是否存在抗酸细菌。然而，该试验很难准确操作，且灵敏度低。最好的方法是将肺冲洗液样品进行分枝杆菌培养和 PCR。可以通过细菌培养的方法鉴别造成结核菌素试验假阳性的非致病性分枝杆菌。

肺部冲洗液的培养结果为阳性时，则应认为是结核病感染。这就需要进行合理的处理。

胸片也应作为常规结核病筛查的一部分。兽医应寻找胸部淋巴结肿大、肺肉芽肿或肺钙化的影像学证据，可疑的胸片应由人类放射科医生协助解读。由于猩猩 TST 的假阳性率很高，所以建议将拍摄胸片和肺冲洗作为常规健康评估的一部分，无论猩猩因何种原因进行麻醉都应进行这两项操作。如果只做 TST，3 天后发现猩猩呈阳性，则需要为猩猩再做一次麻醉来进行其他检测。对猩猩来说，将所有检测任务一次完成是最经济、最有效的，且风险最低。

虽然有一些血液结核杆菌抗体检测用于人医中，但是目前还没有明确的证据表明它们在猩猩中有足够的敏感性和特异性。特别是目前 γ 干扰素试验（如 Primagam）和 ELISA 试验（如 Prima - TB Stat Pak）的结果还没被完全认可。

2. 结核病的管理和治疗

因为肺结核阳性的猩猩会对其他动物和人类造成威胁，所以对阳性检测结果做出适当的处理是非常重要的：

（1）对其他所有动物进行结核病检测，这些动物包括所有与检测为阳性的猩猩有过接触的可能易患结核病的动物。

（2）与肺结核阳性的猩猩有定期接触的员工均需进行 TST。这些员工应至少每年接受一次 TST。

（3）采取生物安全措施。所有在结核病检测为阳性的动物场馆工作的人员或者在附近场馆工作的人员，工作时都要戴手套和 N95 口罩，穿专用的防护服，同时要求防护服必须保存在动物场馆内。

（4）阳性的动物场馆应有专用的清洁工具、玩具、丰容物品等，而不应该与其他动物场馆混用。在该场馆的入口应该有一个消毒池或者消毒垫，用来清洗任何进出该场馆的工作人员的鞋子。消毒设施中必须含有针对结核分枝杆菌的消毒剂。值得注意的是，常用的氯和季铵盐类消毒剂对结核分枝杆菌的杀灭效果不明显，醛类化合物对结核分枝杆菌有效。

（5）如果政府要求报告结核病病例，必须要确保正确上报。

（6）对阳性动物采取治疗措施。

原则上，治疗猩猩结核病应遵循与人类相同的治疗方案。肺结核的治疗需要口服抗生素（利福平、异烟肼、吡嗪酰胺，对一些病人可以使用乙胺丁醇），这些抗生素必须规律性地服用6～9个月。这一点很重要，因为结核分枝杆菌在肺组织中形成包囊，以至于"常规"抗生素对它不起作用。在某些情况下，肌内注射链霉素是必要的。

结核病患病猩猩可分为三类，相应的治疗方法如下：

（1）新发病的成年猩猩（按表12.8和表12.9治疗）。

（2）复发、治疗失败或治疗停止的成年猩猩（按表12.10和表12.11治疗）。

（3）12岁及以下的猩猩（按表12.12和表12.13治疗）。

表12.8　新发病的成年猩猩的给药计划

体重（千克）	负荷剂量（每天1次，连用56天）	维持剂量（每周3次，连用16周）
30～37	2×RHZE	2×RH
38～54	3×RHZE	3×RH
55～70	4×RHZE	4×RH
>70	5×RHZE	5×RH

注：如果有四药联合片"RHZE"和两药联合片"RH"（R=利福平；H=异烟肼；Z=吡嗪酰胺；E=乙胺丁醇）可用，该剂量基于每个片剂的典型规格制定（RHZE：150毫克/75毫克/400毫克/275毫克；RH：150毫克/150毫克）。首先使用RHZE的起始剂量（速效剂量），然后使用RH的维持剂量，两者都必须连续给药，但不要同时给RHZE和RH。两者都是口服。

表12.9　无法使用复合制剂的新发病的成年猩猩的给药计划

阶段	给药计划	利福平	异烟肼	吡嗪酰胺	乙胺丁醇
负荷剂量阶段	每天1次，连用56天	450毫克	300毫克	1 500毫克	750毫克
维持剂量阶段	每周3次，连用16周	450毫克	600毫克	—	—

注：R=利福平；H=异烟肼；Z=吡嗪酰胺；E=乙胺丁醇。首先应给起始剂量。一旦起始剂量使用完成，应立即使用维持剂量。起始剂量和维持剂量不应同时给予。所有药品都应该口服。

表 12.10　复发、治疗失败或治疗停止的成年猩猩的给药计划

体重 （千克）	负荷剂量阶段 1 每天 1 次，连用 56 天	负荷剂量阶段 2 每天 1 次，连用 28 天	维持剂量 每周 3 次，连用 16 周
30～37	2×RHZE＋500 毫克链霉素，肌内注射	2×RHZE	2×RH＋2×E
38～54	3×RHZE＋500 毫克链霉素，肌内注射	3×RHZE	3×RH＋3×E
55～70	4×RHZE＋1 000 毫克链霉素，肌内注射	4×RHZE	4×RH＋4×E
＞70	5×RHZE＋1 000 毫克链霉素，肌内注射	5×RHZE	5×RH＋5×E

　　注：如果有四药联合片"RHZE"和两药联合片"RH"（R＝利福平；H＝异烟肼；Z＝吡嗪酰胺；E＝乙胺丁醇）可用，则剂量基于每个片剂的典型规格制定（RHZE：150 毫克/75 毫克/400 毫克/275 毫克；RH：150 毫克/150 毫克）。在起始剂量阶段，使用 RHZE 同时肌内注射 500 毫克链霉素（S），然后单独使用 RHZE。在维持阶段，将 RH 与 E 相结合使用。除链霉素肌内注射外，所有片剂均应口服。

表 12.11　复发、治疗失败或治疗停止的成年猩猩的给药计划

阶段	给药计划	利福平	异烟肼	吡嗪酰胺	乙胺丁醇	链霉素
负荷剂量阶段 1	每天 1 次，连用 8 周	450 毫克	300 毫克	1 500 毫克	750 毫克	750 毫克
负荷剂量阶段 2	每天 1 次，连用 4 周	450 毫克	300 毫克	1 500 毫克	750 毫克	—
维持剂量阶段	每周 3 次，连用 16 周	450 毫克	600 毫克	—	1 000 毫克	—

　　注：如无联合用药（R＝利福平；H＝异烟肼；Z＝吡嗪酰胺；E＝乙胺丁醇）可用，则首先给予起始剂量阶段 1，其次是起始剂量阶段 2，然后是维持剂量阶段。这三个阶段不应该同时进行。除链霉素肌内注射外，所有片剂均应口服。

表 12.12　12 岁及以下猩猩的给药计划

体重（千克）	负荷剂量（每天 1 次，连用 8 周）	维持剂量（每天 1 次，连用 16 周）
5～9	1×RHZ	1×RH
10～19	2×RHZ	2×RH
20～32	4×RHZ	4×RH

　　注：如果有三药联合片"RHZ"和两药联合片"RH"（R＝利福平；H＝异烟肼；Z＝吡嗪酰胺）可用，则剂量基于每种药片的典型规格制定（RHZ：75 毫克/50 毫克/150 毫克；RH：75 毫克/50 毫克）。在起始剂量阶段，使用 RHZ。在维持剂量阶段，使用 RH。所有药片都应口服。

表 12.13　12 岁及以下猩猩的给药计划

体重（千克）	负荷剂量阶段（每天 1 次，连用 8 周）			维持剂量阶段（每天 1 次，连用 16 周）	
	利福平	异烟肼	吡嗪酰胺	利福平	异烟肼
5～9	75 毫克	50 毫克	150 毫克	75 毫克	50 毫克
10～19	150 毫克	100 毫克	300 毫克	150 毫克	100 毫克
20～32	300 毫克	200 毫克	600 毫克	300 毫克	200 毫克

注：如无联合药片（R＝利福平；H＝异烟肼；Z＝吡嗪酰胺）可用，则首先应给予起始剂量阶段，然后是维持剂量阶段。各阶段不应该同时进行。所有药片都应口服。

要认识到，结核病不是一种可以"治愈"的疾病。对于一只诊断为阳性的猩猩应视为终身都是阳性来治疗。当存在感染病例时，疾病就可能会传播。治疗的主要目的是稳定猩猩的病情和阻止疾病的传播。在良好的治疗下，机体在 2 周内会停止向外排毒；剩下的 9 个月的治疗旨在从肺部的肉芽肿中清除病菌。虽然完全清除病菌是不可能的，但是治疗可以阻止疾病的发展并改善猩猩的健康。

在极少数情况下，治疗能使猩猩痊愈。然而，最常见的情况是，在治疗数月或数年后，猩猩的肺冲洗液再次检测呈阳性，所以应该采取终身的生物安全措施。一旦有机会就要对每只猩猩进行检测，员工则要每年检测一次。在所有的饲养和展示环境中减少人类与猩猩的互动。预防结核病比治疗和管理结核病更重要。

二十、伤寒

伤寒是伤寒沙门菌引起的胃肠道感染。这是一种常见病，在中国各地人群中流行。与疟疾类似，伤寒没有特定的临床症状。患病猩猩和人类一样，只是看起感觉不舒服，可能会出现发热、全身虚弱、厌食和脱水；也可能会发生腹痛、腹泻或便秘的症状。伤寒通常是一种胃肠道疾病，如果不及时治疗，可能会导致肠出血、败血症，甚至死亡。

由其他细菌如志贺菌、大肠杆菌和梭菌引起的肠炎也能表现出类似伤寒的症状，登革热、病毒性肝炎和胃溃疡也是如此。伤寒可通过几种实验室方法进行诊断。通过 EDTA 抗凝全血可以检测 IgM 或 IgG 抗体，并对血清进行维达尔试验（免疫学试验）。然而，粪便的细菌培养仍然是诊断的金标准。实验室还可以进行 PCR 检测，这比细菌培养能更快地获得检测结果。

治疗伤寒最重要的措施是支持性疗法，包括保持机体的水分，控制疼痛和发热，维持血清电解质平衡。抗生素治疗应在感染的一开始使用头孢菌素或氟喹诺酮类药物。

伤寒的传播和预防与环境卫生密切相关。应始终采取生物安全措施以防止疾病传播。在处理患病猩猩时，确保所有员工都正确穿戴个人防护设施，并且要确保食物残渣和排泄物分开妥善处理。

二十一、繁殖和妊娠障碍

猩猩会发生生殖障碍问题，但具特殊的发病趋势或需要关注的问题尚不明确。在猩猩身上发现了许多与人类和其他类人猿中相同的生殖障碍问题，包括痛经、子宫内膜异位、子宫平滑肌瘤、不孕、更年期、阴道炎、子宫内膜炎、乳腺癌、卵巢周围脓肿、子宫腺癌、宫颈囊肿、卵巢囊肿和子宫囊肿等。最近在雄性猩猩身上也发现了乳腺癌，证明了这种疾病不仅仅是影响雌性。

雌性猩猩能够患有人类的任何一种妇科疾病。与人类妇科专家进行会诊对处理猩猩所患的妇科疾病很有帮助。这些疾病的诊断和治疗方法也与人类妇科疾病类似，包括盆腔检查、超声波检查、影像学检查、活检、CT 扫描和激素分析。有些病症可以通过药物治疗或激素治疗来控制，但有些则需要手术矫正。

值得注意的是，雌性猩猩的骨盆解剖结构与人类不同。猩猩的盆骨较长且多管状（少碗状），这使得猩猩的子宫手术非常具有挑战性。建议咨询有猩猩治疗经验的外科医生。

1. 妊娠障碍

妊娠并发症在猩猩中并不常见，但也确实会发生。猩猩在妊娠期通常平安无事。然而，在分娩期间和新生儿早期，并发症经常发生。

在猩猩妊娠期间，可能发生的问题与人类女性所发生的问题相似。妊娠毒血症、前置胎盘、胎盘早剥、自然流产、死胎、难产、大出血等可能出现的并发症，需要兽医进行处理。有些并发症需要紧急干预，而有些则需要长时间的监测。

表 12.14 详细描述了猩猩妊娠最常见的并发症。和人类一样，妊娠问题可能与糖尿病、肥胖和甲状腺功能减退等健康问题同时存在。在妊娠前确保雌性猩猩的健康和身体状况良好是很重要的，这将增加无并发症妊娠和分娩的机会。

表 12.14 猩猩妊娠的潜在并发症

临床症状	潜在并发症	诊断	治疗
阴道分泌物带血（尤其在妊娠后期大量出血）	前置胎盘或胎盘早剥	超声波检查、体格检查	密切监测，可能需要紧急剖腹产

（续）

临床症状	潜在并发症	诊断	治疗
妊娠早期阴道分泌物带血	流产或正常月经（未妊娠）	检查流出的组织/血液中是否有胎儿组织	如果怀疑流产，检查可能的原因
分娩迹象持续超过6小时	难产，雌性猩猩疲惫	观察宫缩的时间、痛苦的迹象	使用催产素、钙，支持治疗，可能需要剖腹产
突然剧烈的疼痛和/或剧烈的宫缩；羊水减少	胎盘早剥	超声波检查、体格检查	紧急剖腹产，支持治疗，可能需要输血
阴道分泌物黏稠、奶油状、有气味或变色	子宫感染	超声波检查、体格检查	支持治疗，使用抗生素，手术干预和治疗
持续6小时以上的嗜睡或厌食，有一顿未进食	妊娠毒血症	体格检查，尿检，血压检测，验血	支持治疗，可能需要剖腹产

注：改编自《AZA 动物护理手册（2017）》。

使用正强化训练（见第七章）来训练猩猩在妊娠期间接受定期的子宫超声波检查，将有助于及早发现潜在的问题。测量胎儿的生长情况，如头臀长（CRL）、顶骨间径（BPD）、头围（HC）、腹围（AC）、股骨长（FL）和肱骨长（HL），可以帮助确定胎儿的年龄，并确保胎儿的生长符合预期的趋势。虽然目前还没有可供参考的猩猩胎儿生长曲线，但这项工作正在进行，将测量数据标准化，建立一个中央数据库，以建立平均生长曲线供参考。鼓励猩猩的饲养机构及时阅读有关猩猩繁殖的最新文献，因为这个数据库在不断更新。

2. 剖腹产

对于难产、分娩时间长或有剖腹产经历的雌性猩猩，可能需要进行剖腹产。在进行手术时，子宫切口的位置和方向很重要，因为它决定了在随后的妊娠分娩中子宫再次破裂的风险。在人类中，在膀胱下方的子宫尾部切开一个横向切口会降低子宫破裂的风险。然而，由于猩猩解剖结构的差异（骨盆更深并且子宫更靠后），目前尚不清楚是否能够进行这样的切口。至今为止，猩猩剖腹产都未采用低位横切口。对于以前未采用低位横切口的剖腹产的猩猩，建议之后的妊娠也进行择期剖腹产，以避免子宫破裂。需要密切监测猩猩发情周期和准确计算预产期，以便在正确的时间进行手术。

在猩猩进行的剖腹产手术中，目前没有关于雌性猩猩术后并发症的报道。通过剖腹产出生的 4 只猩猩都被成功地重新引入给它们的母亲，分别是在出生后 12 天、出生后 15 天、出生后 10 周、出生后 8 个月。如第七章所述，猩猩婴儿应迅速重新引入给它们的母亲。

3. 更年期

在人类医学中，绝经期是指连续 12 个月无月经。同时认为，这种无月经期并非是病理或避孕的结果，而是正常的生殖道衰老的结果。

虽然有几只猩猩被怀疑经历了这个过程，但是更年期在猩猩中还没有明确的记录。为弄清楚猩猩是否有更年期，需要研究一只雌性猩猩的正常的生理周期，然后连续 12 个月停止其生理周期：即使通过粪便激素分析或尿潜血分析（如使用 Hemastix®），这项研究也具有挑战性。许多动物园里的雌性动物在使用避孕药，即使在停药后，避孕药的长期影响也可能会影响对这些动物的生理周期的判定。但这也要求雌性动物的生殖道没有病变，而生殖道病变只能在尸检时才能发现。

由于绝经期在猩猩中还没有明确的认定，建议各饲养机构视所有雌性猩猩均为可孕的，并根据这一假设做出适当的管理。应注意，雌性猩猩在 30 多岁和 40 岁出头的时候仍然能够健康地妊娠。

二十二、避孕

避孕是兽医对圈养猩猩进行的最常见的医疗干预措施。猩猩交配频繁，如果不了解它所在群体的社会结构、遗传亲缘关系和繁殖史，就会导致意外妊娠的发生。西方动物园的一个重要问题是雄性猩猩数量过剩，它们在青春期的时候快速发育成熟，但没有足够的空间或资源把这些猩猩安置在与其他雄性猩猩隔离的环境中。因此，用综合的方法控制猩猩繁殖是至关重要的，需要考虑由于过度繁殖造成的可能的短期和长期影响。

手术（永久）避孕应在确定不希望某一动物生育后代时进行。最常用于存在杂交的情况时：如果圈养的猩猩是一只杂交猩猩，它就不应该被允许繁殖（见第一章）。永久避孕的另一个原因是为了雌性猩猩的健康。年龄较大或长期患病的雌性是不应被允许生育的，因为这对它们的身体是一次额外的应激。如果雌性因之前妊娠而造成虚弱或生病，也不应该让其再次生育，这一点尤为重要。

一般来说，采取可逆的避孕措施更可取。这能使自然的社会群体得以维持，同时有助于管理种群的遗传健康和防止不必要的近亲繁殖。最适用于猩猩的避孕方法包括服用避孕药、美仑孕酮醋酸浸渍硅胶植入物、注射醋酸甲羟孕酮以及依托孕烯植入剂。在选择避孕方法时，需要考虑以下因素：个体的健康状况、制动的风险、种群的社会状况和场馆设施的设计（即可进行的分娩方式）。

猪透明带（PZP）疫苗尚未在红毛猩猩身上进行系统的试验。目前不建议采用这种方法。

1. 用于雌性猩猩节育的输卵管结扎术或卵巢切除术

雌性猩猩的永久绝育可以通过输卵管结扎或卵巢切除术来完成。这些外科手术是用与人类相同的技术进行的。卵巢切除是一种特别安全有效的防止雌性生殖的方法。一般来说，对于年轻雌性猩猩的绝育采用卵巢切除术即可。而同时切除子宫以及卵巢可能是年长雌性的首选。

2. 雄性猩猩输精管结扎术

使用与人类相同的外科手术方法，通过输精管结扎术可以安全地实现雄性猩猩的永久绝育。

然而，很重要的一点是要注意雄性在手术后至少6周内都有生育能力，因为精子即使在手术后也能在输精管中存活。如果手术是开放式的，则输精管结扎术是可逆的。

3. 用于雌性猩猩节育的激素组合药

人类避孕药由雌激素和孕激素组成。大多数激素组合药包括21天的激素治疗和7天的安慰剂治疗，会导致看似正常的月经出血。猩猩可以按照与人类相同的节育方法进行管理。如果猩猩的发情控制不理想，可以放弃使用安慰剂，继续每天服用激素。

猩猩最常用的避孕药中含有1毫克的乙炔雌二醇和0.035毫克的炔诺酮。而对于正在哺乳期的雌性猩猩，在婴儿1岁前建议仅使用孕激素避孕，因为这种混合避孕药（孕激素/雌激素）可能导致产奶量下降。然而，在哺乳后期使用避孕药是安全的，并可为避孕提供更好的保护。药丸可以碾碎混合在猩猩喜欢吃的食物或饮料中，以方便给药。

4. 用于雌性猩猩节育的孕激素

基于孕激素的避孕药，如醋酸美仑孕酮MGA植入物、依托孕烯植入物（Implanon®）、醋酸甲羟孕酮注射剂（Depo - Provera®）和醋酸甲地孕酮片（Ovaban®），可阻断排卵，干扰精子运输和进入卵子。然而，这些避孕药很少完全阻止雌性猩猩的卵泡发育，因此发情行为时有发生。MGA植入物已被广泛应用于猩猩中，虽然曾经发生过意外妊娠，但其已被证明是一种有效的避孕方法。在猩猩哺乳期孕激素被认为是安全的。

MGA植入物由一根硅橡胶棒构成，其重量的20%为醋酸美仑孕酮（一种合成孕激素）。MGA 植入物的有效期是两年，但实际可能更长。因此，为了持续避孕，应该每两年更换一次。如果需要雌性猩猩恢复妊娠，即使这种硅胶棒已经使用了两年，也应该被移除。

Depo - Provera® 是一种注射剂，含有人工合成孕激素醋酸甲羟孕酮。推荐剂量为每 2 个月肌内注射 2 毫克/千克（按体重计），或每 3 个月肌内注射 3 毫克/千克（按体重计）。失效时间在不同雌性个体中差异很大，最长可达两年。最好将其作为临时避孕方法，直至能够正常采用 MGA 植入物或 Implanon® 植入物。

Implanon® 是一种含有人工合成孕激素依托孕烯的植入棒。它的有效期可能长达三年，但建议每两年更换一次。

5. 用于雄性和雌性猩猩避孕的促性腺激素释放激素受体激动剂

促性腺激素释放激素（GnRH）受体激动剂，如 Suprelorin® 和 Lupron Depot® 植入体，是一种可逆的避孕方法，主要是抑制生殖系统的正常激素分泌。其可以阻止雌性猩猩的排卵和雄性猩猩精子的产生。GnRH 受体激动剂不应在猩猩妊娠期间使用，因为它们可能引起自然流产或阻止乳房发育。

这些产品的一个缺点是逆转的时间无法控制或预测。它们在兽医领域的应用相当新颖，仍需收集更多物种的逆转时间数据。无论是 Suprelorin® 或 Lupron Depot® 均可以将其移除从而缩短逆转所需的时间。应用最广的制剂被设计为有效期 6 个月或 12 个月，但这通常是最短的有效期，而且在某些个体中有效期更长。在一些物种中，人们担心药物的逆转可能需要数年时间。尚不清楚这些避孕药对猩猩的长期繁殖会造成哪些影响。

注意，在这些产品应用于猩猩后，避孕效果并没有立即实现。这类似于雄性猩猩的输精管结扎术，在使用节育产品后，应该间隔 6 周的时间才能再次将雄性引入给雌性，以便让雌性排卵完全停止以及让雄性精子完全清除。

二十三、猩猩婴儿和母亲的医疗管理

猩猩婴儿刚出生和母亲待在一起的这段时间是非常重要的。如第四章所述，除非有正当的理由进行兽医干预，否则永远不能把婴儿从母亲身边带走。

猩猩婴儿应该在出生后 4～6 小时内开始哺乳，但在某些情况下，需要观察 2 天。一些雌性猩猩，尤其是第一次做妈妈的雌性，在产后 24～72 小时才会分泌乳汁。如果没有泌乳，即乳房和乳头肿大，但 72 小时内无哺乳的迹象，可以尝试使用催产素和/或甲氧氯普胺进行药物刺激。猩猩婴儿应该和它们的母亲一起被安置在自然的、未经过滤的阳光下，否则可能会增加患代谢性骨病

（佝偻病）的风险。胆钙化醇（维生素 D_3）是钙的吸收和骨骼发育所必需的。由于灵长类动物的母乳不含足够浓度的维生素 D，所以暴露在未经过滤的阳光下对婴儿的发育至关重要；在缺乏自然光的情况下，婴儿可能需要补充维生素 D_3。

胎盘应该在分娩后 1 小时内很快排出体外。大多数猿类会割断脐带然后吃掉胎盘，因此密切监视可能是了解这种情况是否发生的唯一途径。如果可能的话，尽量取出胎盘。因为这是一个提供胎儿-母体信息的重要组织。应将胎盘样本的一部分冷冻保存以备日后检测（如培养），另一部分放入福尔马林进行组织病理学检查，以帮助发现可能的感染（如胎盘炎）。如果存在感染，需要对新生儿进行早期治疗。

婴儿在健康的时候相当强壮，但是一旦受到伤害，它们的身体就会迅速退化。如果观察到婴儿在出生后 48～72 小时内没有哺乳，可以考虑进行干预。干预的其他原因包括不适当的母亲行为（如不清洁婴儿脸上的羊膜囊）、攻击婴儿、忽视婴儿、不适当的搂抱和/或粗暴对待婴儿，或婴儿出现任何虚弱、昏睡、腹泻或眼神呆滞的迹象。在这种情况下，婴儿的情况可能会迅速恶化，这时应该立即介入，以接近婴儿。影响猩猩婴儿的最常见的病症是体温过低、低血糖、脱水、电解质失衡、结肠炎、呼吸系统疾病、泌尿系统紊乱和败血症。

刚出生的健康婴儿的体内脂肪很少，可能看起来很瘦，但这是正常的。健康的婴儿应该聪明机敏，对母亲有很强的抓握力，对哺乳感兴趣，在休息的时候表现活跃。猩猩婴儿初生重为 1 420～2 040 克，平均为 1 720 克。

救护猩猩婴儿的目标应该是尽快让婴儿稳定。只要其母亲不是视而不见或者有攻击行为，婴儿应该尽快回到母亲身边。如果雌性猩猩表现的行为不恰当或者不安全，强烈建议将婴儿介绍给代孕猩猩，而不是由人类抚养。人工饲养可能导致幼年猩猩的心理和认知问题，这些问题可能会伴随猩猩的一生（见第六章）。

1. 婴儿的干预措施

除非有特定的医学或行为管理需要，否则不要为了接近婴儿而去镇静或麻醉猩猩母亲，以避免婴儿意外受伤，并降低母亲与婴儿之间关系变坏的风险。如果母亲和婴儿看起来很健康，母亲的行为也是正常的，那么除非母亲自愿让工作人员处理婴儿，否则不应该进行婴儿的检查。

最初的健康评估应包括体温、体重、快速检测（包括血糖评估、血细胞比容和总固体物质）、血液常规检查和血清生化检查。全面的身体检查，包括检查巩膜和黏膜是否有黄疸。听诊心脏以筛检是否有先天性心脏缺损及心杂音。

口腔检查是否有腭裂。

婴儿直肠温度应在 35.5～36.6 ℃。如果婴儿的体温低于此温度，就需要额外的补充热量，使猩猩婴儿在 1 小时内体温逐渐恢复。补充热量的方式为：将婴儿和暖水瓶一起用毛毯包裹起来；使用加热灯，且加热灯不要离婴儿太近；或者把猩猩婴儿放在饲养员的身体上，然后盖好毯子，为其保暖。注意不要使婴儿过热或热度不足，这些都是危险的。一定要帮助调节婴儿的体温，因为婴儿在出生后数周内都不能自行调节体温。

婴儿血糖应在 70 毫克/分升以上，通常大于 100 毫克/分升。如果血糖在 50～70 毫克/分升，将糖浆或糖水放入婴儿口中，使其与黏膜接触，从而为婴儿提供糖分。如果血糖低于 50 毫克/分升，应静脉注射葡萄糖，然后静脉滴注 50％葡萄糖，剂量为 1 毫升/千克（按体重计）。接下来，在生理盐水中加入 5％的葡萄糖溶液，滴注速度为 5 毫克/(千克·小时)，直到婴儿更加清醒，并开始找乳头喝奶。如果可能的话，静脉注射的液体温度应该是 36.0～37.5 ℃。如果给婴儿输液时，液体的温度和室温相同的话，则会进一步降低婴儿的体温。

身体不是很健康的猩猩婴儿很可能会有脱水表现。它们也可能有电解质失衡，这可以通过血液生化检查来确认。维持液的用量是 2～4 毫升/(千克·小时)。脱水婴儿或腹泻婴儿可能需要 2～3 倍的输液速度，直到体内水合作用得到纠正。可以选择头静脉或隐静脉进行输液治疗。如果不能选择静脉输液治疗，可以进行皮下注射，于两侧腋下和两侧腹股沟的位置皮下注射 30～40 毫升的生理盐水、乳酸林格氏液或 Plasma－lyte® M。这些液体在 1～2 小时内会被缓慢吸收。可根据需要重复补液，直到婴儿足够强壮，能够接受口服营养物质。

在提供猩猩婴儿配方奶粉之前，一定要使婴儿有稳定的体温、血糖和水分。一旦婴儿体况稳定下来，就可以进行哺乳反射测试并提供营养。鼻饲管是非常容易放置的，对于没有哺乳反射能力或反射微弱的婴儿来说，这可能是最好的选择。这些鼻饲管需要安全牢固地贴在猩猩婴儿的面部和头部，防止其拉扯这些管子。对于有问题的新生婴儿，对奶瓶喂养可能特别困难，吸入性窒息的风险可能非常大。鼻饲管由于易于操作，所以对婴儿正常哺乳之前的营养支持非常有益。一旦新生婴儿准备好过渡到奶瓶喂养，则使用哈伯曼喂养系统（为不会吮吸奶嘴或正确地吞咽奶粉的人类婴儿所设计）是有利的。喂食器的设计使婴儿可以通过舌头和牙龈的压力来进行激活，模仿哺乳的机制，实现不用通过吮吸就可以喝到奶。喂食器有一个单向阀将奶嘴和奶瓶分开，使牛奶不能流回奶瓶中，并可在新生婴儿喝奶时不断补充牛奶。靠近喂奶器奶嘴顶端的裂隙阀门在婴儿下颌压缩时进行闭合，防止牛奶流动过快。

2. 人工育幼的医疗管理

如果必须将新生婴儿与其母亲分开并人工饲养，直到重新引入或安置给代养母亲，那么随时尝试模拟其母亲的育幼行为非常重要。猩猩母亲会与新生婴儿进行持续的身体接触，而饲养员应该尽可能地模仿这种行为。这需要一天24小时，一周7天的持续照顾和接触。饲养机构必须准备好投入时间、精力、人员和资源，以便在需要人工养育的情况下实现这一点，否则，不应该轻易繁殖猩猩。

理想情况下，婴儿"育婴室"应该离母亲或代养母亲非常近，这有利于对新生婴儿进行视觉、听觉和嗅觉的刺激。如果没有育婴室，则应该经常将新生婴儿带到其母亲或代养母亲的笼舍外，其间是否进行接触将取决于具体情况以及新生婴儿和饲养员受伤害的风险。

需要特殊照顾或治疗的新生婴儿很容易体温过低，需要设法保持其体温，直到它们能够维持自己的体温。保护婴儿不被感染人兽共患病是非常重要的，因为它们可能已经存在免疫缺陷。长期与人密切接触的人工喂养的猩猩婴儿可能会出现严重的甚至致命的呼吸系统疾病，因此饲养员应穿戴适当的个人防护设备（口罩、手套和干净的衣服）以及保持自身健康。尽量减少与新生婴儿有密切接触的人的数量也可以降低其感染人兽共患病的风险。饲养员应接种最新的流感、肺炎球菌、破伤风、嗜血杆菌、乙型肝炎和水痘疫苗，并且在过去的一年内结核病检测为阴性。如果饲养员出现任何疾病的迹象，或与其他生病的人（尤其是人类婴儿和幼儿）有近距离接触，在所有的疾病迹象都消除之前，都不应该与猩猩婴儿接触。

在母婴分离过程中尽量保持母亲泌乳是非常重要的，人工喂养的时间应非常短，需要尽快将幼年猩猩重新引入给其母亲。然而，如果分开的时间比较长，维持母亲泌乳可能会更加困难。一些饲养机构为此使用了胡芦巴茶、草药和/或催产素和甲氧氯普胺药物。对于这些方法是否能长期刺激猩猩母亲泌乳，并没有统一的结论。饲养员应该监测猩猩母亲对这些药物潜在的副作用，如焦虑、躁动、抑郁和肠胃不适。也可以通过训练让猩猩母亲隔着笼网喂养婴儿。饲养员也可以尝试通过吸奶器或者人工刺激等方法挤奶，但可能会增加饲养员受伤的风险。

二十四、老年猩猩的医疗管理

在高质量的兽医护理、营养和饲养管理条件下，猩猩可以活50年以上，而且可能比在野外活得更长。然而，随着年龄的增长，猩猩将会经历许多老年人类面临的健康和生活质量问题。心脏病和骨关节炎是最常见的，也可能有癌症，身体和皮毛的状况开始下降，活动减少，出现肾病和肝病等。老年猩猩护理的主要目标是尽可能提高其日常生活的质量。

退行性关节炎常见于老年猩猩尸体剖检时。最常见的患病关节是膝关节。年龄较大、肥胖的雄性猩猩关节炎发病率较高。由于大多数猩猩都非常能忍耐并且不活跃，所以许多关节炎病例很可能被忽略，应该把关节的仔细检查和 X 线检查作为常规检查的一部分。对于受疾病折磨的猩猩，治疗的目标是控制疼痛，并为它们提供最不需要消耗体力的环境。笼舍的设计可能需要改变，以适应老年和有关节炎的猩猩。在所有年龄段，都应该使猩猩保持健康的体重（见第十章），并鼓励其经常锻炼。

患有骨关节炎的猩猩可能表现出食欲减退或活动减少，整体行为发生改变，如有时会抓住或指向疼痛部位。当触摸猩猩的疼痛区域时它们表现出敏感、跛行和/或减少使用受影响的肢体。但有时 X 线检查出的关节异常问题，它们却可能没有异常表现。应避免猩猩接触可能会对人造成疼痛的物体，即使猩猩没有表现出痛苦的迹象。

猩猩骨关节炎的治疗方法如下：

● 非甾体抗炎药（NSAIDS）：口服布洛芬，每 6 小时 3～8 毫克/千克（按体重计）；口服醋氨酚，每 6 小时 5～10 毫克/千克（按体重计）；口服美洛昔康，成年猩猩每天 1 次使用 7.5～15 毫克，幼年猩猩每天 1 次使用 0.1 毫克/千克（按体重计）。

● 曲马多：一开始每天口服 25 毫克，成年猩猩根据需要逐渐上升到 75 毫克，每 6 小时服用 1 次。

● 加巴喷丁/普瑞巴林（用于神经性疼痛）：每天 3 次，最多每次口服 300 毫克。从低剂量开始，根据需要增加剂量。

● 美沙酮：阿片类药物，半衰期长，止痛效果好。成年雌性猩猩口服 5 毫克，每天 1～2 次；成年雄性猩猩口服 10 毫克，每天 1～2 次。

● 葡萄糖胺/软骨素：这些营养补充剂通过为猩猩软骨提供生长基质来支持关节健康，没有副作用，并且可能在疼痛管理中有一定作用。

● 甾体抗炎药：这些药物对于控制疼痛是有用的，但存在副作用，长期使用并不安全。使用 3～5 天疼痛得到控制后，改用非甾体抗炎药，结合曲马多和/或加巴喷丁一起使用。

● 阿片类药物：维柯丁（Vicodin）或奥施康定（OxyContin）对剧烈疼痛有效，但必须每 4 小时口服 1 次，且不能长期使用。

● 物理治疗/运动。

● 改变环境。

- 针灸。
- 激光治疗。

骨关节炎的疼痛不能通过服用一种药物或改造一种设施改造而得到充分控制。疼痛管理需要多种模式相结合，2～3 种药物联合使用。最常用和有效的组合包括非甾体抗炎药＋美沙酮＋氨基葡萄糖/软骨素，或非甾体抗炎药＋曲马多＋加巴喷丁。

二十五、安乐死

动物园必须尽可能为猩猩提供最好的照顾，直到没有其他医疗选择，而猩猩的生活质量开始逐渐下降。在这种情况下，安乐死可能是最好的选择。

安乐死是一个非常重要的决定。当猩猩表现出生活质量逐渐下降，或顽疾无法治愈，或创伤无法治愈时，应考虑实施安乐死。做出这个决定应考虑以下几方面的意见：饲养员，他们是评估猩猩日常生活质量的最佳人选；兽医，能站在最佳位置对所有的医疗选择进行评估；动物管理人员和动物园主管，他们是评估安乐死对动物群体和动物园的影响的最佳人选。

确保人道、无压力和有效的安乐死的方法是：先对猩猩采取深度麻醉，肌内注射 8～10 毫克/千克（按体重计）舒泰 Zoletil®（替来他明和唑拉西泮）。当猩猩达到深度麻醉，就可以注射安乐死药物。

最常用于人道主义安乐死的药物是巴比妥酸盐，如戊巴比妥。如果没有巴比妥酸盐，可以在初始剂量的舒泰麻醉后建立静脉通路，然后额外静脉注射 10 毫克/千克（按体重计）的舒泰，也可以静脉注射 5 毫克/千克（按体重计）丙丙酚替代。等待 5 分钟，此时重病猩猩可能已经死亡。如果该猩猩还活着，确认其已被深度麻醉（无反应，缺乏角膜反射，呼吸浅，脉搏浅）。然后，静脉注射 75～150 毫克/千克（按体重计）氯化钾以使其停止心脏跳动。确认猩猩死亡的标准包括听诊器听不到心跳、没有可见的呼吸、没有可触及的脉搏、没有角膜反射、黏膜变白以及出现尸僵。

二十六、病理项目及尸检

调查和了解圈养猩猩死亡和发生疾病的原因，对于改善猩猩的医疗管理至关重要。从尸检中获得的信息可以提高动物园医疗管理方面的知识，也可以丰富相关数据库，帮助研究人员和兽医改善圈养和野生猩猩的生活质量。

猩猩病理项目有四个重要组成部分：
- 保存详细的医疗记录和群体病史，因此健康信息也可以成为尸检结果的一部分。

● 对饲养机构内所有死亡的猩猩进行全面尸检。

● 将一部分组织保存在福尔马林中，并提交给兽医病理学家进行组织学评估，将另一部分组织冷冻保存以供未来进行遗传学研究。

● 定期回顾饲养机构的所有病理信息，寻找可以指导猩猩护理的方法。

1. 猩猩全面尸检要求

参与这项工作的人员在离开尸体剖检区之前应更换衣服。工作人员应一直佩戴个人防护用品，包括 N95 面罩、双层乳胶手套、防水围裙、靴子或鞋套。尸检区域的详细要求详见本章"用于兽医诊疗和尸检的专属空间"。

用于进行彻底尸检的设备包括手术器械、厨房刀具和建筑工具。每个机构都有不同的操作习惯，手术器械对解剖器官和收集病料等要求精细的工作非常有用；厨房刀具在去除皮肤和打开关节方面很有用；建筑工具如锯子和大剪刀对切割肋骨、长骨和头骨很有用。理想用品清单包括：

● 锋利的刀以及磨刀工具。家用厨房刀具可以用于尸检。

● 不同大小的外科手术剪。

● 不同尺寸的镊子。

● 绳子。

● 锯子或骨锯。

● 用于剪肋骨的大剪刀。

● 手术刀手柄（至少 4 个）和 10 号或 20 号手术刀片（至少 10 个）。

● 一个卷尺。

尸体全面剖检的目的是观察猩猩的所有系统并记录异常情况。对于病灶部位的样本采集是调查工作的重要组成部分。样本收集的用品应包括：

● 10％缓冲福尔马林溶液。

● 70％乙醇溶液用于 DNA 保存。

● 带有紧凑型盖子的硬质塑料容器或带有盖子的玻璃瓶。

● 无菌瓶或血液管。

● 带有夹子的塑料袋（拉链锁）。

● 无菌注射器和针头。

● 用于细菌培养的无菌拭子。

● 防水标记笔。

● 载玻片和运输用载玻片盒。

记录每次尸检的结果是很重要的。应对检查过程中的情况进行详细记录，并对异常情况进行拍照。

2. 进行全面检查

与活体猩猩的健康体检类似，尸体全面剖检应该是彻底和系统的。尸体剖检流程表有助于确保进行全面的检查：

第一步：回顾猩猩的病史

● 查阅和审查猩猩的完整病史。

● 这是否提示你应该重点关注哪个部位？

第二步：外部检查

● 评估身体状况（瘦弱、肥胖等）。

● 皮肤是否有异常？

● 被毛的质量如何？

● 是否存在创伤（瘀伤、开放性伤口、出血）？

● 触摸气囊。是否有积液？内含物是否具有弹性？壁厚如何？

第三步：整体内部检查

● 猩猩仰躺在解剖台上。

● 沿中线切开皮肤，从气囊底部一直到耻骨。

● 剥离皮肤。

● 沿着中线打开腹部，注意不要切到腹腔内的器官。

● 腹壁向两侧打开。

● 从正中切开胸骨。从与肋骨连接处切开横膈膜。

● 两边肋骨都切开。

● 移除前胸壁，暴露心脏和肺。

● 观察体脂储备（皮下和腹腔内），是否正常？是过低或过高？

● 体内是否有积液？如果有，评估数量、颜色、透明度。收集样本进行进一步分析。

● 观察体腔内是否有任何出血的证据。

第四步：胸腔检查

● 在解剖胸腔器官之前，首先要观察它们在胸腔内部的整体外观。

● 是否有炎症、肿块、变色、出血？

● 将气管、肺和心脏一并切除。

● 放在一边留作解剖和取样之用。

第五步：腹腔检查

● 在对腹腔器官进行解剖之前，首先要观察它们在腹腔内的整体外观。是否有炎症、肿块、变色、出血、扭转、粘连？

● 从食管近端开始，将肝脏、胃肠道和脾脏作为一个整体切除。放在一边，留作解剖和取样之用。

- 在切除肾脏之前，找到并切除肾上腺。然后切除肾脏、输尿管和膀胱。
- 检查并切除生殖道。

第六步：骨骼系统检查

- 切开肩关节、膝关节和髋关节。
- 注意观察是否有任何慢性关节疾病或外伤的证据。
- 收集胸骨或股骨的横截面，包括骨髓。

第七步：头部、喉和气囊检查

- 评估眼睛、耳朵和口腔。
- 评估扁桃体、牙齿、牙龈、咽壁、舌。
- 去除头部的皮肤。轻轻打开气囊，同时保留其解剖结构。
- 取下眼睛，放入福尔马林溶液中。
- 猩猩鼻窦炎是一种常见的隐性疾病。观察整个鼻窦腔，寻找炎症/感染部位。
- 患有慢性呼吸道疾病的猩猩通常伴有乳突炎。通过观察乳突来寻找骨骼增厚和炎症的证据。
- 尽可能打开头盖骨，检查大脑。CT 和 MRI 扫描显示，猩猩的小脑物质数量与人类相比存在不确定性，这是正常的。猩猩的小脑物质可能看起来与人类的相似，或者数量可能严重少于人类，但是猩猩却没有明显的神经异常。
- 检查咽部有无化脓性物质。
- 在每个声带的远端的气管黏膜上都有一个 1 厘米的开口，与气囊相通。找到这两个开口并评估其通畅性。
- 评估气囊皮肤和黏膜的厚度。正常的气囊有薄而透明的黏膜。如果气囊存在感染，则黏膜增厚，呈纤维状且不透明。
- 辨别气囊中的任何物质，并收集样本进行分析。

3. 样品采集、保存和储存原则

在全面尸检过程中，需要收集所有器官的样本。每个器官和所有病变部位都应保存在 10％福尔马林中性缓冲液（NBF）中。福尔马林与组织的比例应为 10 毫升福尔马林对应 1 克组织。样品大小应为 1 厘米×1 厘米×1 厘米或更小，以确保福尔马林完全渗透到组织中。脑应完整保存，或进行纵切。

当发现病灶时，在病灶边缘切取一个样本，要求在同一个样本中同时有异常和正常的组织。这有利于对异常和正常组织交界区进行评估。

同一器官一定要收集两个样本：一个用于组织病理学检查，另一个用于未来的研究。按照以下要求进行采样：

- 唾液腺。
- 口腔/咽部黏膜和扁桃体：包括糜烂、溃疡或病变的区域。
- 舌：在边缘附近切一个横截面，要求包括舌的顶部和底部。
- 肺：几个肺叶都要取样，还要包括一个主支气管。
- 气管。
- 甲状腺/甲状旁腺：在摘除头部之前进行收集，需要在颈部进行大量分离。
- 淋巴结：包括颈部、纵隔、支气管、肠系膜和腰部。
- 幼年动物的胸腺。
- 心脏：从心脏两侧切开，包括房室壁、隔膜、瓣膜、大血管（主动脉和肺动脉）。
- 肝脏：切下三个不同的部位，包括胆囊。
- 脾脏：切下包括包囊在内的横截面。
- 食管。
- 胃：从胃的每个部位采集样本。寻找溃疡/糜烂的区域。
- 肠道：从不同的部位采集数个 1 厘米长的样本。
- 网膜：采集一个 3 厘米^3 的样本。
- 胰腺：从两个区域采样。
- 肾上腺：采集切开整个腺体的切面。
- 肾脏：采集双肾的皮质和髓质。
- 膀胱、输尿管、尿道。
- 生殖道：子宫和卵巢的全层切面样本。
- 两个睾丸（横切面）与附睾：带有整个前列腺，横切。
- 大脑：沿中线纵向切开，用福尔马林溶液浸泡。
- 脊髓（如果存在神经系统疾病）：从颈部、胸部、腰部切开采样。
- 横膈膜和骨骼肌。
- 骨髓：包括肋骨、胸骨或股骨的横截面。为了更好地固定，必须暴露骨髓。
- 皮肤：腹部皮肤、嘴唇和耳垂的全层皮肤。
- 新生儿：脐膨起部，且包括周围组织。

由训练有素的病理学家对组织进行显微镜评估，并形成一个全面的病理报告，这是至关重要的。

由于猩猩与人类的生物学相似，人类病理学家可以对组织进行良好的组织学评估。与人类相比，猩猩的小脑解剖结构可能存在明显但正常的差异（变异），甚至猩猩之间也存在差异。这些差异常没有临床意义。

如果看到液状脓液，用无菌棒或无菌注射器进行采集。然后将样本放入无菌管或放入专门的细菌保存液中。要求立即处理样品或在 24 小时内送到微生物实验室。进行微生物学检测的样品不能冷冻。

根据全面解剖和组织学检查的结果，最好将样本送到实验室做传染病检查。包括通过 PCR 检测病原，或免疫组化等。样品应冷冻保存（理想的是−80 ℃，但−20 ℃也可以保存数月）。如果样品储存在−20 ℃，应确保冰箱没有自动除霜功能。如果冰箱有自动除霜功能，则把样品存放在泡沫塑料冷冻盒中，然后将冷冻盒放在冰箱中部（但不要靠近冰箱壁），这样样品就不会受到冰箱自动除霜造成的温度波动的影响。

还应为未来要进行的遗传分析采集样本。虽然现在可能看不到这么做的必要，但 DNA 的研究在未来很可能是有用的，可能为研究猩猩的生物学特性和健康状况（见第二章）做出贡献。遗传样本包括冷冻保存的 EDTA 全血、冷冻保存的组织（最好来自脾脏、心脏、大脑、肾脏或肝脏）以及保存于 70％乙醇溶液中的组织。所有样品最好都在−80 ℃冷冻保存，但也可以在−20 ℃长期贮藏。

多个机构和多位医疗专业人员为本章的编写提供了内容。非常感谢婆罗洲猩猩生存基金会，以及 Siska Sulistyo 博士、Joseph Smith 博士、Jennifer Taylor‐Cousar 博士和 Hayley Murphy 博士。

附　　录

表1　**液体治疗剂量和流速表，提供三种不同类型静脉输液装置的输液速度**（10滴/毫升、15滴/毫升和60滴/毫升）

体重（千克）	流速为4毫升/（千克·小时）（维持）				流速为8毫升/（千克·小时）（麻醉）			
	治疗剂量	输液速度			治疗剂量	输液速度		
	毫升/小时	10滴/毫升	15滴/毫升	60滴/毫升	毫升/小时	10滴/毫升	15滴/毫升	60滴/毫升
2	8		2	8	16		4	16
5	20		5	20	40		10	40
7	28		7	28	56		14	56
10	40		10	40	80		20	80
12	48	8	12	48	96	16	24	96
15	60	10	15	60	120	20	30	120
17	68	11	17	68	136	23	34	
20	80	13	20	80	160	27	40	
25	100	17	25	100	200	33	50	
30	120	20	30	120	240	40	60	
40	160	27	40		320	53	80	
50	200	33	50		400	67	100	
60	240	40	60		480	80	120	
70	280	47	70		560	93	140	
80	320	53	80		640	107	160	
90	360	60	90		720	120	180	
100	400	67	100		800	133	200	

表 2 婆罗洲猩猩的正常生理指标参考区间

指标	单位	参考区间	平均值	中位数	最小值[a]	最大值[b]	样本数[c]	动物数量[d]
白细胞数	$\times 10^9$ 个/升	4.28~19.52	9.7	8.9	2.9	26	1 370	285
红细胞数	$\times 10^{12}$ 个/升	3.72~5.93	4.79	4.77	2.68	7.1	1 239	274
血红蛋白	克/升	90~147	118	118	55	161	1 291	287
血细胞比容	升/升	0.294~0.483	0.38	0.38	0.18	0.585	1 495	299
血细胞平均体积	分升	65.0~91.3	79.2	79.5	53.5	103.3	1 209	270
平均血红蛋白含量	皮克	20.7~29.0	24.8	24.8	16	34.1	1 216	271
平均血红蛋白浓度	克/升	274~353	313	313	230	400	1 259	283
分叶中性粒细胞	$\times 10^9$ 个/升	1.31~13.17	5.26	4.46	0.03	17.6	1 362	284
杆状中性粒细胞	$\times 10^9$ 个/升	0.02~0.13	0.05	0.04	0.01	0.17	1 277	279
淋巴细胞	$\times 10^9$ 个/升	1.18~8.40	3.61	3.22	0.08	10.9	1 356	284
单核细胞	$\times 10^6$ 个/升	64~1 083	367	302	33	1 441	1 210	275
嗜酸性粒细胞	$\times 10^6$ 个/升	48~931	289	223	12	1 210	995	263
嗜碱性粒细胞	$\times 10^6$ 个/升	0~179	85	80	5	260	118	78
血小板计数	$\times 10^{12}$ 个/升	0.002~0.371	0.21	0.203	0.001	0.488	653	200
有核血细胞数	每 100 WBC	0~3	1	0	0	8	58	42
葡萄糖	毫摩尔/升	1.95~9.15	5.23	5.03	0.06	12.1	1 424	278
血尿素氮	毫摩尔/升	1.5~8.4	4.2	3.9	0.4	11.1	1 387	279
肌酐	微摩尔/升	35~167	88	80	0	239	1 373	283
尿素氮/肌酐比值		4.4~30.3	13.1	11.5	1.4	40	1 352	271
尿酸	微摩尔/升	21~210	103	98	0	291	572	160
钙	毫摩尔/升	2.00~2.74	2.37	2.37	1.78	2.98	1 358	279
磷	毫摩尔/升	0.64~2.13	1.33	1.32	0.32	2.81	1 264	268
钙/磷比值		1.4~4.3	2.4	2.3	0.6	5.1	1 239	266
钠	毫摩尔/升	133~148	140	140	126	154	1 300	268
钾	毫摩尔/升	3.2~5.7	4.1	4.1	2.4	6.9	1 295	268
钠/钾比值		22.9~44.7	34.4	34.5	13.2	51.8	1 284	267
氯	毫摩尔/升	94~110	102	102	89	119	1 249	253
血清总蛋白	克/升	56~86	72	72	41	102	1 277	279
白蛋白	克/升	29~52	41	41	17	60	1 241	270

（续）

指标	单位	参考区间	平均值	中位数	最小值[a]	最大值[b]	样本数[c]	动物数量[d]
球蛋白	克/升	16～43	30	30	2	55	1 234	269
碱性磷酸酶	单位/升	55～709	234	152	4	1 027	1 339	287
乳酸脱氢酶	单位/升	129～933	352	256	63	1 059	571	171
天冬氨酸转氨酶	单位/升	Apr～33	14	12	1	41	1 257	274
丙氨酸转氨酶	单位/升	May～47	20	18	0	61	1 292	283
肌酸激酶	单位/升	32～379	145	120	3	485	777	221
谷氨酰胺转移酶	单位/升	30～Mar	13	11	0	39	803	216
淀粉酶	单位/升	27～186	79	70	2	231	712	208
脂肪酶	单位/升	Mar～63	24	23	0	70	374	125
总胆红素	微摩尔/升	3.0～22.0	9.3	8.6	0	27.4	1 309	272
直接胆红素	微摩尔/升	0.0～10.6	3.2	2.6	0	13.7	357	127
间接胆红素	微摩尔/升	1.6～18.1	6.6	5.5	0	23.9	344	123
胆固醇	毫摩尔/升	2.43～7.69	4.79	4.73	1.11	9.89	1 314	275
甘油三油酸酯	毫摩尔/升	0.33～2.94	1.14	0.95	0.02	3.71	812	198
低密度脂蛋白胆固醇	毫摩尔/升	0.14～5.07	2.49	2.61	0.05	5.13	47	32
高密度脂蛋白胆固醇	毫摩尔/升	0.04～2.67	1.4	1.35	0.39	2.59	55	35
碳酸氢盐	毫摩尔/升	16.5～35.8	25.4	25.1	10.6	38	175	87
镁	毫摩尔/升	0.293～1.013	0.7	0.696	0.251	1.151	274	95
铁	微摩尔/升	5.0～39.6	21.7	21.7	0.2	51	121	53
二氧化碳	毫摩尔/升	15.3～37.8	25.1	25	8	46	432	137
甲状腺素	纳摩尔/升	2～130	54	48	0	168	123	75
三碘甲状原氨酸	摩尔/摩尔	0.10～0.66	0.35	0.38	0	0.57	46	32
游离甲状腺素	皮摩尔/升	0～60	25	15	0	80	50	35
体温	℃	34.6～38.7	36.7	36.8	33.3	39.4	741	199

注：a 表示用于计算参考区间的最低样本值；b 表示用于计算参考区间的最高样本值；c 表示用于计算参考区间的样本个数；d 表示对参考区间做出贡献的不同个体的数量。数据引自国际物种信息系统Species 360。

参 考 文 献

Strier S B，2016. Primate Behavioral Ecology，5th edition. Routledge：New York.

Kumar S，Stecher G，Suleski M，et al，2017. TimeTree：A Resource for Timelines，Time-trees，and Divergence Times. Molecular Biology and Evolution，34（7）：1812-1819.

von Koenigswald G H R，1982. Distribution and evolution of the orang utan，Pongo pygmae-us（Hoppius）. In：de Boer L E M，The Orang Utan：Its Biology and Conservation. Junk，The Hague：1-15.

Rijksen H D，Meijaard E，1999. Our vanishing relative：The status of wild orang-utans at the close of the twentieth century. Kluwer Academic Publishers，Dordrecht.

Steiper M E，2006. Population history，biogeography，and taxonomy of orangutans（Genus：Pongo）based on a population genetic meta-analysis of multiple loci. Journal of Human Evo-lution，50（5）：509-522.

Nater A，Mattle-Greminger M P，Nurcahyo A，et al，2017. Morphometric，behavioral，and genomic evidence for a new orangutan species. Current Biology，27（22）：3487-3498.

Harrison T，Krigbaum J，Manser J，2006. Primate Biogeography and Ecology on the Sunda Shelf Islands：A Paleontological and Zooarchaeological Perspective. In：Lehman S M and Fleagle J G，Primate Biogeography. Springer Science，New York：331-372.

Locke D P，Hillier L W，Warren W C，et al，2011. Comparative and demographic analysis of orang-utan genomes. Nature，469（7331）：529-533.

Jablonski N G，Whitfort M J，Roberts-Smith N，et al，2000. The influence of life history and diet on the distribution of catarrhine primates during the Pleistocene in eastern Asia. Journal of Human Evolution，39（2）：131-157.

Wich S A，Singleton I，Nowak M G，et al，2016. Land-cover changes predict steep declines for the Sumatran orangutan（Pongo abelii）. Science Advances. 2：e1500789-e1500789.

Groves C P，2001. Primate Taxonomy. Smithsonian Institution Press，Washington D C.

Voigt M，Wich S A，Ancrenaz M，et al，2018. Global demand for natural resources elimina-ted more than 100 000 Bornean orangutans. Current Biology，28：1-9.

Ancrenaz M，Gumal M，Marshall A J，et al，2016. Pongo pygmaeus. The IUCN Red List of Threatened Species 2016：e. T17975A17966347.

Brandon-Jones D，Eudey A A，Geissmann T，et al，2004. Asian Primate Classifica-tion. International Journal of Primatology，25（1）：97-164.

Singleton I，Wich S，Husson S，et al，2004. Orangutan Population and Habitat Viability Assess-ment：Final Report. IUCN/SSC Conservation Breeding Specialist Group，Apple Valley，MN.

Arora N，Nater A，van Schaik C P，et al，2010. Effects of Pleistocene glaciations and rivers on the population structure of Bornean orangutans (Pongo pygmaeus) . Proceedings of the National Academy of Sciences of the United States of America，doi：10.1073/pnas. 1010169107.

de Boer L E M，Seuánez H N，1982. The chromosomes of the orang utan and their relevance to the conservation of the species. In：de Boer L E M，The orang utan，its biology and conservation. Kluwer，Boston：125-135.

Mayr E，1963. Animal Species and Evolution. Belknap Press，Cambridge.

Harrison M E，Chivers D J，2007. The orang-utan mating system and the unflanged male：A product of increased food stress during the late Miocene and Pliocene? Journal of Human Evolution，52：275-293.

Seuánez H N，Evans H J，Martin D E，et al，1979. An inversion in chromosome 2that distinguishes between Bornean and Sumatran orangutans. Cytogenetics and Cell Genetics，23：137-140.

Elder M，2017. 2016 International Studbook of the Orangutan. Como Park Zoo and Conservatory，St Paul，MN.

Perkins L A，Maple T L，1990. North American orangutan species survival plan：Current status and progress in the 1980s. Zoo Biology，9：135-139.

Becker C，1998. Status and management of orang - utans Pongo pygmaeus ssp in European zoos. International Zoo Yearbook，36：113-118.

Banes G L，Galdikas B M F，Vigilant L，2016. Reintroduction of confiscated and displaced mammals risks outbreeding and introgression in natural populations，as evidenced by orangutans of divergent subspecies. Scientific Reports，6：22026.

Banes G L，2013. Genetic analysis of social structure，mate choice and reproductive success in the endangered wild orang-utans of Tanjung Puting National Park，Central Kalimantan，Republic of Indonesia. Ph. D. thesis. Darwin College，University of Cambridge，England.

Stokstad E，2017. New ape found，sparking fears for its survival. Science，358：572-573.

Ryder O A，Chemnick L G，1993. Chromosomal and mitochondrial DNA variation in orang utans. Journal of Heredity，84：405-409.

Banes G L，Chua W，Elder M L，et al，2018. Orang-utans Pongo spp in Asian zoos：current status，challenges and progress towards long-term population sustainability. International Zoo Yearbook，52：1-14.

Galdikas B M F，1978. Orangutan adaptation at Tanjung Puting Reserve，Central Borneo. Ph. D. thesis，University of California，Los Angeles.

Husson S J，Wich S A，Marshall A J，et al，2009. Orangutan distribution，density，abundance and impacts of disturbance. In：Wich S A，Suci Utami Atmoko S，Setia T M and van Schaik C P，Orangutans：Geographic Variation in Behavioral Ecology and Conservation. Oxford University Press，Oxford：77-96.

Wich S A, Geurts M L, Mitra Setia T, et al, 2006. Influence of fruit availability on Suma-
tran orangutan sociality and reproduction. In: Hohmann G, Robbins M, and Boesch C,
Feeding Ecology in Apes and Other Primates. Cambridge University Press, Cambridge,
UK: 335-356.

Galdikas B M F, 1988. Orangutan diet, range and activity at Tanjung Puting, Central Borneo.
International Journal of Primatology, 9 (1): 1-15.

Marshall A J, Ancrenaz M, Brearley F Q, et al, 2009. The effects of forest phenology and
floristics on populations of Bornean and Sumatran orangutans. In: Wich S A, Suci Utami
Atmoko S, Setia T M and van Schaik C P, Orangutans: Geographic Variation in Behav-
ioral Ecology and Conservation. Oxford University Press, Oxford: 135-156.

Delgado R A, van Schaik C P, 2000. The behavioral ecology and conservation of the orangutan
(Pongo pygmaeus): a tale of two islands. Evolutionary Anthropology, 9 (1): 201-218.

Galdikas B M F, 2005. Great Ape Odyssey. Harry N Abrams, New York.

Utami S S, van Hooff J A R A M, 1997. Meat-eating by adult female Sumatran orangutans
(Pongo pygmaeus abelii). American Journal of Primatology, 43 (2): 159-165.

Utami Atmoko, van Schaik, 2010. The Natural History of Sumatran Orangutan (Pongo abe-
lii). In: Gursky S and Supriatna J, Indonesian Primates. Springer-Verlag, New York:
41-55.

Dellatore D F, Waitt C D, Foitova I, 2009. Two cases of mother-infant cannibalism in
orangutans. Primates, 50 (3): 277-281.

Knott C D, Kahlenberg S M, 2007. Orangutans in Perspective: Forced Copulations and
Female Mating Resistance. In: Bearder S, Campbell C J, Fuentes A, MacKinnon K C and
Panger M, Primates in Perspective. Oxford University Press, Oxford: 290-305.

Knott C D, 1998. Orangutans in the wild. National Geographic, 194: 30-57.

Emery Thompson M, Knott C D, 2008. Urinary C-peptide of insulin as a non-invasive mark-
er of energy balance in wild orangutans. Hormones and Behavior, 53: 526-535.

Nater A, Mattle-Greminger M P, Nurcahyo A, et al, 2017. Morphometric, behavioral,
and genomic evidence for a new orangutan species. Current Biology, 27 (22): 3487-3498.

Singleton I, Wich S, Husson S, et al, 2004. Orangutan Population and Habitat Viability
Assessment: Final Report. IUCN/SSC Conservation Breeding Specialist Group, Apple
Valley, MN.

Ancrenaz M, Gumal M, Marshall A J, et al, 2016. Pongo pygmaeus (errata version pub-
lished in 2018). The IUCN Red List of Threatened Species 2016, e. T17975A123809220.
Available from: <http://dx. doi. org/10. 2305/IUCN. UK. 2016-1. RLTS. T17975A17966347.
en>. [Accessed 4 October 2018].

Voigt M, Wich S A, Ancrenaz M, et al, 2018. Global demand for natural resources elimina-
ted more than 100 000 Bornean orangutans. Current Biology, 28: 1-9.

Santika T, Ancrenaz M, Wilson K, et al, 2017. First integrative trend analysis for a great ape species in Borneo. Scientific Reports, 7: 4839, DOI: 10. 1038/s41598-017-04435-9.

Elder M, 2017. 2016 International Studbook of the Orangutan. Como Park Zoo and Conservatory, St Paul, MN.

van Schaik C P, Ancrenaz M, Borgen G, et al, 2003. Orangutan cultures and the evolution of material culture. Science, 299: 102-105.

Prasetyo D, Ancrenaz M, Morrogh-Bernard H C, et al, 2009. Nest building in orangutans. In: Wich S A, Suci Utami Atmoko S, Setia T M and van Schaik C P, Orangutans: Geographic Variation in Behavioral Ecology and Conservation. Oxford University Press, Oxford: 269-278.

Sugardjito J, 1983. Selecting nest-sites of Sumatran orang-utans, Pongo pygmaeus abelii in the Gunung Leuser National Park, Indonesia. Primates, 24: 467-474.

Hamilton R A, Galdikas B M F, 1994. A preliminary study of food selection by the orangutan in relation to plant quality. Primates, 35 (3): 255-263.

Galdikas B M F, 1995. Reflections of Eden: My life with the orangutans of Borneo. Victor Gollanz, London.

Galdikas B M F, 1982. Orangutans as seed dispersers at Tanjung Puting, Central Kalimantan: Implications for conservation. In: de Boer L E M, The Orangutan: Its Biology and Conservation. Junk, The Hague: 285-298.

Rijksen H D, 1978. A field study on Sumatran orang-utans (Pongo pygmaeus abelii, Lesson 1827): Ecology, behaviour, and conservation. H. Veenman and Zonen, Wageningen, Netherlands.

Nielsen N H, Jacobsen M W, Graham L L L B, et al, 2011. Successful germination of seeds following passage through orangutan guts. Journal of Tropical Ecology, 27: 433-435.

Ballhorn U, Siegert F, Mason M, et al, 2009. Derivation of burn scar depths and estimation of carbon emissions with LIDAR in Indonesian peatlands. Proceedings of the National Academy of Sciences of the United States of America, 106 (50): 21213-21218.

Webb C O, Peart D R, 2001. High seed dispersal rates in faunally intact tropical rain forest: theoretical and conservation implications. Ecology Letters, 4 (5): 491-499.

Brend S, 2006. Tanjung Puting National Park: orangutans and their habitat. Orangutan Foundation U K, London.

Swarna Nantha H, Tisdell C, 2009. The orang-utan oil-palm conflict: economic constraints and opportunities for conservation. Biodiversity and Conservation, 18 (2): 487-502.

United Nations Food and Agriculture Organization, 2007. State of the World's Forests 2007. United Nations Food and Agriculture Organization, Rome.

Khatiwada D, Palmén C, Silveira S, 2018. Evaluating the palm oil demand in Indonesia: production trends, yields, and emerging issues. Biofuels, DOI: 10. 1080/17597269. 2018. 1461520.

Meijaard E, Welsh A, Ancrenaz M, et al, 2010. Declining Orangutan Encounter Rates from

Wallace to the Present Suggest the Species Was Once More Abundant. PLoS One, DOI: 10. 1371/journal. pone. 0012042.

Stiles D, Redmond I, Cress D, et al, 2013. Stolen Apes-The Illicit Trade in Chimpanzees, Gorillas, Bonobos and Orangutans. A Rapid Response Assessment. United Nations Environment Programme, GRID-Arendal.

Clough C, May C, 2018. Illicit Financial Flows and the Illegal Trade in Great Apes. Global Financial Integrity, Washington, DC.

von Koenigswald G H R, 1982. Distribution and evolution of the orang utan, Pongo pygmaeus (Hoppius) . In: de Boer L E M, The Orang Utan: Its Biology and Conservation. Junk, The Hague: 1-15.

Selenka E, 1898. Menschenaffen: Rassen. Schädel and Bezahnung des Orang-utan. Kreidel, Wiesbaden.

Munn C, Fernandez M, 1997. Infant Development. In: Sodaro C, Orangutan Species Survival Plan Husbandry Manual. Chicago Zoological Society, Brookfield, IL.

Russon A E, 2003. Developmental perspectives on great ape traditions. In: Fragaszy D and Perry S, Towards a Biology of Traditions: Models and Evidence. Cambridge University Press, Cambridge: 329-364.

Miller L C, 1981. Mother-infant relations and infant development in captive chimpanzees and orangutans. International Journal of Primatology, 2: 247-259.

Nadler R D, 1981. Laboratory research on sexual behaviour of the great apes. In: Graham C E, Reproductive biology of the great apes: comparative and biomedical perspectives. Academic Press, New York: 191-238.

Tuttle R H, 1986. Apes of the World. Noyes Publications, Park Ridge, NJ.

Harrisson B, 1961. A study of orangutan behavior in the semi-wild state. International Zoo Yearbook, 3: 57-68.

Sodaro C, Frank E, Nacey A, et al, 2006. Orangutan Development, Reproduction and Birth Management. In: Sodaro C, Orangutan Species Survival Plan Husbandry Manual. Chicago Zoological Society, Brookfield, IL: 76-109.

Galdikas B M F, 1981. Orangutan Reproduction in the Wild. In: Graham C E, Reproductive Biology of the Great Apes. Academic Press, New York, NY: 281-300.

Horr D A, 1975. The Bornean orang-utan: Population structure and dynamics in relationship to ecology and reproductive strategy. In: Rosenblum L A, Primate Behaviour: Developments in Field and Laboratory Research Vol. 4. Academic Press, New York: 307-323.

Galdikas B M F, Briggs N E, 1999. Orangutan Odyssey. Harry N. Abrams, New York, NY.

te Boekhorst I, Schurmann C, Sugardjito J, 1990. Residential status and seasonal movements of wild orang-utans in Gunung Leuser Reserve (Sumatera, Indonesia) . Animal Behavior, 39: 1098-1109.

Utami S S, Goossens B, Bruford M W, et al, 2002. Male bimaturism and reproductive success in Sumatran orang-utans. Behavioral Ecology, 13 (5): 643-652.

Graham C, Nadler R, 1990. Socioendocrine interactions in great ape reproduction. In: Ziegler T E and Bercovitch F B, Socioendocrinology of Primate Reproduction. Wiley-Liss, New York: 33-58.

MacKinnon J R, 1974. The behavior and ecology of wild orangutans (Pongo pygmaeus). Animal Behaviour, 22: 3-74.

Eckhardt R B, 1975. The relative body weights of Bornean and Sumatran orangutans. American Journal of Physical Anthropology, 42: 349-350.

van Noordwijk M A, van Schaik C P, 2005. Development of Ecological Competence in Sumatran Orangutans. American Journal of Physical Anthropology, 127: 79-94.

van Adrichem G J, Utami S S, Wich S A, et al, 2006. The development of wild immature Sumatran orangutans (Pongo abelii) at Ketambe. Primates, 47: 300-309.

van Noordwijk M A, Sauren S E B, Nuzuar Ahbam A, et al, 2009. Development of independence: Sumatran and Bornean orangutans compared. In: Wich S A, Suci Utami Atmoko S, Setia T M and van Schaik C P, Orangutans: Geographic Variation in Behavioral Ecology and Conservation. Oxford University Press, Oxford: 189-204.

Galdikas B M F, 1978. Orangutan adaptation at Tanjung Puting Reserve, Central Borneo. Ph. D. thesis, University of California, Los Angeles.

Miller L C, 1981. Mother-infant relations and infant development in captive chimpanzees and orangutans. International Journal of Primatology, 2: 247-259.

Prasetyo D, Ancrenaz M, Morrogh-Bernard H C, et al, 2009. Nest building in orangutans. In: Wich S A, Suci Utami Atmoko S, Setia T M and van Schaik C P, Orangutans: Geographic Variation in Behavioral Ecology and Conservation. Oxford University Press, Oxford: 269-278.

Knott C D, Kahlenberg S M, 2007. Orangutans in Perspective: Forced Copulations and Female Mating Resistance. In: Bearder S, Campbell C J, Fuentes A, MacKinnon K C and Panger M, Primates in Perspective. Oxford University Press, Oxford: 290-305.

Jaeggi A V, van Noordwijk M A, van Schaik C P, 2008. Begging for information: mother-offspring food sharing among wild Bornean orangutans. American Journal of Primatology, 70: 533-541.

Goodall J, 1986. The Chimpanzees of Gombe: Patterns of Behavior. The Belknap Press of Harvard University Press, Cambridge, MA.

Fletcher A, 2001. Development of infant independence from the mother in wild mountain gorillas. In: Robbins M M, Sicotte P, Stewart K J, Mountain gorillas: three decades of research at Karisoke. Cambridge University Press, Cambridge: 153-182.

Kuroda S, 1989. Developmental retardation and behavioral characteristics of pygmy chimpanzees. In: Heltne P G and Marquardt L A, Understanding chimpanzees. Harvard University Press, Cambridge, MA: 184-193.

Shumaker R, Wich S, Perkins L, 2008. Reproductive Life History Traits of Female Orangu-tans (Pongo spp.). In: Atsalis S, Margulis S W and Hof P R, Primate Reproductive Aging: Cross-Taxon Perspectives. Karger, Basel: 147-161.

Beaudrot L H, Kahlenberg S M, Marshall A J, 2009. Why male orangutans do not kill in-fants. Behavioral Ecology and Sociobiology, 63 (11): 1549-1562.

Porton I, 1997. Birth control options. In: Sodaro C, Orangutan Species Survival Plan Hus-bandry Manual. Chicago Zoological Society, Brookfield, IL.

Knott C D, 2001. Female reproductive ecology of the apes: implications for human evolu-tion. In: Ellison P, Reproductive Ecology and Human Evolution. Aldine de Gruyter, New York, NY: 429-463.

Kuze N, Dellatore D, Banes G L, et al, 2012. Factors affecting reproduction in rehabilitant female orangutans: Young age at first birth and short inter-birth interval. Primates, 53: 181-192.

Galdikas B M F, Wood J W, 1990. Birth spacing patterns in humans and apes. American Journal of Physical Anthropology, 83 (2): 185-191.

Wich S A, Utami-Atmoko S S, Mitra Setia T, et al, 2004. Life history of wild Sumatran o-rangutans (Pongo abelii). Journal of Human Evolution, 47 (6): 385-398.

Knott C D, 1999. Reproductive, Physiological and Behavioral Responses of Orangutans in Borneo to Fluctuations in Food Availability. Ph. D. thesis, Harvard University.

Kaplan G T, Rogers L J, 2000. The orangutans. Perseus, New York City, NY.

Maclachlan N, Hunt G, Fowkes S, et al, 2017. Successful treatment of infertility in a female Sumatran orangutan Pongo abelii. Zoo Biology, 36: 132-135.

Walker M L, Herndon J G, 2008. Menopause in Nonhuman Primates? Biology of Reproduc-tion, 79 (3): 398-406.

Banes G L, 2013. Genetic analysis of social structure, mate choice and reproductive success in the endangered wild orang-utans of Tanjung Puting National Park, Central Kalimantan, Republic of Indonesia. Ph. D. thesis, University of Cambridge.

Marshall A J, Lacy R, Ancrenaz M, et al, 2009b. Orangutan population biology, life histo-ry, and conservation. In: Wich S A, Suci Utami Atmoko S, Setia T M and van Schaik C P, Orangutans: Geographic Variation in Behavioral Ecology and Conservation. Oxford University Press, Oxford: 311-326.

Banes G L, Galdikas B M F, Vigilant L, 2015. Male orang-utan bimaturism and reproduc-tive success at Camp Leakey in Tanjung Puting National Park, Indonesia. Behavioral Ecolo-gy and Sociobiology, 69 (11): 1785-1794.

Utami Atmoko S, van Hooff J A R A M, 2004. Alternative male reproductive strategies: male bimaturism in orangutans. In: Kappeler P M and van Schaik C P, Sexual Selection in Primates: New and Comparative Perspectives. Cambridge University Press, Cambridge: 196-207.

Uchida A, 1996. Craniodental variation among the great apes. Peabody Museum Bulletin, Harvard University Press, Cambridge, MA.

Maggioncalda A N, Sapolsky R M, Czekala N M, 1999. Reproductive Hormone Profiles in Captive Male Orangutans: Implications for Understanding Developmental Arrest. American Journal of Primatology, 109: 19-32.

Markham R M, Groves C P, 1990. Brief communication: Weights of wild orang utans. American Journal of Physical Anthropology, 81 (1): 1-3.

Singleton I, Knott C D, Morrogh-Bernard H C, et al, 2009. Ranging behaviour of orangutan females and social organization. In: Wich S A, Suci Utami Atmoko S, Setia T M and van Schaik C P, Orangutans: Geographic Variation in Behavioral Ecology and Conservation. Oxford University Press, Oxford: 205-214.

van Noordwijk M A, Arora N, Willems E P, et al, 2012. Female philopatry and its social benefits among Bornean orangutans. Behavioral Ecology and Sociobiology, 66 (6): 823-834.

Spillmann B, Dunkel L P, van Noordwijk M A, et al, 2010. Acoustic properties of long calls given by flanged male orang-utans (Pongo pygmaeus wurmbii) reflect both individual identity and context. Ethology, 116 (5): 385-395.

Mitra Setia T, van Schaik C P, 2007. The response of adult orang-utans to flanged male long calls: inferences about their function. Folia Primatologica, 78: 215-226.

van Schaik C P, Damerius L, Isler K, 2013. Wild orangutan males plan and communicate their travel direction one day in advance. PLoS One, 8 (9): e74896.

Knott C D, Emery Thompson M, Stumpf R M, et al, 2010. Female reproductive strategies in orangutans, evidence for female choice and counterstrategies to infanticide in a species with frequent sexual coercion. Proceedings of the Royal Society B, 277: 105-113.

Povinelli D J, Cant J G H, 1995. Arboreal clambering and the evolution of self-conception. Quarterly Review of Biology, 70 (4): 393-421.

Prasetyo D, Ancrenaz A, Morrogh-Bernard H C, et al, 2009. Nest building in orangutans. In: Wich S A, Utami Atmoko S S, Mitra Setia T and van Schaik C P, Orangutans: Geographic Variation in Behavioral Ecology and Conservation. Oxford University Press, Oxford: 269-276.

Russon A E, 1998. The nature and evolution of orang-utan intelligence. Primates, 39: 485-503.

Russon A E, 2002. Pretending in free-ranging rehabilitant orang-utans. In: Mitchell R W, Pretending in Animals, Children, and Adult Humans. Cambridge University Press, Cambridge: 229-240.

Russon A E, Galdikas B M F, 1993. Imitation in free-ranging rehabilitant orang-utans. Journal of Comparative Psychology, 107 (2): 147-161.

van Schaik C P, Ancrenaz M, Djojoasmoro R, et al, 2009. Orang-utan cultures revisited. In: Wich S A, Utami Atmoko S S, Mitra Setia T and van Schaik C P, Orang-utans: Geographic Variation in Behavioral Ecology and Conservation. Oxford University Press, Oxford: 299-309.

van Schaik C P, Knott C D, 2001. Geographic variation in tool use on Neesia fruits in orang-utan. American Journal of Physical Anthropology, 114: 331-342.

Fox E A, Sitompul A F, van Schaik C P, 1999. Intelligent tool use in wild Sumatran orang-utans. In: Parker S T, Mitchell R W and Miles H L, The Mentalities of Gorillas and Orang-utans. Cambridge University Press, Cambridge: 99-116.

Mendes N, Hanus D, Call J, 2007. Raising the level: orang-utans use water as a tool. Biology Letters, 3 (5): 453-455.

Hanus D, Mendes N, Tennie C, et al, 2011. Comparing the performances of apes (Gorilla gorilla, Pan troglodytes, Pongo pygmaeus) and children (Homo sapiens) in the floating peanut task. PLoS One, 6 (6): e19555.

Thorpe S K S, Crompton R H, Alexander R McN, 2007. Orang-utans use compliant branches to lower the energetic cost of locomotion. Biology Letters, 3: 253-356.

Russon A E, Vasey P, Gauthier C, 2002. Seeing with the mind's eye: Eye-covering play in orang-utans and Japanese macaques. In: Mitchell R W, Pretending in Animals, Children, and Adult Humans. Cambridge University Press, Cambridge: 241-254.

Bebko A O, 2012. Factors influencing the choice of foraging route in wild East Bornean orangutans (Pongo pygmaeus morio). Master's Thesis. York University, Toronto, Canada.

MacDonald S E, Ritvo S, 2016. Comparative cognition outside the laboratory. Comparative Cognition and Behavior Review, 11: 49-61.

Scheumann M, Call J, 2006. Sumatran orang-utans and a yellow-cheeked crested gibbon know what is where. International Journal of Primatology, 27 (2): 575-602.

Shumaker R W, Walkup K R, Beck B B, 2011. Animal Tool Behavior: The Use and Manufacture of Tools by Animals, Revised and Updated Edition. The Johns Hopkins University Press, Baltimore, MD.

van Schaik C P, Fox E A, 1996. Manufacture and use of tools in wild Sumatran orang-utans: implications for human evolution. Naturwissenschaften, 83: 186-188.

Galdikas B M F, 1982. Orang-utan tool-use at Tanjung Puting Reserve, Central Indonesian Borneo (Kalimantan Tengah). Journal of Human Evolution, 10: 19-33.

Lethmate J, 1982. Tool-using skills of orang-utans. Journal of Human Evolution, 11: 49-64.

Miles H L, Mitchell R W, Harper S E, 1996. Simon says: The development of imitation in an enculturated orang-utan. In: Russon A E, Bard K A and Parker S T, Reaching into Thought: The Minds of the Great Apes. Cambridge University Press, Cambridge: 278-299.

Russon A E, Kuncoro P, Ferisa A, 2015. Tools for the trees: Orang-utan arboreal tool use and creativity. In: Kaufman A B and Kaufman J C, Animal Creativity and Innovation. Elsevier, San Diego: 419-455.

Russon A E, 2000. Orang-utans: Wizards of the Rainforest. Key Porter Publications, Toronto.

MacKinnon J, 1974. The behaviour and ecology of wild orang-utans (Pongo pygmaeus). Animal Behaviour, 22: 3-74.

Russon A E, Andrews K A, 2010. Orang-utan pantomime: elaborating on the message. Biology Letters, 7 (4): 627-630.

Russon A E, Andrews K A, 2011. Pantomime in great apes: evidence and implications. Communicative and Integrative Biology, 4 (3): 315-317.

Miles H L, 1999. Symbolic communication with and by great apes. In: Parker S T, Mitchell R W and Miles H L, The Mentalities of Gorillas and Orang-utans. Cambridge University Press, Cambridge: 97-210.

Miles H L, 1986. How can I tell a lie? Apes, language, and the problem of deception. In: Mitchell R W and Thompson N S, Deception: Perspectives on Human and Nonhuman Deceit. SUNY Press, Albany, NY: 245-266.

Russon A E, Compost A, Kuncoro P, et al, 2014. Orang-utan fish eating, primate aquatic fauna eating, and their implications for the origins of ancestral hominin fish eating. Journal of Human Evolution, 77: 50-63.

Dindo M, Stoinski T, Whiten A, 2010. Observational learning in orang-utan cultural transmission chains. Biology Letters, 7 (2): 181-183.

Sodaro C, Frank E, Nacey A, et al, 2007. Orangutan development, reproduction, and birth management. In: Sodaro, Orangutan Species Survival Plan Husbandry Manual. Chicago Zoological Society/Brookfield Zoo, Chicago, IL.

Markham R J, 1994. Doing it naturally: reproduction in captive orangutans. In: Ogden J J, Perkins L A and Sheeran L, Proceedings of the International Conference on Orangutans: The Neglected Ape. Zoological Society of San Diego, San Diego, CA: 166 – 169.

Wich S A, Utami – Atmoko S S, Setia T M, et al, 2004. Life history of wild Sumatran orangutans (Pongo abelii). Journal of Human Evolution, 47: 385-398.

Maclachlan N, Hunt G, Fowkes S, et al, 2017. Successful treatment of infertility in a female Sumatran orangutan Pongo abelii. Zoo Biology, 36: 132-135.

Wells S K, Sargent E L, Andrews M E, et al, 1990. Medical Management of the Orangutan. The Audubon Institute, New Orleans, LA.

Sodaro C, 1988. A note on the labial swelling of a pregnant orangutan, Pongo pygmaeus abelii. Zoo Biology, 8: 173-176.

MacKinnon J R, 1974. The behavior and ecology of wild orangutans (Pongo pygmaeus). Animal Behaviour, 22: 3-74.

Rodman P S, 1977. Feeding behavior of Orang-utans of the Kutai Nature Reserve, East Kalimantan. In: Clutton-Brock T H, Primate Ecology: Studies of Feeding and Ranging Behaviour in Lemurs, Monkeys and Apes. Academic Press, New York: 384-413.

Galdikas B M F, 1988. Orang-utan diet, range, and activity at Tanjung Puting, Central Borneo. International Journal of Primatology, 9 (1): 1-35.

Leighton M, 1993. Modeling dietary selectivity by Bornean orang-utans: Evidence for integration of multiple criteria in fruit selection. International Journal of Primatology, 14 (2): 257-313.

Hamilton R A, Galdikas B M F, 1994. A preliminary study of food selection by the orang-utan in relation to plant quality. Primates, 35 (3): 255-263.

Knott C D, 1998. Changes in orang-utan caloric intake, energy balance, and ketones in response to fluctuating fruit availability. International Journal of Primatology, 19 (6): 1061-1079.

Knott C D, 1999. Orangutan Behavior and Ecology. In: Dolhinow P and Fuentes A, The Nonhuman Primates. Mayfield Press, Mountain View, CA: 50-57.

Bastian M L, Zweifel N, Vogel E R, et al, 2010. Diet traditions in wild orang-utans. American Journal of Physical Anthropology, 143 (2): 175-187.

Sugardjito J, Nurhuda N, 1981. Meat-eating behavior in wild orang-utans, Pongo pygmaeus. Primates, 22 (3): 414-416.

Utami S S, van Hooff J A, 1997. Meat-eating by adult female Sumatran orang-utans (Pongo pygmaeus abelii). American Journal of Primatology, 43 (2): 159-165.

Knott C D, 1998. Orangutans in the wild. National Geographic, 194: 30-57.

Hardus M E, Lameira A R, Zulfa A, et al, 2012. Behavioral, ecological, and evolutionary aspects of meat-eating by Sumatran orangutans (Pongo abelii). International Journal of Primatology, 33 (2): 287-304.

Buckley B J W, Dench R J, Morrogh-Bernard H C, et al, 2015. Meat-eating by a wild Bornean orang-utan (Pongo pygmaeus). Primates, 56 (4): 293-299.

Stevens C D, Hume I D, 2004. Comparative physiology of the vertebrate digestive system. Cambridge University Press, Cambridge.

Knott C D, 1999. Reproductive, Physiological and Behavioral Responses of Orang-utans in Borneo to Fluctuations in Food Availability. Ph. D. thesis. Harvard University, Cambridge, MA.

Schmidt D A, Kerley M S, Dempsey J L, et al, 1999. The potential to increase neutral detergent fiber levels in ape diets using readily available produce. Proceedings of the Third Conference of the American Zoo and Aquarium Association Nutrition Advisory Group on Zoo and Wildlife Nutrition. Columbus, OH: 102-107.

Schmidt D A, 2002. Fiber enrichment of captive primate diets Ph. D. thesis. University of Missouri, Columbia, MO.

Pretorius I S, 1997. Utilization of polysaccharides by Saccharomyces cerevisiae. In: Zimmermann F K and Entian KD, Yeast Sugar Metabolism, Biochemistry, Genetics, Biotechnology, and Applications. Technomic Publishing Company, Lancaster: 459-502.

Holick M F, Chen T C, 2008. Vitamin D deficiency: a worldwide problem with health consequences. The American Journal of Clinical Nutrition, 87 (4): 1080S-1086S.

Hensrud D D, 2002. Obesity. In: Rakel R E and Bope E T, Conn's Current Therapy. W. B. Saunders Company, Philadelphia: 577-585.

Klenov V E, Jungheim E S, 2014. Obesity and reproductive function: a review of the evidence. Current Opinion in Obstetrics and Gynecology, 26 (6): 455-460.

Markham R M, Groves C P, 1990. Brief communication: Weights of wild orang utans. American Journal of Physical Anthropology, 81 (1): 1-3.

National Research Council, 2003. Nutritional Requirements of Nonhuman Primates, 2nd Ed. The National Academies Press, Washington, D C.

Kilbourn A M, Karesh W B, Wolfe N D, et al, 2003. Health evaluation of free-ranging and semi-captive orang-utans (Pongo pygmaeus pygmaeus) in Sabah, Malaysia. Journal of Wildlife Diseases, 39 (1): 73-83.

Schmidt D A, Ellersieck M R, Cranfield M R, et al, 2006. Cholesterol values in free-ranging gorillas (Gorilla gorilla gorilla and Gorilla beringei) and Bornean orang-utans (Pongo pygmaeus). Journal of Zoo Wildlife Medicine, 37 (3): 292-300.

Crissey S D, Barr J E, Slifka K A, et al, 1999. Serum concentrations of lipids, vitamins A and E, vitamin D metabolites, and carotenoids in nine primate species at four zoos. Zoo Biology, 18 (6): 551-564.

Crissey S D, Slifka K A, Barr J E, et al, 2001. Circulating nutrition parameters in captive apes at four zoos. Proceedings of The Apes: Challenges for the 21st Century conference. Brookfield Zoo, Brookfield, IL: 180-185.

International Zoo Educators Association, 2018. Conservation Education Theory and Practice. Available from: http://izea.net/education/conservation-education-theory-and-practice/.

Jacobson S K, McDuff M D, Monroe M C, 2015. Conservation education and outreach techniques. Oxford: Oxford University Press.

Gusset M, Dick G, 2010. The global reach of zoos and aquariums in visitor numbers and conservation expenditures. Zoo Biology, 30 (5): 566-569.

Association of Zoos and Aquariums, 2018. Visitor Demographics. Available from: https://www.aza.org/partnerships-visitor-demographics.

Askue L, Heimlich J, Yu J P, et al, 2009. Measuring a professional conservation education training program for zoos and wildlife parks in China. Zoo Biology, 28 (5): 447-461.

Wong K-K, 2005. Greening of the Chinese mind: Environmentalism with Chinese characteristics. Asia-Pacific Review, 12 (2): 39-57.

Liu J C, Leiserowitz A A, 2009. From Red to Green? Environment: Science and Policy for Sustainable Development, 51 (4): 32-45.

Clayton S，Bexell S，Ping X，et al，2018. Confronting the wildlife trade through public education at zoological institutions in Chengdu，P. R. China. Zoo Biology，37（2）：119-129.

Sloan S，Supriatna J，Campbell M J，et al，2018. Newly discovered orangutan species requires urgent habitat protection. Current Biology，28（11）：R650-R651.

Zhang L，Yin F，2014. Wildlife consumption and conservation awareness in China：A long way to go. Biodiversity and Conservation，23（9）：2371-2381.

Zhang L，Hua N，Sun S，2008. Wildlife trade，consumption and conservation awareness in southwest China. Biodiversity and Conservation，17（6）：1493-1516.

United Nations Environment Programme，2015. Stolen Apes：The Illicit Trade in Chimpanzees，Gorillas，Bonobos and Orangutans. GRID-Arendal，Norway.

Banes G L，Chua W，Elder M，et al，2018. Orang–utans Pongo spp in Asian zoos：current status，challenges and progress towards long–term population sustainability. International Zoo Yearbook.

Doran G T，1981. There's a S. M. A. R. T. way to write management's goals and objectives. Management Review，70（11）：35-36.

Schultz P W，2011. Conservation Means Behavior. Conservation Biology，25（6）：1080-1083.

Smith L，2014. Increasing the effectiveness of offsite behaviour change programmes. WAZA Magazine，15：22-26.

Lo A Y，Chow A T，Cheung S M，2012. Significance of Perceived Social Expectation and Implications to Conservation Education：Turtle Conservation as a Case Study. Environmental Management，50（5）：900-913.

Luebke J F，Kelly L-A D，Grajal A，2014. Beyond facts：The role of zoos and aquariums in effectively engaging visitors in environmental solutions. WAZA Magazine，15：27-30.

Zoos Victoria，2018. Don't Palm Us Off. Available from：https：//www. zoo. org. au/sites/default/files/dont-palm-us-off-zoos-victoria. pdf.

Clayton S，Litchfield C，Geller E S，2013. Psychological science，conservation，and environmental sustainability. Frontiers in Ecology and the Environment，11（7）：377-382.

Pearon E L，Lowry R，Dorrian J，et al，2014. Evaluating the conservation impact of an innovative zoo - based educational campaign：'Don't Palm Us Off' for orang - utan conservation. Zoo Biology，33（3）：184-196.

Alison G，2018. Kids join mass letter-writing campaign to save orang-utans. The Herald Sun，24June. Available at：https：//www. heraldsun. com. au/kids-news/kids-join-mass-letter-writing-campaign-to-save-orangutans/news-story/5b055f43ef9364898e6f1c0f317c5d18.

Ancrenaz M，Barton C，Riger P，et al，2018. Building relationships：How zoos and other partners can contribute to the conservation of wild orangutans Pongo spp. International Zoo Yearbook.

Falk J H，Reinhard E M，Vernon C L，et al，2007. Why Zoos and Aquariums Matter：Assessing the Impact of a Visit to a Zoo or Aquarium. Silver Spring，MD：Association of

Zoos & Aquariums.

McKenzie-Mohr D，Schultz P W，2014. Choosing effective behavior change tools. Social Marketing Quarterly，20（1）：35-46.

Toronto Zoo，2018. Toronto Zoo Palm Oil Statement. Available from：http://www. torontozoo. com/Conservation/?pg＝palm.

Idema J，Patrick P G，2016. Family conversations at an orangutan exhibit：The influence of zoo educators. Journal of International Zoo Educators，52：61-63.

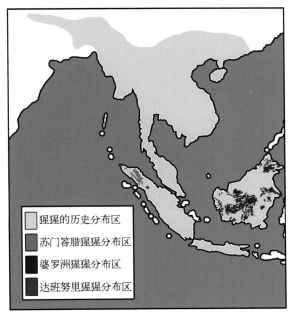

彩图 1　猩猩的历史分布和现在分布

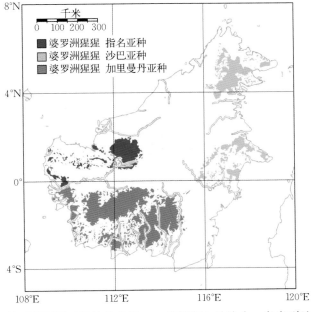

彩图 2　婆罗洲猩猩亚种的分布图。一些研究人员认为，考虑到地理距离，
两个婆罗洲猩猩沙巴亚种的种群或许应该被再分为两个不同的亚种

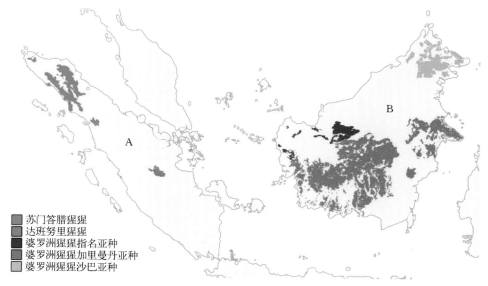

苏门答腊猩猩
达班努里猩猩
婆罗洲猩猩指名亚种
婆罗洲猩猩加里曼丹亚种
婆罗洲猩猩沙巴亚种

彩图 3　苏门答腊岛（A）和婆罗洲（B）上猩猩的分布情况

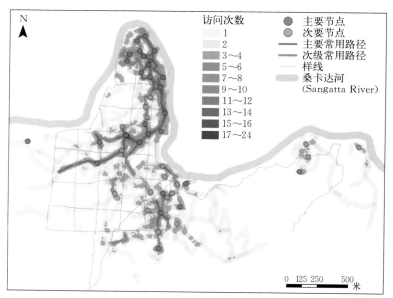

彩图 4　在印度尼西亚婆罗洲东加里曼丹省库台（Kutai）国家公园连续 3 年追踪
　　　　这个区域内猩猩穿行规律的结果。线段颜色越深表示特定的路径或者路径
　　　　其中一部分使用次数越频繁，有些线路使用达 24 次之多。同一只猩猩会
　　　　重复使用同一路径，多只猩猩也会共用同一路径（供图：A Bebko）

群体中永远只能饲养一只有颊垫的成年（面颊饱满）雄性个体。有颊垫的雄性个体完全无法容忍另外一只有颊垫猩猩的存在，它们可能会打斗至死或者造成反复的严重损伤

有颊垫的雄性猩猩对无颊垫的猩猩一般比较宽容，但如果无颊垫的猩猩开始长颊垫，就必须迅速将它们分开

理论上一只有颊垫的雄性猩猩可以和数只成年雌性猩猩养在一起，但要做好生育控制。并不是所有的雌性猩猩都愿意和其他雄性猩猩一起生活，应该考虑每一只个体的性格

雄性猩猩在 5.5 岁就有生育能力。这时它的母亲和其他雌性就应该采取避孕措施。不建议为了避免妊娠而将儿子和母亲分开饲养

彩图 5　猩猩社群管理注意事项

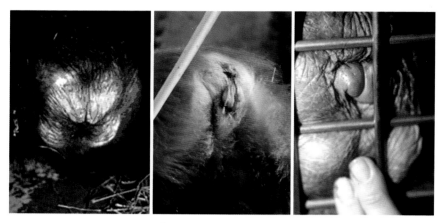

彩图 6　猩猩肿胀的阴唇

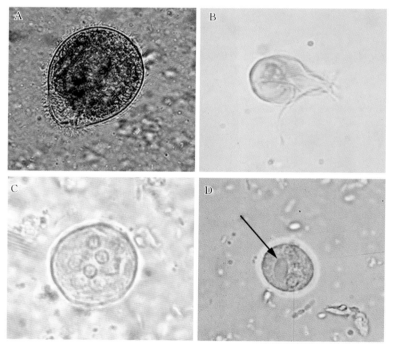

彩图 7　肠道寄生虫检查（一）。A. 纤毛虫滋养体，未染色涂片。四周有纤毛，纤毛摆动多但是移动距离短（图片来源：Euthman）；B. 贾第虫滋养体，经碘染的涂片。仅有一个鞭毛，呈梨形，波动状，在载玻片上快速移动（图片来源：美国疾病控制与预防中心）；C. 结肠内阿米巴包囊，未染色涂片。此为非致病性原虫，与溶组织内阿米巴不同，溶组织内阿米巴有侵袭性阶段（图片来源：美国疾病控制与预防中心）；D. 溶组织内阿米巴，未染色涂片。注意箭头所示的末端钝圆的拟染色体（图片来源：美国疾病控制与预防中心）

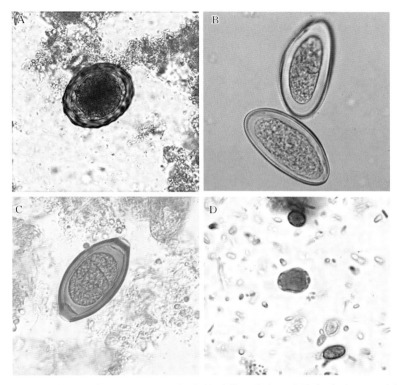

彩图 8 肠道寄生虫检查（二）。A. 蛔虫的受精型虫卵，未染色涂片；B. 直接涂
片法下的蛲虫卵；C. 鞭虫卵，未染色涂片；D. 人芽囊原虫包囊样体，经
碘染的涂片（图片来源：美国疾病控制与预防中心）

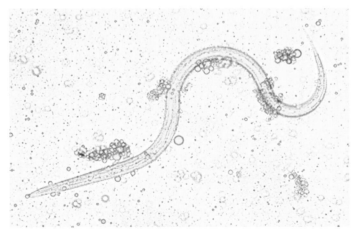

彩图 9 类圆线虫的感染性的三期丝状蚴（L3），长度可达 600 微米，
图片为未染色镜检片（图片来源：CDC）

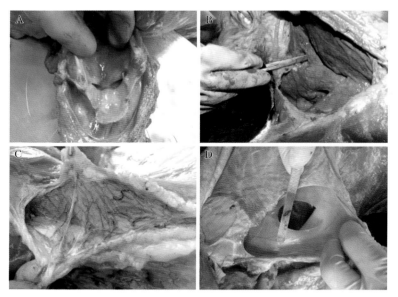

彩图 10　猩猩气囊的解剖结构。A. 从喉进入气囊的气管开口；B. 在气管内部的
　　　　开口；C. 健康气囊的黏膜是薄而透明的；D. 发炎气囊的黏膜很厚、不
　　　　透明，而且有血管浸润（供图：N P Lung）

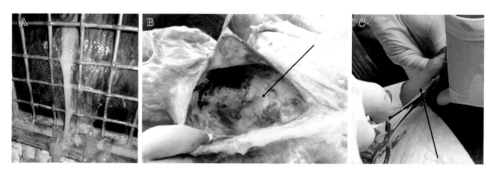

彩图 11　气囊内脓性物质的类型。A. 液态的脓汁在重力的作用下从一个袋口的位置排
　　　　出；B. 糨糊状的物质黏着在气囊的黏膜表层。这种类型的脓性物质不会导致
　　　　外部的气囊扩张，所以可能表现为无症状的气囊炎（供图：N P Lung）；
　　　　C. 黏稠的脓性物质，像牙膏一样，可以从袋口的地方按压出来，但不会像液
　　　　体脓汁一样容易排出，可以用生理盐水冲洗至稀薄后排出（供图：J Woods，
　　　　经 BOSF 许可）

彩图 12　在慢性感染的气囊内，黏膜会形成不同的腔室，而且腔室之间有不同大小的孔洞。这些腔室使得排出浓液和冲洗气囊变得复杂

图书在版编目（CIP）数据

猩猩饲养管理指南 / 中国动物园协会组编；白亚丽，
（英）林伊主编 . —北京：中国农业出版社，2023.6
ISBN 978 - 7 - 109 - 30821 - 3

Ⅰ.①猩… Ⅱ.①中… ②白… ③林… Ⅲ.①猩猩—
饲养管理—指南 Ⅳ.①S865.3 - 62

中国国家版本馆 CIP 数据核字（2023）第 115642 号

猩猩饲养管理指南
XINGXING SIYANG GUANLI ZHINAN

中国农业出版社出版
地址：北京市朝阳区麦子店街 18 号楼
邮编：100125
责任编辑：王森鹤
版式设计：杨 婧 责任校对：张雯婷
印刷：北京中兴印刷有限公司
版次：2023 年 6 月第 1 版
印次：2023 年 6 月北京第 1 次印刷
发行：新华书店北京发行所
开本：700mm×1000mm 1/16
印张：17.5 插页：4
字数：335 千字
定价：198.00 元